CHEMISTRY For A Sustainable Future

지속가능성을 위한 화학 이야기

이익모

carbon neutral
climate crisis
pollution
energy crisis

자유아카데미

머리말

"지속가능성"

많이 언급되는 이 단어의 의의는 무엇일까요? 또한, 현재 지구가 당면하고 있는 다양한 문제의 본질은 무엇일까요? 실질적으로 지속가능성을 확보하고자 하는 노력에는 어떤 것이 있을까요? 이러한 물음이 강력하게 제기되고 있지만, 쉬이 대답하기 어려운 현실에 놓여 있습니다. 또한, 지구의 문제 상당수를 이해하는 데는 화학적 배경도 필요하며, 문제 해결에도 실제로 화학이 많이 기여하고 있지만, 이러한 사실이 크게 주목받지 못하고도 있습니다.

이와는 별개로, 대학에서 화학을 가르치며 개인적으로는 주변의 화학 현상을 대중에게 전달하는 데 흥미가 생겼고, 다양한 자료를 모아 발전시켜가며 학내에서 화학 비전공자를 위한 교양 강좌를 열게 되었습니다. 처음에는 단순한 화학적 현상을 전달하는 데 집중하였지만, 우연히 10여 년 전 만나게 된 지속가능성이라는 주제에 사로잡혔고, 이 내용까지 확장한 온라인 교양강좌를 운영한 지도 10여 년이 흘렀습니다. 그 강좌의 이름이 곧 이 책의 제목인『지속가능성을 위한 화학 이야기』입니다.

이 책은 10여 년 동안 화학 비전공 학생을 대상으로 강의하였던 저자의 경험을 바탕으로 집필된 것입니다. 당시 사용하였던 교재에서 부족하였던 자료, 특히 우리나라에 관련된 자료를 보완할 목적으로 쓰기 시작하였습니다. 강의에 참여하였던 학생들이 강력히 요구하였던 것처럼, 화학 배경이 부족한 비전공자들도 어렵지 않게 이해할 수 있는 수준, 필기하지 않아도 옛날이야기처럼 들어도 머리에 일부는 남게 되는 수준으로 쓴다는 목표로 용감하게 집필을 시작한 것입니다. 그러나 쉽게 쓴다는 것이 말처럼 쉽지 않음을 집필 중 절감하였기에, 결과물이 막상 눈앞에 보이니 부끄럽기만 합니다. 전문 용어를 최대한 배제하고, 비교적 쉽고 자세하게 설명하려고 노력하였지만, 목표 수준을 달성하는 것이 쉽지 않았음을 고백합니다. 따라서 이를 완화하고자 주제를 돋보일 수 있는 해설과 흥미로운 내용도 나름 추가하였지만, 오히려 산만해진 것은 아닌지 걱정되기도 합니다.

본문에도 기술하였듯이, 최근 다양한 분야에서 '지속가능성'이라는 단어가 빈번하게 언급된다는 것은, 많은 사람이 이 주제와 현상에 관심을 보인다는 방증입니다. 그렇기에, 앞선 어려움에도 불구하고 10여 년 전에 나 자신이 이 주제에 매혹된 과정을 되돌아보고, 우주에서 유일하게 생명체가 풍부한 지구에서 인류의 지속가능성을 위협할 수 있는 요인이 무엇인지를 함께 살펴보는 것이 시의적절하다고 생각하였습니다. 다양한 요인들이 잠재된 영역을 화학적인 관점에서 체계적으로 훑어봄으로써, 도래할 미래의 모습에 조금이라도 기여할 수 있는 의지와 역량을 독자들도 키울 수 있기를 기대하는 마음입니다.

최근 화학계가 나름의 다양한 노력에도 불구하고 대중과 가깝지는 않은 환경에 처해 있습니다. 이 책을 통해 지구가 당면한 문제들의 본질이 화학과 맞닿아 있으며, 화학이 어려운 학문이 아닌, 다양한 분야와 손을 잡은 중심 과학이라는 것을 조금이나마 느꼈으면 하는 또 다른 바람도 있습니다.

이 책이 나오기까지 많은 수고와 노력, 격려를 아끼지 않으신 자유아카데미 편집진에 진심으로 깊은 감사를 드립니다. 좋은 책을 위해 노력하였으나 부족한 부분들이 있을 수 있습니다. 독자분들께도 부족한 부분을 보완하기 위한 의견이나 추가했으면 하는 내용을 알려주시기를 거듭 부탁드립니다. 출간 후 발견되는 수정 사항이 있다면 자유아카데미 홈페이지 자료실(www.freeaca.com)을 통해 전달하겠습니다. 감사합니다.

2025년 11월

이익모

차례

1장

지속 가능성이란?

1. 배경

2007년에 개봉된 〈The Bucket List〉는 잭 니콜슨Jack Nicholson과 모건 프리먼Morgan Freeman이 주연으로 분한 영화로, 죽음을 앞둔 두 사람이 의기투합하여 죽기 전에 꼭 하고 싶은 일들을 적어 놓고 이 일들을 실행하는 내용을 담았습니다. 이 영화가 상영된 이후 비슷한 직업군의 사람들에게서 하고 싶은 일들을 나열하는 것이 유행하기도 했죠. 이 열기의 잔해가 아직도 인터넷상에 남아 있는 것을 지금도 어렵지 않게 확인할 수 있습니다.

여러분은 이 주인공들과 같이 시한부 인생을 맞이한 절실한 상황에서 하고 싶은 일들을 나열하고 실현을 갈망한 적이 있습니까? 시한부 인생이란 특정한 사람에게만 일어나는 것일까요? 우리는 예외일까요?

우리는 매일 아침에 일어나면 예외없이 온갖 재난과 사고 소식으로 얼룩진 뉴스를 접하게 됩니다. 이러한 상황이 거듭되고 있기에 우리는 가끔 우리가 살고 있는 지구가 후손에게 물려줄 만큼 안전한지를 확신하기가 어렵다고 느끼고 있습니다. 그렇다면 우리도 시한부 인생을 살고 있다고 생각해도 좋지 않을까요?

주위에서 일어나고 있는 재해, 사고의 사례는 너무도 많아 일일이 나열하기도 힘듭니다. 자연적으로 발생하는 지진, 해일, 화산 폭발, 태풍, 홍수, 가뭄 등을 필두로 인간의 실수들이 가미된 다양한 재해는 끊임없이 발생하고 있습니다. 최근 기후 변화에 따라 재해의 강도가 강화되고 있으며 많은 희생자들이 수반되고 있습니다.

대표적인 예를 들어 보면, 2011년 3월에 발생한 동일본 대지진에 이어 발생한 엄청난 해일(그림 1.1)은 인간의 예상을 비웃듯, 안일하게 설치하였던 제방을 뛰어넘어 그 지역의 원자력 발전소를 덮쳤습니다. 이로 인해 폭발, 방사능 문제 등이 지속적으로 발생하였으며, 그 후유증은 지금까지도 지속되고 있습니다. 또한 1986년 4월에 발생한 체르노빌 발전소 폭발 사고(그림 1.2)는 발전소가 위치한 우크라이나를 비롯하여 주변 유럽 국가에 엄청난 위해를 가했으며, 이로 인해 발생한 큰 피해들은 잊지 못할 상처가 되어 인류의 뇌리에 깊숙이 자리 잡고 있습니다.

그림 1.1 2011년 동일본 대지진으로 인한 쓰나미
(출처: 地震調査研究推進本部事務局, CC BY 4.0, Wikimedia Commons)

그림 1.2 체르노빌 원자력 발전소 폭발(1986. 4) (출처: IAEA Imagebank, CC BY-SA 2.0, Wikimedia Commons)

그림 1.3 보팔 가스 누출 사고(1984. 12) (출처: Simone.lippi at it.wikipedia, CC BY-SA 2.0, Wikimedia Commons)

한편, 인도의 보팔 지역에서 1984년 12월에 발생한 가스 누출 사고(그림 1.3)는 화학공장에서 사용하고 있는 유독 가스가 누출될 경우 해당 공장의 근로자뿐만 아니라 주변의 주민들에게까지 얼마나 커다란 재앙이 되는지를 단적으로 보여 주는 사례입니다. 이 외에도 크고 작은 사고, 재해들은 중단없이 계속되며 인류의 생존을 위협하고 있습니다.

지난 인류의 역사를 통하여 다양한 예언자 또는 종교인들도 조금은 암울한 미래의 모습을 지속적으로 설파해 왔습니다. 대표적으로 16세기 프랑스의 노스트라다무스Nostradamus는 예언집과 그림(그림 1.4)을 통하여 다양한 예언을 설파하고 이중 상당수가 적중하였다고 전해집니다. 그는 인류의 미래가 약간은 암울한 모습이 될 수 있음을 제기하였습니다. 성서에서도 다양한 환난을 거쳐 천년왕국이 도래할 것을 예지합니다. 이외에도 천재로 알려진 레오나르도 다빈치Leonardo Da Vinci와 뉴턴Issac Newton 등도 지구 멸망을 예언하였다고 합니다. 또한 수학과 천문, 달력에 조예가 깊었던 것으로 알려진 마야 문명의 달력(그림 1.5)에 2012년 12월 21일 이후가 기재되지 않았기에, 이날이 인류 멸망의 날이 아닌가 하는 해석으로 〈2012〉라는 제목의 재난 영화가 개봉되는 등 한바탕 소동이 일어났던 것을 기억하는 사람도 있을 것입니다.

그림 1.4 Nostradamus의 예언집 초판 표지와 프랑스 혁명을 암시하는 듯한 그림

그림 1.5 마야 달력

이 같은 미래에 대한 불안은 현재 상황의 분석에 대한 높은 관심으로 이어졌으며, 새로운 자세로 접근하고자 하는 노력이 이어지고 있습니다. 그 일환으로 지속가능성 sustainability이라는 단어가 많이 사용 및 언급되고 있습니다. 구글 주제어 검색[1] 결과(그림

1 http://trends.google.co.kr/trends/

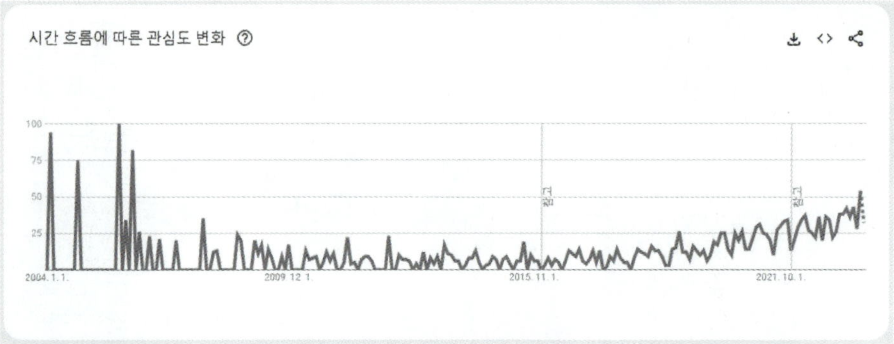

그림 1.6 주제어 검색 "지속가능성"의 추세

1.6)를 살펴보면 '지속가능성'이라는 주제어가 약 20년 전에 전 세계에서 검색의 높은 빈도를 보였지만 그 후 관심도가 떨어졌다가 최근 다시 빈도가 증가하고 있습니다.

또한 기업들 사이에서도 ESG가 경영의 화두로 등장하고 있습니다. ESG는 전통적인 재무적 상황이 아닌 기업의 비재무적 요소, 즉 환경Environmental, 사회Social, 지배구조Governance를 조합한 말로, 2004년 5월 유엔 글로벌 콤팩트(UNGC) 보고서에서 처음 등장하였습니다. 이것은 친환경 에너지 확대(E), 인종·성별 다양성 추구(S), 투명한 경영 공시(G) 등 ESG 경영을 하면 기업들이 아직 달성하지 못한 초과 이윤을 획득할 수 있다는 논리를 가집니다. 사회적 가치를 추구하면 기업의 장기적인 이윤 추구에 도움이 된다는 취지이며, 친환경 및 사회적 책임경영과 투명 경영을 통해 지속가능한 발전을 추구하는 개념입니다.

2004년 UN 보고서에서 처음 사용된 것이지만, 2020년 1월 세계 최대 자산운용사 블랙록Blackrock의 CEO 래리 핑크Larry Fink가 투자자들과 기업 CEO들에게 보낸 연례 서한에서 "앞으로 기업의 지속가능성을 투자 결정의 기준으로 삼겠다."라고 선언하면서 ESG는 더욱 주목받게 되었습니다. 즉, 기후 변화로 인한 리스크를 장기적인 투자의 리스크로 보고 투자 결정 요인으로서 지속가능성의 중요성을 강조하며, 글로벌 경영 체계에서 생존에 필수 불가결한 요소로 인정한 것입니다.[2] 이에 따라 구글의 주제어 검색(그림 1.7)에서도 이러한 추세를 반영하여 검색의 빈도가 폭증하고 있는 것을 확인할 수 있습니다.

2 "지속가능한 성장을 위한 기업의 노력, ESG 경영", KDI, 2021. 7.

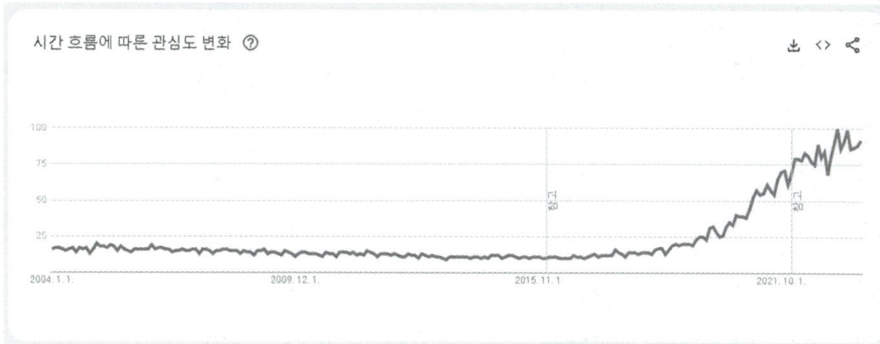

그림 1.7 주제어 검색 "ESG"의 추세

ESG 경영의 개념을 간단히 정리하면 다음과 같이 표현할 수 있습니다.

ESG 개념

E Environmental 환경	**S** Social 사회	**G** Governance 지배구조
탄소 배출 감축	성별·인종 등 다양성	이사회·경영진 구성의 다양성
환경 오염 방지	불편부당하고 공정한 조직 운영	주주 친화적 정책 추구
생물 다양성 추구	데이터 보호와 프라이버시	기업 지배 구조 공지 확대

공통 목표
장기적인 초과 수익 달성

이에 따라 한국에서도 국내 상장기업을 대상으로 ESG 공시 의무화를 2026년부터 단계적으로 시행할 예정인 것으로 알려져 있습니다.[3] 다만 최근에는 우크라이나와 러시아의 전쟁, 이스라엘과 하마스, 헤즈볼라의 전쟁 등 세계 정세가 급박하게 돌아가고, 이에 따른 에너지 수급 문제가 불거지면서, 과거 투자 대상에서 제외시켰던 방위산업과 원전사업에 대한 재평가를 요구하는 목소리도 제기되고 있습니다.

3 금융위원회

지속가능성과 ESG는 어떻게 관련될까요? 지속가능성의 사전적 의미는 "현 상태의 유지 가능성", 다시 말하면 생존 가능성을 의미한다고 말할 수 있습니다. 여기서 지속가능성과 ESG 사이의 상호 연관성을 확인할 수 있습니다. 용어의 형태는 달라졌지만 지속가능성의 개념은 더욱 강조되고 있는 것입니다.

2. 지구는 지속가능한가?

앞에서 살펴보았듯이 수많은 천연 재해와 인재 등으로 얼룩지고 있는 지구는 과연 지속가능할까요? 우리는 후손에게 지구를 온전히 물려줄 수 있을까요? 이 가능성을 한번 확인해 봅시다.

과학자들은 지구가 속한 우주의 나이는 약 140억 년, 지구 나이는 약 45억 년으로 추산하고 있습니다. 이 긴 세월 동안 지구는 평안하게 지금의 모습으로 소소한 변화만 지속하였을까요? 지구의 역사를 조사하였던 많은 과학자의 중론은, 그렇지 않다는 것입니다. 지구상에서 생존하였던 과거의 많은 동식물이 멸종의 운명을 피하지 못하였다는 것은 잘 알려진 사실입니다. 과학자들은 지구 역사상 지금까지 5번의 대멸종 사건들(오르도비스기, 데본기, 페름기, 트라이아스기, 백악기(공룡))이 있었다고 추산합니다. 이 중에서 약 2억 5천만 년 전에 있었던 페름기 대멸종에서는 화산의 대폭발, 이로 인한 오랜 기간 지속되었던 대화재, 이에 따른 막대한 양의 온실가스와 유독가스의 방출에 의해 온난화와 대양의 산소 부족 등이 촉발되었습니다. 그 결과 해양 생물의 90%, 육상 생물의 70%가 멸종되어 그 당시 번성하였던 삼엽충, 암모나이트와 같은 동물을 화석을 통해서만 존재를 확인할 수 있게 되었습니다(그림 1.8).

이러한 대멸종 사건이 과거에 5번이나 일어났기 때문에 앞으로는 더 이상 일어나지 않을까요? 지난 몇백 년 동안 지구상에 큰 변화가 없었기에 안정한 상태라고 생각할 수 있지만, 과학자들은 이와는 반대로 지금의 현 추세가 그대로 진행된다면 여섯 번째 대멸종이 예상된다고 주장하고 있습니다. 과학자들이 이구동성으로 지적하고 있는 여섯 번째 대멸종의 원인이 무엇인지 상상이 되시나요? 우리 주위를 가만히 살펴보면 주원인이 무엇인지를 쉽게 추론할 수 있습니다.

그림 1.8 페름기 대멸종으로 인해 멸종된 것으로 추정되는 삼엽충과 암모나이트의 화석 사진
(출처: (왼쪽)Mike Peel, CC BY-SA 2.0, Wikimedia Commons, (오른쪽)Sage Ekchard, CC BY 4.0, Wikimedia Commons)

인간이 서식지를 꾸준히 넓혀가면서 수많은 동식물이 사라지거나 멸종 위기에 처하고 있음은 주지의 사실입니다. 2017년, 국제생물다양성협회 대표는 영국의 가디언지에 2050년까지 10년마다 농업 생산이 2%씩 감소하고, 수요는 14% 증가할 것이라 경고하면서 많은 농작물, 생물체들이 멸종에 가깝거나 멸종될 것이라고 예상하였습니다(그림 1.9).

만약 지구에 파국이 와서 상당수의 인류와 동식물이 멸종에 가까운 피해를 입게 된다면 남은 인류는 어떻게 생존하고 발전을 거듭하여 현재의 수준으로 다시 도달할 수 있을까요? 모든 기록 및 매체가 파괴되었다면 과연 생존은 가능할까요? 이들에게 생존과 발전을 위한 지침이 있다면 많은 도움이 될 것입니다. 이러한 점에 착안하여 라이언 노스Ryan North는『길 잃은 시간여행자를 위한 문명 건설 가이드』를 저술하여 문

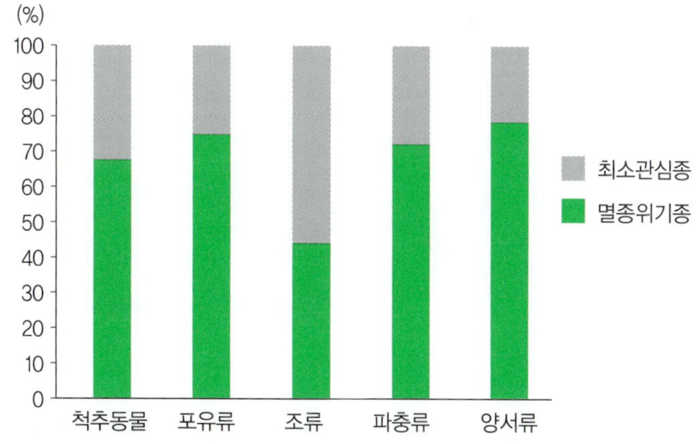

그림 1.9 멸종위기종과 최소관심종 분포 (자료: 세계자연보전연맹(IUCN))

그림 1.10 스발바르 국제 종자 저장고
(출처: Cierra Martin for Crop Trust, CC BY-SA 2.0, Wikimedia Common)

명의 생존 및 발전 방향을 제시하기도 했습니다. 또한 UN은 생존한 인류의 식량 자급을 돕기 위한 식물의 종자를 저장할 수 있는 시설, 일명 현대판 노아의 방주 또는 최후의 날 저장고(그림 1.10)를 북극에 가까운 노르웨이 스발바르섬에 건설하였고, 2022년 12월 기준 식물 종자 107만 종 이상(목표 450만 종)이 보관되어 있습니다. 이러한 지침과 시설이 인류의 생존에 정말 도움이 될까요? 쉽게 동의하기는 어렵지만 도움이 되기를 진정으로 바랍니다.

또한 퓨처어스Future Earth는 〈2020 위험 보고서〉를 발표하고 기후 변화, 생물 다양성 감소, 물 위기, 식량 위기 등을 세계가 당면한 가능성이 높은 위험으로 선정하고 있습니다(그림 1.11).[4] 이 그림에 표시된 다양한 위기들은 충분히 공감할 수 있기에 지구의 지속가능성에 대하여 더욱 회의적 시선을 거두기가 어렵습니다.

그렇기에 우리는 이러한 시선에 대한 정량적 증거를 확인할 필요가 있습니다. 지구의 인구는 1959년 30억 명이었지만 1999년 60억 명, 2012년 70억 명을 거쳐 2025년 80억 명을 넘어 2050년에는 90~100억 명에 달할 것으로 예상되고 있습니다.[5] 과연

4 Future Earth Risks Perceptions Report 2020; https://futureearth.org/initiatives/other-initiatives/grp/the-report
5 http://www.worldometers.info

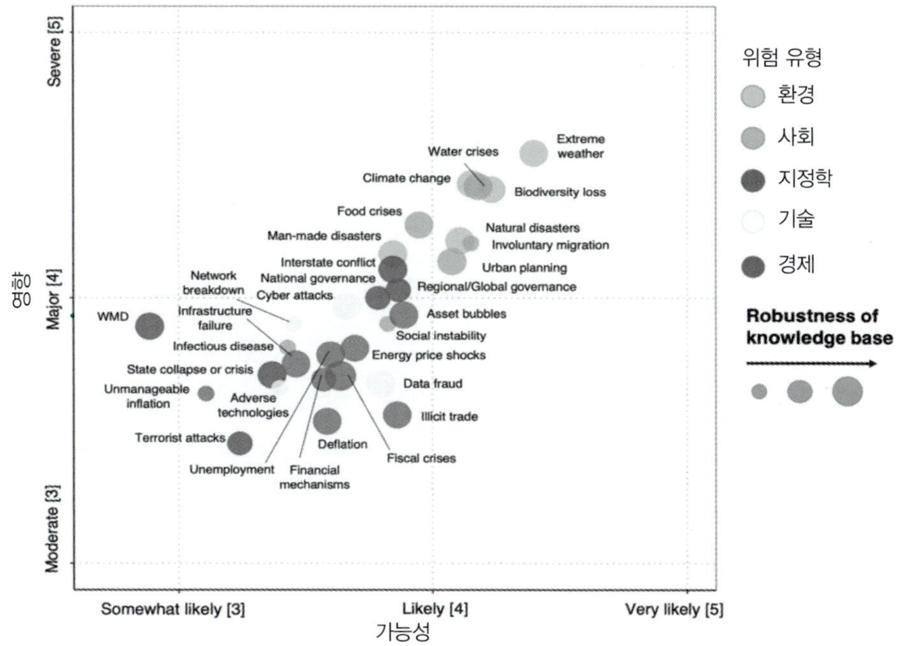

그림 1.11 과학자들이 생각하는 세계 위험 (출처: Future Earth)

지구는 이 많은 인구를 부양할 수 있을까요? 일찍이 맬서스Thomas Malthus, 1766~1834는 "인구는 기하급수적으로 증가하고, 식량은 산술급수적으로 증가하여 식량 위기가 필연적"이라고 하였지만 다행히도 하버Fritz Haber의 합성 비료 생산을 통한 녹색 혁명 등 다양한 농업의 혁신을 통하여 시급한 위기로 지적된 큰 식량 위기 없이 지금까지는 버텨올 수가 있었습니다. 그러나 앞으로도 그럴 수 있을까요? 확신을 위해서는 지구의 궁극적인 부양 능력이 어느 정도가 되는지를 알아야 보아야 대책 수립에 도움이 될 것으로 판단됩니다.

여기서 지속가능성의 의미를 다시 한번 살펴볼 필요가 있습니다. 지속가능성은 단지 생존에만 방점을 찍고 있는가? 1987년 유엔 세계 환경 및 개발 위원회가 작성한 〈우리가 공유하는 미래Our Common Future〉라는 보고서에서는 "미래 수요를 충족하기 위한 미래 세대의 능력을 양보하지 않고 현재의 수요를 충족하는 것"으로 지속가능성을 재정의하고 있습니다. 다시 말하자면 후손을 위하여 현세대가 불공평하게 자기희생을 통해 자원 등의 절약을 통한 지속가능성은 본질에 맞지 않는다고 이 보고서는 지적하고 있습니다.

현재의 상황을 정량적으로 판단하기 위하여 생태학적 발자국ecological footprint이라는 새로운 개념이 1996년 캐나다 생태학자인 웨커네이걸Mathis Wackernagel과 윌리엄 리스William E. Rees에 의하여 처음 도입되었습니다. 이는 특정 생활기준 또는 생활방식을 지원하는 데 필요한 생물학적 생산공간(대지, 물과 해수면)과 생성된 폐기물을 처리하는 데 필요한 공간의 양을 합하여 추산한 것입니다. 이를 통하여 지구상 가용한 생태학적 생산 대지와 물의 양을 추산하고 인구를 감안하여 지구의 부양 능력을 살펴보는 것이 가능합니다.

2016 한국 생태학적 발자국 보고서[6]에 따르면 한국인의 평균 생태학적 발자국은 5.7 gha/인(gha: global ha)으로 전 세계 모든 사람이 한국의 평균 국민처럼 산다고 하면 3.3개의 지구가 필요하며, 이는 기존의 우리가 살고 있는 유일한 지구 외에 2.3개의 지구가 더 필요하다는 것을 의미합니다. 그러나 세계의 많은 정부는 국민의 생활 수준을 세계 최고 수준으로 향상시키기를 원하고 있기에, 만약 세계 모든 사람이 가장 부유한 국가인 미국의 생활 수준을 누리려면 당연히 더 많은 지구가 필요할 것입니다.

실제로 그림 1.12에 볼 수 있듯이 현재의 방식으로 자원을 소비하는 것은 지구의 능력을 벗어납니다. 현재의 소비 방식을 유지하게 되면 2040년에는 지구가 2개가 있어도 부족한 상황이 됩니다. 2개의 지구를 가지는 것은 불가능하니, 자원 부족에 대

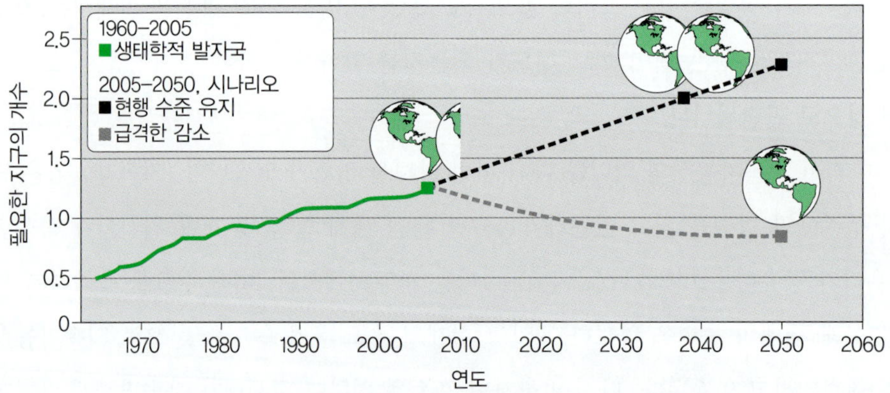

그림 1.12 현재 인류의 생태학적 발자국(직선) 및 전망치(점선)

6 https://ngroovy.tistory.com/606

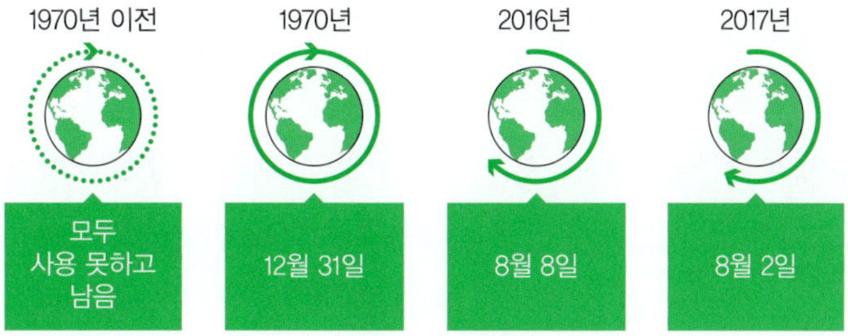

그림 1.13 연도별 지구 생태용량 초과의 날

비할 절약 또는 효과적 이용이 필요하다는 뜻입니다.

이에 따라 국제생태발자국네트워크Global Footprint Network, GFN은 이러한 상황을 좀 더 체감할 수 있게 지구 생태용량 초과의 날Country Overshoot Days을 제정하였습니다. 이는 인류의 자원 소비량이 자연 스스로 재생할 수 있는 능력을 넘어서는 시점을 의미합니다. 자료에 따르면 1970년 이전에는 남아돌고 1970년에는 자원의 소비 속도가 1년에 딱 맞추었던 것이 2016년에는 8월 8일이 되었고 2017년에는 8월 2일이 되었습니다(그림 1.13). GFN에서 소셜 미디어 '#MoveTheDate(날짜를 옮기자)' 운동을 전개할 것을 권장하며, 육류 소비 50% 감소 등을 요청하고 있는 것은 이러한 우려를 반영하고 있는 것입니다.

이상으로 지구는 미래의 엄청난 인구를 부양할 수 없다는 것을 정량적으로 확인하였으며, 문제의 심각성에 따라 시급히 해결할 방안을 강구해야 함은 명백합니다. 과연 우리의 어떠한 자세와 접근 방법이 이 문제를 해결 또는 완화할 수 있을까요?

3. 화학과 화학자의 역할

지구를 대표하는 생명체로서 인류는 지구를 보호할 의무가 있다고 할 수도 있지만, 이 의무를 수행하기가 쉽지는 않습니다. 지구를 보존하는 문제는 단순히 한 분야의 학문 지식으로 감당할 수는 없으며, 모든 분야의 지식과 기술을 종합하여 대응하여도 성공을 장담할 수 없습니다. 그럼에도 불구하고 한 줄기의 빛을 화학에서 찾아볼 수 있습니다.

화학은 "만물을 구성하는 물질의 성질, 조성과 구조를 포함한 본질과 변화, 이에 따른 에너지 변화를 연구하는 분야"입니다. 물질을 기본적 대상으로 다루기 때문에 거의 모든 분야의 학문과 관계를 맺을 수밖에 없고, 따라서 중심 과학central science으로 간주되고 있습니다. 그러므로 지구의 지속가능성 확보라는 극히 어려운 과제에서도 자연스럽게 주도적 위치를 확보하고 있습니다.

화학이 지속가능성을 달성하는 데 주도적 위치를 확보하고 있는 이유는 무엇일까요? 이는 화학의 정의 및 화학에서 다루는 범위와 관계가 있습니다. 화학은 자연을 구성하는 물질의 본질과 변화, 이 과정에서 수반하는 에너지의 변화를 이해하고자 하는 학문입니다. 최근 이영식 교수는 재치있게 관련 영문자의 앞 자를 따서 화학을 3M(Making(물질을 만들고), Modeling(성질을 일반화하고), Measuring(측정하는) 활동), 2PM(Produce(물질을 만들고), Predict(성질을 예측하고), Measure(특정하는) 활동) 또는 BTS(Beaker(물질을 만들고), Thinking(성질을 생각하고), 측정하는(Sensor) 활동)이라고도 기술합니다.[7] 언급한 어떠한 정의에 상관없이 화학의 속성에는 만들고(창조), 조사하고(성질, 변화, 수반되는 에너지 포함), 측정하는(확인) 과정이 포함됩니다. 이러한 과정은 지구의 기존 자원을 이용하여 지속가능성을 확보하는 데 필수적이라고 할 수 있으며, 이는 연구 대상을 자연을 구성하는 모든 물질이라는 범주로 설정하였기에 가능한 것입니다. 또한 화학이라는 영어, Chemistry는 Chem + is + try로 풀어 써서 화학이 끈질긴 시도의 실험에 근거한 실용적 학문임을 잘 반영하고 있기에 다양한 학문과의 연계성을 확보한 중심 학문으로서의 위치를 확보한 것입니다.

그러면 화학자들은 지속가능성 확보라는 도전에 어떻게 대응하고 있을까요? 다양한 분야의 화학자들의 노력은 소위 "녹색 화학green chemistry"이라는 원칙으로 집약되고 있습니다. 이는 미국 환경보호국Environmental Protection Agency, EPA에서 1990년 〈연방 오염 방지 법령Federal Pollution Prevention Act〉과 함께 오염 예방을 위해 처음 제안한 것으로, 현재 미국 화학회American Chemical Society, ACS에 의해 적극적으로 추진되고 있는 것입니다. 생명의 색으로 간주되는 녹색을 붙인 것은, 지구의 생명을 보존, 회복하는 화학자들의 노력을 반영한 것입니다. 녹색 화학의 개념이 도입되기 이전까지는 유해물질 발

7 『원자의 춤』, 자유아카데미, 2024.

표 1.1 녹색 화학의 열두 가지 원칙

1	방지: 생긴 다음에 폐기물을 처리하거나 제거하는 것보다 폐기물 생성을 방지하는 것이 더 낫다.
2	원자 경제성: 생성물을 만들기 위하여 사용하는 물질이 생성물에 최대한 통합되도록 설계되는 것이 더 낫다.
3	덜 유해한 화학 합성: 독성이 없거나 적은 물질을 사용하고 재생하도록 설계하는 것이 더 낫다.
4	보다 안전한 화학 물질 설계: 화학 제품은 독성을 최소화하면서 의도한대로 작용할 수 있도록 설계되어야 한다.
5	더 안전한 용매 및 첨가제: 보조 물질의 사용은 가능한 최대로 필요하지 않도록 하며, 불가피한 경우 무해하여야 한다.
6	에너지 효율성: 더 적은 에너지를 사용하는 것이 더 낫다.
7	재생 가능 공급 원료의 사용: 재생 가능한 물질을 사용하는 것이 더 낫다.
8	유도체 감소: 불필요한 유도체화는 최소화하거나 회피하는 것이 낫다.
9	촉매 작용: 촉매제(가능한 선택적)는 화학양론적 제제보다 우수하다.
10	분해를 고려한 설계: 활용 주기의 마지막에 해가 없는 생성물로 분해될 수 있는 물질을 사용하는 것이 더 낫다.
11	오염 방지를 위한 실시간 분석:분석적 방법은 위해성 물질 생성 이전에 실시간, 공정내 감시와 관리가 가능하도록 개발이 필요하다.
12	사고 방지를 위한 안전한 화학: 공정에 사용하는 물질과 형태는 방출, 폭발 및 화재를 포함한 화학적 사고 가능성 최소화하도록 선정한다.

출처: The Twelve Principles of Green Chemistry, by Paul Anatas and John Warner(1991)

생 후 처리하는 것이 일반적 통념이었지만 이후에는 생산 공정에서부터 발생할 수 있는 유해물질을 고려하여야 한다는 새로운 패러다임이 열리는 계기가 되었습니다.

녹색 화학은 미국의 예일대 아나스타스(P. Anastas) 등이 1998년에 소개하였고, 표 1.1에 요약된 바와 같이 가능하면 더 적은 에너지를 사용하고, 더 적은 유해물질을 생성하며, 재생 가능한 자원을 사용하도록 화학 공정을 설계할 것을 제시하였습니다.

『화학과 공학 뉴스(C&E News, 2000)』에 게재된 '녹색으로 칠하라Color Me Green'라는 기사는 "녹색 화학은 지속가능한 미래를 떠받치는 기둥으로 나타냅니다. 미래 화학자들에게 녹색 화학의 가치를 가르치는 것은 꼭 필요하다"라고 주장하고 있습니다. 이러한 원칙은 화학자뿐만 아니라 일반 사람들에게도 필요한 것으로 인정되고 있습니다.

녹색 화학은 미국 환경보호국의 환경 프로그램의 설계에서부터 시작되었으며, 깨끗한 공기, 물, 대지와 더 적은 자원과 에너지의 소모를 지향하고 있습니다. 이에 화학자들은 이러한 원칙을 근간으로 상대적으로 자원과 에너지 소모가 큰 과거 공정을 보다 친환경적인 공정으로 새롭게 설계하여 '설계를 통한 해로움 저감'을 위해 노력하고 있습니다. 위의 원칙을 모두 만족시키면 좋겠지만 상당수를 만족시키는 것도 지속가능성을 달성하는 데 기여할 것으로 기대하고 있습니다.

이러한 관점에서 최근 주목되고 있는 것이 폐기물을 생성하지 않는 화학 공정, 즉 원자 경제성atom economy을 달성하도록 공정을 설계하는 것입니다. 원자 경제성 개념은 1991년 미국 스탠퍼드대 화학과 교수인 배리 트로스트Barry Trost가 처음 고안한 것으로, 반응물의 거의 모든 또는 모든 원자들이 원하는 생성물 분자의 부분이 되어 폐기물 생성이 원칙적으로 억제됩니다. 이 개념의 다른 형태로 1992년 미국 데프트대 쉘든R. Sheldon이 제안한 환경 영향 인자E-factor도 있습니다. 이는 제품 1 kg당 생성되는 폐기물의 양을 통해, 환경 측면에서 공정의 수용 가능성을 정량적으로 평가하는 수단이었습니다.[8] 과거의 많은 공정들은 최대 이익의 경제성을 확보하는 것이 우선이었고 환경적 요소를 고려하지 않았기에 공업 특히 화학공업의 발전은 지속적인 환경의 파괴로 연결되었습니다. 이를 원상회복하기 위해 그동안 많은 노력을 기울였지만, 쉽지는 않은 것이 사실입니다. 지금까지 개발된 다양한 화학 공정들을 원자 경제성 공정으로 변경하고자 다양한 노력을 하고 있지만 아직 환경을 완벽하게 복원하는 수준에는 도달하지 못하고 있습니다.

그럼에도 불구하고 미국은 녹색 화학에 기여한 기업과 과학자들에게 1996년 이래 매년 녹색 화학 도전 대통령상presidential green chemistry challenge awards을 제정하여 시상하고 있습니다. 이를 통해 녹색 화학의 정착을 유도하고 실질적 성과도 거두고 있으며, 우리나라에서도 도입을 고려하고 있습니다. 이 과정에서 다양하고 새로운 환경친화적 화학 공정 등이 확보되는 성과를 거두고 있으므로, 이를 통하여 '더 깨끗하고 저렴하며 현명한 화학'을 달성하는 데 기여하고 있는 셈입니다.

---

8 「그린화학의 원칙과 구현」, 이준용, 한국과학기술정보연구원

4. 물질의 분류

지구의 지속가능성을 살펴보려면 지구 더 나아가 우주를 구성하는 물질에 대한 이해가 선행되어야 합니다. 자연계의 물질은 한 가지 물질로 구성된 순물질pure substance, 2가지 이상의 순물질로 구성된 혼합물mixture로 구분되고, 물질의 성질을 유지한 가장 작은 입자를 원자atom라고 부릅니다. 순물질에는 한 가지 종류의 원자로 구성된 원소element, 2가지 이상의 다른 원소의 원자로 구성되고 화학결합으로 연결된 화합물compound이 있으며, 혼합물은 물질 영역相, phase을 구별할 수 없고 균일한 조성을 가지는 균일 혼합물homogeneous mixture과 물질 영역을 구별할 수 있고 영역에 따라 조성이 다른 불균일 혼합물heterogeneous mixture로 나누어집니다. 혼합물과 화합물은 이름이 비슷하지만 다릅니다. 혼합물은 구성하는 물질에 따라 거름, 증발, 증류 등 다양한 물리적 방법으로 분리할 수 있지만, 화합물은 일정한 조성을 가지나 단순한 물리적 방법으로는 구분이 불가능하고 전기분해 등 화학적 방법으로만 분리가 가능합니다(그림 1.14).

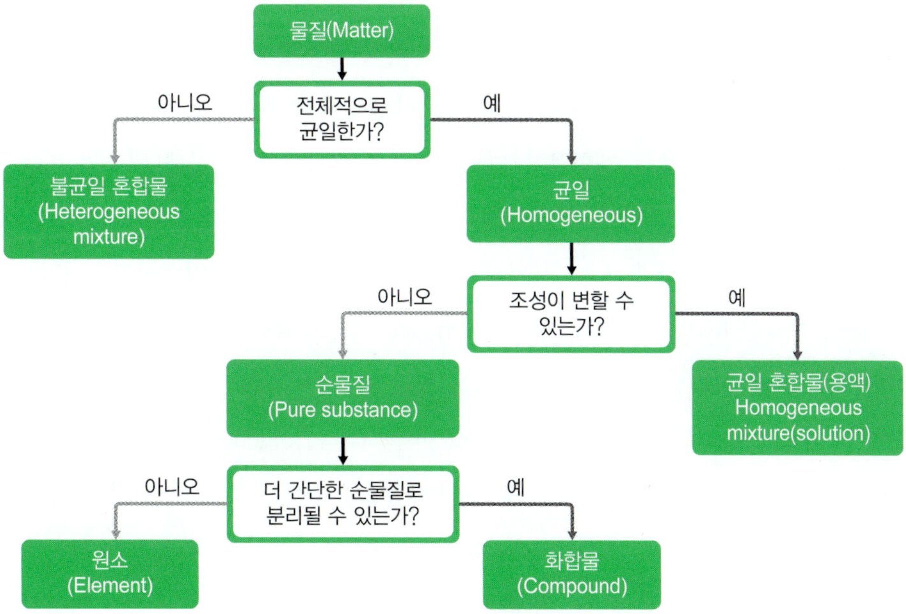

그림 1.14 물질의 분류

알아보기

인간을 비롯한 많은 동물들이 호흡하는 공기는 대부분 질소(78%), 산소(21%)와 미량 기체로 구성되어 있는 대표적인 혼합물입니다. 그러나 깊은 물 속을 조사하기 위해 잠수를 할 때는, 수면으로 다시 상승하는 과정에서 갑작스럽게 압력이 줄어들어 혈액 속의 용해된 기체가 폐를 통해 배출되지 못하고 혈관 내에서 기체화되어 혈관을 막게 됩니다. 이를 잠수병이라고 합니다. 이를 방지하기 위해 전문 잠수부들은 잠수하는 깊이에 따라 일반적인 공기의 조성(대기압에서 호흡하는 공기의 조성)과 다른 기체를 장비를 통해 호흡하게 됩니다.

나이트록스Nitrox는 상압의 공기와 같이 산소와 질소의 혼합물이지만 공기보다 산소는 더 많이 존재(32%까지)하고 질소는 더 적습니다(68%). 이는 질소의 양을 줄임으로써 질소 중독nitrogen narcosis의 위험을 줄이기 위함입니다. 200ft 이상의 더 깊은 곳을 탐사하는 경우에는 헬륨과 산소를 함유하는 헬리옥스heliox라는 혼합기체를 사용합니다. 질소 대신 헬륨을 사용하면 질소 중독의 위험을 제거할 수 있습니다. 그러나 300ft 이상 잠수하는 경우에는 헬륨에 의한 심각한 떨림과 체온 저하가 일어나는 것으로 알려져 있습니다. 400ft 이상을 잠수하는 경우에는 트라이믹스trimix라는 기체 혼합물을 사용하며 산소, 헬륨과 약간의 질소가 함유되어 있습니다. 질소가 첨가되면서 떨림 문제를 완화합니다.

의학적으로 헬리옥스를 성인과 미숙아의 호흡기 질환 및 폐 수축을 치료하는 데 사용하기도 합니다. 이것은 공기보다 밀도가 작아 호흡하는 노력이 줄어들고 조직에 산소 분배를 돕는 것으로 알려져 있습니다.

물질들 특히 조성이 일정한 화합물의 구성 원자 조성은 원소 기호atomic symbol를 이용하여 표시한 화학식chemical formula으로 나타내며, 구성 원소들의 비는 아래 첨자를 이용하여 표시합니다. 예를 들어, 물은 H_2O로 나타내며, 이는 물 분자에는 수소(H)와 산소(O)가 2:1의 비율로 존재함을 나타냅니다.1은 생략합니다. 이때 원소의 비율은 만들어진 장소, 시기, 방법 등에 상관없이 일정합니다. 원소 기호는 원소의 영문 또는 라틴어의 명칭 중 하나 또는 두 자로 표시하기로 국제적으로 약속하였습니다. 예를 들어, 수소는 hydrogen의 H, 산소는 oxygen의 O, 리튬은 lithium의 Li 등으로 표시합니다. 오래전 라틴어 이름으로 명명된 몇몇 원소는 그 표기를 살려서 표시하기로 약속하고 있습니다. 예를 들어, aurum(Au)은 금gold, argentum(Ag)은 은silver, ferrum(Fe)는 철iron, plumbum(Pb)는 납lead, hydragyrum(Hg)은 수은mercury을 나타냅니다.

원소들의 이름은 성질, 행성, 발견 장소 또는 관련 사람의 이름 등으로부터 명명됩니다. 수소hydrogen는 "물을 형성하는 것(water former)", 산소oxygen는 "산을 형성하는 것(acid former)"라는 뜻입니다. 넵투늄neptunium, Np과 플루토늄plutonium, Pu은 각각 해왕성

Neptune, 명왕성pluto의 이름에서 유래되었습니다. 지명에서 유래된 것은 폴로늄Polonium, Po, 아메리슘Americium, Am, 버클늄Berkelium, Bk, 캘리포늄californium, Cf 등이 있고, 발견된 기관의 이름을 딴 것은 플레로븀flerovium, Fl과 리버모륨livermorium, Lv 등이 있으며, 사람의 이름으로부터 명명된 것은 퀴륨Curium, Cm, 노벨륨Nobelium, No, 멘델레븀Mendellevium, Md, 시보귬seaborgium, Sg 등이 있습니다.

이와 같이 오랜 세월을 지내며 각고의 노력 끝에 다양한 원소들이 발견되었는데 그 수는 현재 118개에 달하고 있으며, 추가적인 발견도 예상되고 있습니다.

5. 주기율표

언급한 바와 같이 세상에는 92개의 천연 원소들과 인공적으로 만들어진 인공 원소들까지 합쳐 118개의 원소들이 발견되었습니다. 자연계를 이해하려면 이러한 종류의 원소들의 성질과 변화를 이해할 필요가 있습니다. 그러나 아무리 천재적인 기억력을 가지고 있다고 하더라도 모든 원소의 모든 성질을 기억하기는 쉽지 않을 것입니다.

다행히도 화학자들은 오랜 노력 끝에 자연계를 구성하는 원소들의 성질과 변화를 어느 정도 예상할 수 있는 체계를 개발하였으며, 이를 주기율표periodic table라 명명하였습니다. 언어를 습득하기 위하여는 알파벳을 먼저 알아야 하듯이 화학을 습득, 이해하기 위하여는 자연계의 물질들을 구성하는 화학의 알파벳인 원소의 성질과 변화를 알아야 하며, 100여 개(2006년 118번 원소 발견)의 원소들의 성질과 변화는 주기율표의 구성과 체계를 이해함으로써 손쉽게 습득할 수 있습니다.

제멋대로인 것처럼 보이는 100여 개의 원소들의 성질에 의외로 규칙성이 있음을 처음 확인한 사람은 되브라이너Johann Wolfgang Döbereiner였습니다. 이후 드샹쿠르투아A. E. Beguyer de Chancourtois가 최초로 원소들을 원자량 순으로 배치하였지만 큰 호응을 받지 못하였습니다. 한편, 뉴랜드John Alexander Reina Newlands는 일정한 간격을 두고 비슷한 성질이 되풀이되는 옥타브의 법칙을 확인하였고, 원자량 순서대로 배열한 것에서 수정이 필요하다는 것을 알게 되었습니다. 이러한 사실들을 기반으로, 러시아 화학의 아

Reihen	Gruppo I. — R^2O	Gruppo II. — RO	Gruppo III. — R^2O^3	Gruppo IV. RH^4 RO^2	Gruppo V. RH^3 R^2O^5	Gruppo VI. RH^2 RO^3	Gruppo VII. RH R^2O^7	Gruppo VIII. — RO^4
1	H=1							
2	Li=7	Be=9,4	B=11	C=12	N=14	O=16	F=19	
3	Na=23	Mg=24	Al=27,3	Si=28	P=31	S=32	Cl=35,5	
4	K=39	Ca=40	—=44	Ti=48	V=51	Cr=52	Mn=55	Fe=56, Co=59, Ni=59, Cu=63.
5	(Cu=63)	Zn=65	—=68	—=72	As=75	Se=78	Br=80	
6	Rb=85	Sr=87	?Yt=88	Zr=90	Nb=94	Mo=96	—=100	Ru=104, Rh=104, Pd=106, Ag=108
7	(Ag=108)	Cd=112	In=113	Sn=118	Sb=122	Te=125	J=127	
8	Cs=133	Ba=137	?Di=138	?Ce=140	—	—	—	— — — —
9	(—)	—	—	—	—	—	—	
10	—	—	?Er=178	?La=180	Ta=182	W=184	—	Os=195, Ir=197, Pt=198, Au=199.
11	(Au=199)	Hg=200	Tl=204	Pb=207	Bi=208	—	—	
12	—	—	—	Th=231	—	U=240	—	— — — —

그림 1.15 멘델레프의 초기 주기율표

버지라 불리는 멘델레예프Dmitri Ivanovitch Mendelleev는 1869년 최초의 주기율표(그림 1.15)를 발표하였습니다. 그는 원소들을 원자량 순서대로 배치하였고, 유사한 성질의 원소가 같은 줄에 있으면 다른 줄에 배치하면서도, 같은 세로축에 비슷한 성질 원소가 없으면 공란으로 남겨 놓는 파격적인 제안을 하였습니다. 이러한 안은 당시 발견되지 않았던 갈륨(Ga), 저마늄(Ge)의 발견과 성질을 예측하는 데 큰 공헌을 하였습니다.

현대 주기율표(그림 1.16)는 최초의 주기율표 제안 후 비활성 기체족 원소들의 발견에 따른 새로운 족group의 도입, 모즐리Henry Gwyn Jeffreys Moseley의 모즐리 법칙[9] 발견 등을 수용하여 정립된 것입니다. 이를 통해 원자 번호 순으로 원소들을 배열하였을 때보다 적절하게 주기율표에 배치할 수 있게 되어 현재의 모습을 갖추게 되었습니다.

주기율표는 지구상의 위치를 경도와 위도로 지정할 수 있는 것처럼 족과 주기로 구성되어 있습니다. 원소들이 세로로 같은 줄에 위치할 때 같은 족group, 가로로 같은 줄에 위치할 때 같은 주기period에 있다고 합니다. 같은 족에 속한 원소들은 비슷한 성질을 보여주며, 같은 주기에서는 성질의 단계적 변화를 나타냄을 확인할 수 있습니다. 주기율표의 좌측 하단에는 금속metal, 우측 상단에는 비금속nonmetal 성질을 가진 원소들이 자리하며, 경계에는 금속과 비금속의 중간되는 성질을 가진 준금속metalloid

9 원소의 고유 x-선과 원자번호와의 관계를 정립한 법칙

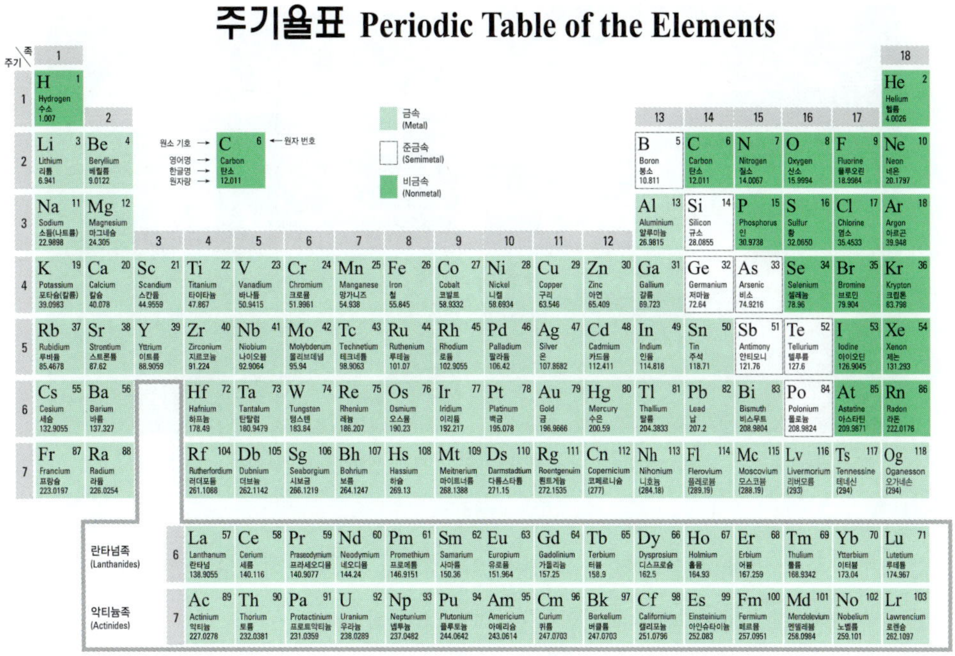

그림 1.16 최신 주기율표

이 있습니다. 금속은 보통 열과 전기를 잘 통하고, 얇게 펴지는 성질과 가는 선으로 만들기가 쉬우며 고유의 광택을 가지고 있습니다.

족과 주기로 나타낸 주기율표상의 위치는 원자 내 전자 구조와 배치와 깊은 관계를 가지고 있습니다. 즉, 원소들의 성질은 내부 전자 배치를 반영하고 있는 것입니다. 결국 이러한 원소의 특성에 대한 이해를 바탕으로 화학의 비약적인 발전이 이루어지게 되었습니다.

물질은 서로 다른 물리적, 화학적 성질 때문에 구별되며 이를 활용하여 다양한 용도로 사용됩니다. 물리적 성질physical property은 상태, 크기 또는 모양이 변하지만 물질의 본질에 영향을 주지 않고 관찰하거나 측정할 수 있는 특징입니다. 화학적 성질chemical property은 새로운 물질로 변하는 물질의 특성을 말합니다. 다시 말하자면, 물리적 성질은 관찰 또는 측정을 하기 전과 후에 존재하는 물질이 본질적으로 같으며, 화학적 성질을 관찰할 때는 물질이 달라질 수 있습니다. 예를 들어, 물은 온도가 증가함에 따라 얼음, 물, 수증기로 상태가 변하지만 물의 본질은 변하지 않습니다. 즉, 온도에 따른 물의 상태 변화는 물의 물리적 성질입니다. 그러나 철로 만든 못이 비를

그림 1.17 보이저 금제 원반의 앞면과 뒷면 (출처: NASA)

맞으며 산소와 반응하여 녹이 생성되며, 이때 철과 녹은 전혀 다른 물질입니다. 즉, '철은 산소와 반응하여 녹을 생성한다'는 화학적 성질입니다.

여기서 잠깐! 만약 우리가 미래에 우주에서 다른 행성의 우주인을 만난다면 하면 어떻게 소통을 하고 공통의 지식을 확인하면 좋을까요? 인류는 이미 1977년 그림과 소리가 기록된 금제 음반을 실어 보이저 1, 2호에 실어 외계로 발사하였습니다. 많은 과학자가 고민하여 지적 생명체가 인지할 수 있는 인사말과 소리, 과학적 지식을 담은 것으로 알려져 있습니다(그림 1.17). 그러나 화학자로서 필자의 생각은 우주의 물질 역시 동일한 원소들로 구성된 것이므로 주기율표를 기재하였으면 하는 것입니다. 외계인들에게 인류와 비슷한 지적 수준이 있다면, 우주를 구성하고 있는 원소는 알고 있을 것이며, 주기율표 역시 익숙할 것입니다. 그렇다면 각자의 주기율표에 표시된 원자의 수가 과학 지적 수준을 판별하는 데 도움이 되지 않을까요? 이 아이디어가 실행되지 않았으니 화학자로서는 상당히 아쉬운 심정입니다.

6. 원자의 크기 및 구조

모든 원소 물질은 물질의 성질을 유지하는 가장 작은 입자인 서로 다른 원자로 구성되어 있습니다. 1800년대 말, 돌턴John Dalton이 처음 제안한 속이 꽉 찬 단단한 구슬 형태에서 원자의 구조에 대한 논의는 시작되었습니다. 최종적으로 원자는 양으로 하전된 양성자와 전기적으로 중성인 중성자로 구성된 원자핵, 그 주위에 존재하는 음으로 하전된 전자로 구성되어 있음이 밝혀졌습니다. 또 원자핵은 원자의 아주 작은 부분만 차지하고 대부분이 비어 있는 형태로 구성되어 있음도 알게 되었습니다. 원자는 전기적으로 중성이기 때문에 양성자와 전자의 수는 동일하고 이를 원자 번호atomic number라고 합니다. 전자는 양성자와 중성자에 비하여 질량이 매우 작아 원자의 질량에 대한 기여는 무시할 정도입니다. 따라서 원자의 질량수mass number는 양성자와 중성자의 수를 더하여 표시합니다. 그러므로 원자 번호와 질량수를 알면 해당 원자의 아원자 입자인 양성자, 중성자, 전자의 수를 확인할 수 있습니다.

원자의 크기는 원자의 종류에 따라 약간 차이가 있지만 10^{-11}~10^{-10} m 정도이며 원자핵은 원자 크기의 10^{-5}배 정도로 확인되고 있습니다.

비록 전자는 핵 주위의 공간에 배열되어 있지만 공간상에 무작위로 배열된 것은 아니며, 특정한 에너지를 가지고 원자핵 주위의 특정한 공간에 배열되고 있습니다. 전자가 배열된 상태에 따라 해당 원소의 성질이 결정됩니다. 특히 최외각 에너지 준위를 차지하는 원자가 전자valence electron의 숫자는 족 번호와 밀접한 관계를 가지고 있습니다. 원자의 전자 배열electron arrangement은 원자의 각 에너지 준위의 전자 수를 배당하게 되는데 가장 낮은 에너지 준위부터 차례로 채워가는 방식을 취하고 있고, 각각의 에너지 준위는 일정한 숫자의 전자를 수용할 수 있습니다. 가장 안정한 에너지 준위는 2개의 전자를, 다음의 에너지 준위는 8개를, 그 다음의 에너지 준위는 8개를 수용하고, 다음은 18개 전자를 수용하는 등입니다. 이 경향이 현대 주기율표에서 1주기는 2개 원소, 2주기는 8개, 3주기는 8개, 4주기는 18개 원소가 배치되는 것과 일치하는 것은 우연이 아닙니다. 그렇기 때문에 이 숫자들을 물질에 있는 마술수magic number라고도 이야기합니다.

원자 번호 순으로 배열된 현대의 주기율표이기 때문에 양성자 곧 전자의 수에 의존하는 특성을 나타내며, 각 에너지 준위에 배치되는 전자의 수에 의존하는 특성을 보입니다. 특히 채워지지 않은 최외각 에너지 준위의 전자 수, 원자가 전자 수는 원소의 성질을 결정합니다. 예를 들어, Li, Na, K 등은 최외각 에너지 준위에 전자가 1개 있으며, 알칼리 금속 족이라 하고 반응성이 매우 큰 성질을 가집니다. 또한 F,

Cl, Br 등은 최외각 에너지 준위에 7개의 전자를 가지고 할로젠 족이라 하며, 반응성이 또한 크게 됩니다.

7. 크기를 나타내는 용어의 의미

과학의 각 분야에서는 다양한 양을 나타내는 단위가 사용됩니다. 기술이 발전함에 따라 매우 큰 양과 매우 작은 양도 측정할 수 있게 되었으며 이를 표기하는 편리한 방법이 관심을 끌게 되었습니다. 화학을 비롯하여 다양한 분야의 과학에서는 공통적으로 과학적 표기법scientific notation이 사용됩니다. 이 표기법은 보통 다음과 같이 구성됩니다.

계수 × 10의 거듭제곱

예 표준 수 과학적 표기법

표준 수	과학적 표기법
3600	3.6×10^3
0.00015	1.5×10^{-4}

또한 크기를 나타내는 접두사(표 1.2)를 사용하면 단위에 상관없이 쉽고 간단하게 표시할 수 있습니다.

예 km, kg, Mg, dL, mm, ms, kJ, kcal, nm, pg 등

표 1.2 수를 나타내는 접두사

1보다 큰 수 표기		1보다 작은 수 표기	
T(테라, tera)	10^{12}	d(데시, deci)	10^{-1}
G(기가, giga)	10^9	c(센티, centi)	10^{-2}
M(메가, mega)	10^6	m(밀리, milli)	10^{-3}
k(킬로, kilo)	10^3	μ(마이크로, micro)	10^{-6}
	1	n(나노, nano)	10^{-9}
		p(피코, pico)	10^{-12}

양을 나타내는 단위는 국제적으로 합의된 단위(국제 단위계International system of units, SI)를 사용합니다(표 1.3).

표 1.3 양을 나타내는 단위

양	단위		양	단위	
	SI	미터법		SI	미터법
길이 부피 시간	m m^3 s	m L s	질량 온도	kg K	g ℃

다만 환경과 관련되어 매우 많이 활용되는 용액solution 내 물질의 양을 나타낼 때는 다른 용어들이 사용됩니다. 여기서 용액은 녹아 있는 물질(보통 양이 적은 물질)인 용질solute과 녹이는 물질(보통 양이 상대적으로 많이 있는 물질)인 용매solvent로 구성됩니다. 용액의 농도는 용액의 단위 양에 포함되는 용질의 양으로 정의됩니다. 용질의 양은 질량, 부피, 입자 수 등으로 표현되며, 용액의 양은 부피 또는 질량으로 표현됩니다. 보통은 부피가 많이 사용됩니다.

화학에서 용액의 농도는 몰농도molar concentration로 많이 나타내며 사용되는데 정의는 다음과 같습니다.

몰농도 M = 용질의 몰수/용액의 부피(L)

1몰(mole)은 6.02×10^{23}개(Avogadro 수)의 입자를 나타내는데 쉽게 크기를 인식하기가 어려울 정도로 매우 엄청난 수입니다. 이는 물질의 기본 단위가 원자라는 매우 작은 입자이기 때문이며, 이 개념을 통하여 원자, 분자라는 미시 세계를 우리가 인지할 수 있는 정도의 거시 세계로 연결을 하게 됩니다. 예를 들어, 수소 원자 1개와 1몰의 질량은 다음과 같습니다.

수소 원자 1개의 질량 = 1 g/6.02×10^{23}

수소 원자 1몰의 질량 = 1 g

이외에도 질량 백분율(m/m percent), 부피 백분율(v/v percent)도 흔히 사용됩니다.

질량 백분율 = 100% × 용질의 질량(g)/ (용질의 질량(g) + 용매의 질량(g))

= 100% × 용질의 질량(g)/ 용액의 질량(g)

부피 백분율 = 100% × 용질의 부피/용액의 부피

환경의 오염물질 농도는 매우 작은 양이 보통이므로 ppm(part per million), ppb(part per billion), ppt(part per trillion) 등이 사용됩니다.

ppm = (용질 입자의 입자 수)/(백만 개 입자)

ppb = (용질 입자의 입자 수)/(십억 개 입자)

ppt = (용질 입자의 입자 수)/(일조 개 입자)

8. 물질의 순환

물질을 구성하고 있는 원자는 결합 형태는 바뀌지만 소멸되지 않습니다. 그렇다면, 지구 내의 물질은 구성 형태는 변화하지만 구성 원자의 양은 보존되므로 지구의 자원은 지속가능하다고 할 수 있지 않을까요? 그럼에도 불구하고 지속적으로 지속가능성의 문제를 제기하고 있는 이유는 무엇일까요?

이를 이해하기 위해서 몇 가지를 살펴볼 필요가 있습니다. 자연계에는 생명체에 있어 매우 중요한 원소들인 탄소(그림 1.18) 및 질소의 순환 과정(그림 1.19)을 통하여 이들 원소 자원들이 큰 틀에서는 보존되고 있습니다. 그러나 탄소 순환 과정에 포함되는 화석연료와 같은 자원은, 형태가 재생되는 것이 소비하는 것에 비하여 상대적으로 많은 시간을 요구합니다. 즉, 인류는 축적된 자원을 지속적으로 소모하게 되어 지속가능성이 훼손됩니다. 또한 우리의 문명을 지탱하는 다양한 물품을 생산, 유지하는 기업들의 생존에도 많은 자원이 필요합니다. 결국 이 자원의 확보가 지속가능성의 핵심이 되는 것입니다.

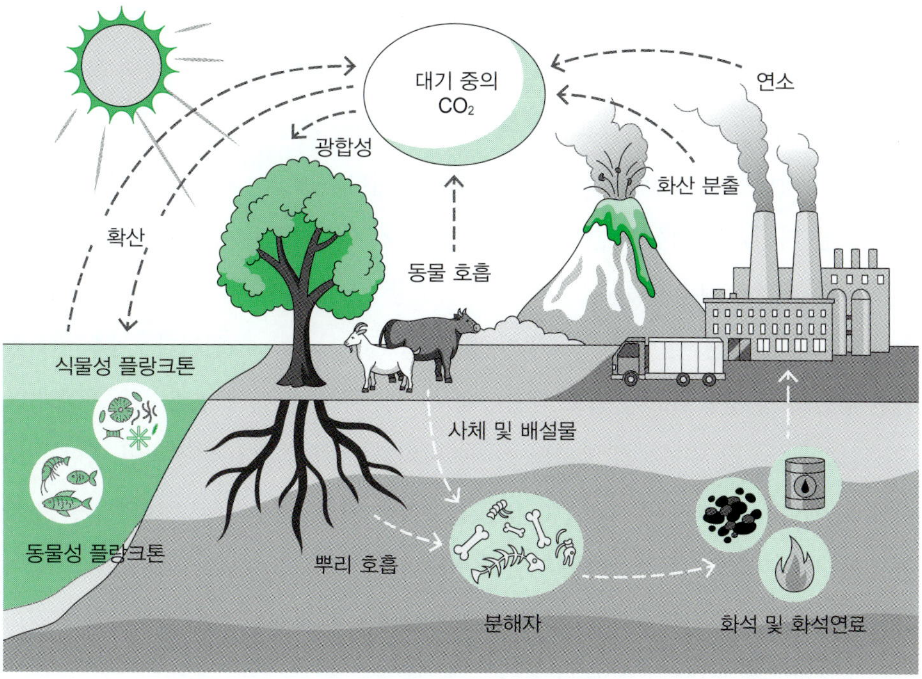

그림 1.18 탄소 순환

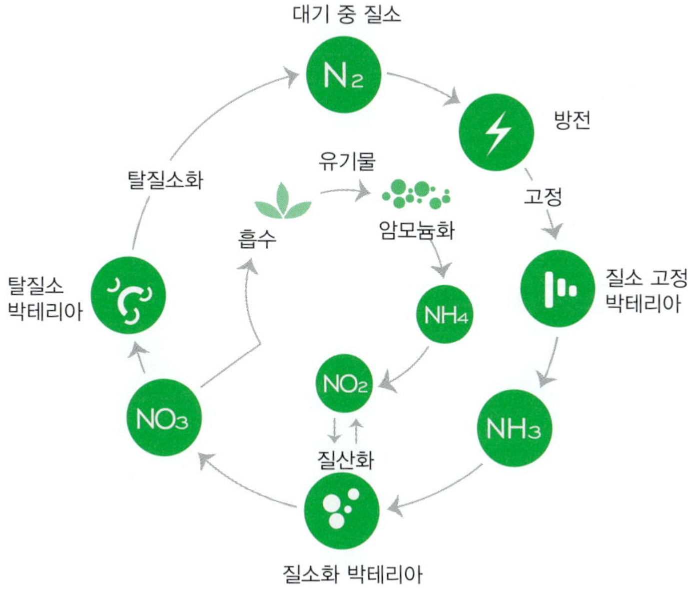

그림 1.19 질소 순환

한편, 우리가 필요로 하는 다양한 물품들은 한 가지 물질만으로 이루어진 경우는 거의 없으며, 다양한 원료로 제조되고 있습니다. 여기에서 사용되는 많은 물질은 지구의 다양한 지역에서 얻어지고 제조에 필요한 물질을 추출하기 위하여 다양한 공정을 통하고 상당한 양의 에너지를 투입하여야 합니다. 이러한 과정에서 에너지 생성에 필요한 자원과 공정상의 손실이 항상 발생하기 때문에 단순한 수명 주기로 파악하는 순환 과정은 지속가능성을 확인하거나 보장하지 못합니다. 이를 정량적으로 확인하기 위해 도입된 것이 전 생애주기 평가Life Cycle Assessment, LCA입니다. 기후 변화와 관련된 탄소 중립에 필요한 탄소 배출량을 전 생애주기에 걸쳐 평가하는 것입니다. 즉, 원료 채굴부터 폐기까지 제품의 라이프사이클 전반에 걸친 환경적인 영향을 조사하고, 에너지 및 자원의 소비, 대기와 물에 대한 배출, 생성된 폐기물의 양을 평가하게 됩니다. 이와 함께 생산하는 제품의 탄소 발자국Product Carbon Footprint, PCF을 통하여 온실가스 배출에 중점을 두고 기후에 미치는 영향 측면에서 공정을 검토하고 최적화 가능성을 찾고자 노력하고 있습니다.

LCA는 사회문제해결 R&D, 경제성 분석 등에도 적용되고 있으며, 현재 다양한 분야에서 지속가능성의 세 가지 축과 함께 고려되고 있습니다. 이 세 가지 축은 오염 방지 및 천연 자원 사용 등을 고려한 환경적 측면, 사회 구성원의 삶의 질 향상을 고려한 사회적 측면, 공정한 분배와 효율적 자원 배분을 고려한 경제적 측면을 말합니다.

9. 물질의 순환과 지속가능성

여러분은 드레이크Drake 식에 대해 들어보셨나요? 이는 우주에서 생명체가 존재할 수 있는 확률을 구하기 위하여 제안된 식입니다.

$$N = R^* \times f_p \times n_e \times f_l \times f_i \times f_c \times L$$

N = 우리 은하 내에 존재하는 인간과 교신이 가능한 문명의 수

R^* = 은하 안에 있는 항성들의 총 수(또는 별들이 생성되는 비율)

f_p = 항성이 항성계를 가지고 있을 확률

n_e = 항성에 속한 행성 중 생명체가 살 수 있는 행성의 수

f_l = 그 행성에서 생명체가 발생할 확률

f_i = 발생한 생명이 지적인 생물체로 진화할 확률

f_c = 그러한 지적인 생명체가 탐지할 수 있는 신호를 보낼 수 있을 정도로 발전할 확률

L = 위의 모든 조건을 만족하는 생명체가 존재할 수 있는 기간. 정확히는 교신 기술을 유지하는 시간

여기서 L은 생명체가 존재할 수 있는 기간, 다시 말하자면 대표 생명체의 지속가능한 기간입니다. 앞에서 살펴본 바와 같이 지속가능성에 미치는 요인들이 너무도 많기 때문에 신뢰성 있는 수치를 제시하기가 쉽지는 않을 것입니다. 그동안 많은 과학자들이 상당한 노력을 기울였음에도 불구하고 아직까지 광대한 우주에 고등 생명체, 아니 단순 생명체의 존재 여부조차 확증하지 못하고 있습니다. 따라서 이러한 상황에서 우리는 외부에서 지속가능한 모델을 참고할 수는 없기 때문에 내부, 즉 우리 행성의 현재 상황을 고려하여 최선을 다하여야 할 것입니다.

인간은 우주에서 아직 유일하게 생명체를 가진 것으로 확인된 지구를 대표하는 생명체입니다. 따라서 지구의 생명체를 보호할 특별한 의무가 있습니다. 이 의무를 다하는 것은 모든 사람이 인정하듯이 쉽지 않지만, 이를 위하여 지구와 관련된 다양한 방면의 관심사를 살펴보고자 합니다. 이러한 관심사들이 가지는 현황과 문제점을 살펴보고 이를 보완하여 지구의 지속가능성에 기여하는 방안이 무엇인지를 논의하고자 하는 것이 이 책의 목적입니다.

이러한 목적을 달성하기 위하여 인류의 지속가능성을 위협할 수 있는 요인이 무엇인지를 파악하는 것도 매우 중요합니다. 짐작할 수 있듯이 실제로 이러한 요인은 매우 많습니다. 따라서 이러한 요인이 잠재되어 있는 영역을 차례대로 살펴보면서 무엇이 문제인지, 해결하기 위하여 현재 어떤 일을 하는지, 과연 이러한 조치들은 효과적일지 등을 고려하면서 미래의 모습을 살펴보고자 합니다. 이 과정은 쉽지 않고 많은 시간이 요구되겠지만, 인류의 지속가능성에 대한 실마리를 얻을 수 있을 것으로 기대합니다.

2장

우리를 둘러싼 대기

서론

인류의 생존 가능성을 살펴볼 첫 번째 영역은 매일 접촉하는 대기입니다. 우리는 주위의 대기를 호흡함으로써 다양한 생명 활동을 유지하고 있습니다. 대기는 동물 생존에 중요한 산소, 식물에 필요한 이산화 탄소, 모든 생명체의 생존에 필수적인 물을 지속적으로 공급하는 중요한 역할을 하고 있습니다. 그렇기 때문에 일찍이 그리스의 자연철학자 아리스토텔레스는 만물의 근원으로 물, 불, 흙, 공기 4가지를 주장하였습니다. 그는 만물이 4원소의 조합 비율 차이만 있을 뿐이라고 하였으며, 이들의 조합 비율을 조절함으로써 물질 사이의 변화를 유도할 수 있을 것으로 제안하였습니다. 이 생각이 곧 연금술의 근간을 제공했습니다. 그러나 다양한 과학자들의 수많은 실험과 관찰을 통하여 대기(공기)는 단일 물질이 아니므로 근원물질이 될 수 없음이 밝혀졌습니다. 이후 질소, 산소를 근간으로 일부 미량 물질들이 포함된 혼합물로 대기가 구성되고 있음을 알게 되었고 이는 상식이 되었습니다.

알아보기

대기(공기)와 물은 어떻게 단일 물질이 아님을 알게 되었을까?

셸레C. Scheele, 1742~1786는 실험을 통하여 대기가 적어도 2가지 기체의 혼합물로 되었음을 확인하였습니다. 그는 황화 갈륨 위로 통과시킨 공기가 원래보다 가벼워졌으며 연소를 도와주지 않는 사실을 확인하였습니다. 이에 남는 공기(질소)를 '상한 공기'라 불렀고 흡수된 공기(산소)를 플로지스톤을 끌어당기는 성질이 있다고 하여 '불 공기'라 불렀습니다. 이후 갖은 노력 끝에 산소를 가장 먼저 분리하는 데 성공하였으나, 프리스틀리J. Priestley, 1733~1804보다 발표를 늦게 하는 바람에 그 공로가 나뉘었습니다.

이처럼 여러 과학자의 노력으로 기체의 다양한 성질이 조사되었고, 많은 고대의 지식이 틀렸음도 확인되었습니다. 그 당시까지 원소라고 생각했던 물이 가연성 공기(수소)와 일반 공기를 섞은 상태에서 전기방전하면 생성되는 것임이 발견되었으며(프리스틀리), 캐번디쉬H. Cavendish, 1731~1810가 그 정량적 관계(수소와 산소가 2:1 비율로 반응)를 확인함으로써 고대 그리스로부터 인정되었던 물이 원소라는 사실이 부정되었습니다. 그러나 그는 가연성 공기(수소; 플로지스톤 + 물)와 탈플로지스톤 공기(산소; 물–플로지스톤)의 결합에 의해 물이 생성된다는 변화를 플로지스톤설을 폐기하지 않고 설명함으로써 근대화학의 아버지라는 칭호를 받을 수 있는 영예를 라부아지에에게 넘겨주게 되었습니다.

(이익모, 『MT 화학』, 장서가, 2012.)

알아보기

플로지스톤Phlogiston 설(연소설(燃素說))

플로지스톤은 그리스어로 '불꽃'이라는 뜻이며, 연금술을 사상적으로 이어받은 독일의 화학자 베허(J. J. Becher)와 슈탈(G. E. Stahl) 등에 의하여 1703년 발표된 연소 현상에 대한 이론이었습니다. 플로지스톤은 가연성을 대표하는 원소로 생각하였으며, 숯, 황, 기름 등 연소가 쉬운 물질은 대부분 플로지스톤으로 구성되어 있다는 주장입니다. 연소 시 이들이 빠져나가고 재만 남아 무게가 줄어드는 것을 설명할 수 있다고 생각하였습니다. 그러나 금속이 연소할 때는 오히려 무게가 증가하는 모순을 설명하기 위하여 이것이 음의 무게를 가질 수 있다고까지 무리한 설명을 하기도 하였습니다. 이러한 명백한 모순에도 불구하고 프리스틸리나 캐번디쉬와 같은 당시 많은 과학자가 플로지스톤 설을 옹호하기도 하였습니다. 그러나 라부아지에A. Lavoisier, 1743~1794가 수은을 이용한 실험을 통하여 연소가 산소와의 결합 반응임을 명백히 보여줌으로써 플로지스톤 설의 종언을 고하게 되었고, 라부아지에는 현대 화학의 아버지라 불리게 되었습니다.

(김유항, 「근대 화학의 아버지, 라부아지에와 연소설」, https://blog.naver.com/kbs4547/201539915380에서 발췌)

알아보기

지구 초기의 대기는 현재의 대기와 어떻게 달랐을까?

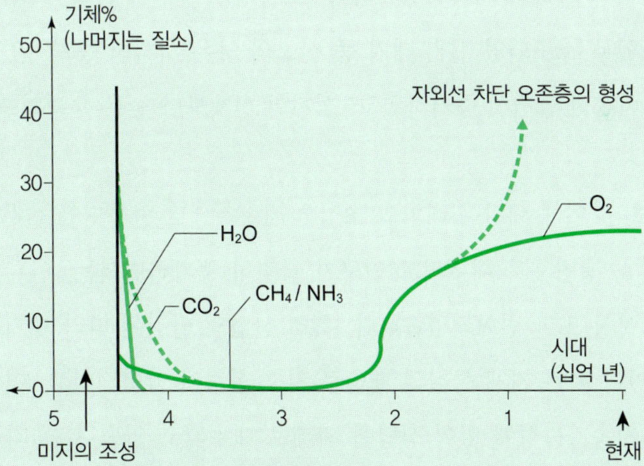

그림 2.1 원시 대기에서 현대 대기까지의 발전 과정

지구 진화 초기의 대기를 원시 대기라 합니다. 지구가 태어난 시점의 수소와 헬륨으로 구성되었을 것으로 추정되는 대기를 1차 원시 대기라고 하는데 이 대기층은 태양풍으로 인하여 흩어지고, 지구의 대기는 내부에서 방출된 수증기, 이산화 탄소와 질소로 이루어진 화산 가스 등으로 채워지게 되었습니다. 이를 2차 원시 대기라고 합니다.

그 후 지구가 냉각되면서 대기 중의 수증기는 물로 변하여 강수의 형태로 내려 원시 해양이 생성되었습니다. 초기에는 산성이었던 원시 해양이 차츰 중성으로 변하면서 대기 중의 이산화 탄소가 바다에 용해되어 현재와 같은 비율이 되었을 것으로 추정합니다. 이와는 별개로 비활성이었던 질소는 오랫동안 변동 없이 존재하여 현재와 같이 대기의 78%를 차지하게 됩니다.
대기 중의 산소는 광합성을 하는 남조류에 의해 생성되었으며, 산소의 일부는 성층권에서 강한 자외선을 받아 오존이 되었고, 이것이 응집되어 오존층이 만들어졌습니다. 오존층은 유해한 자외선을 차단하여 녹색 식물이 성장할 수 있게 하였고, 지속적으로 산소를 생성할 수 있어 현재 대기의 21%를 차지하게 되었습니다.

(위키피디아, "대기화학")

대기는 지구의 표면에서 깊은 바다로부터 상당히 높은 고도까지 퍼져 있고, 대기의 조성은 비교적 일정하지만 지구가 탄생한 이후 끊임없이 변해 왔습니다. 지구 생성 초기에는 대기의 조성은 수소, 황화 수소, 이산화 탄소, 질소 등이 주성분을 이루었다고 알려졌지만 탄산염 퇴적과 더불어 약 25억 년 전 광합성이 가능하여 산소를 부산물로 배출하는 단세포 미생물인 사이아노박테리아가 나타난 이후 대기에 서서히 산소의 양이 증가하기 시작하였습니다. 초기에는 산소가 금속, 특히 철과의 우선적 결합으로 일부 소모되었기에, 대기 중 산소의 양은 서서히 증가하였습니다. 그러다가 후에는 비교적 급격히 증가하였고, 심지어 현재보다 높은 수준인 30%까지 올라갔다고 합니다.

그러나 여러 요인에 의하여 대기의 조성은 지속적으로 변화되었습니다. 특히 인류가 지구의 대표 생명체로 대두되고 인구가 급격히 증가하면서는, 인류의 활동에 따라 대기의 조성이 또한 변화되었습니다, 특히 산업의 발전에 따라 대기 오염과 지구온난화의 원인이 되는 기체 물질의 배출로 지구 환경이 악화되었고, 이의 개선이 지구와 인류의 지속가능성에 있어 상당한 과제로 대두되고 있습니다. 최근의 대기 조성은 약간의 변동은 있지만 대체로 표 2.1에 제시된 조성을 따르고 있습니다.

대기는 약 10,000 km 정도로 우주에 펼쳐져 있지만 대부분 물질들이 낮은 고도에 집중되고 있어 약 98%가 해수면으로부터 고도 26 km 이내에 분포합니다. 일반적으로 대기의 아랫부분인 약 80 km까지는, 건조한 대기의 구성(특히 산소와 질소의 조성)은 비교적 단순하고 일정한 경향을 보입니다. 그러나 수분, 미량 기체, 입자 물질 등의

표 2.1 대기 조성

	건조 공기의 부피(%)	농도(ppm)
주요 기체		
질소(N_2)	78.084	
산소(O_2)	20.946	
아르곤(Ar)	0.934	
네온(Ne)	0.00182	18.2
헬륨(He)	0.00052	5.2
크립톤(Kr)	0.00011	1.1
수소(H_2)	0.00005	0.5
기타 기체		
수증기(H_2O)	0~4	
이산화 탄소(CO_2)	0.039	390
일산화 탄소(CO)		<100
메테인(CH_4)	0.000178	1.78
오존(O_3)		< 2
이산화 황(SO_2)		< 1
이산화 질소(NO_2)		< 0.2

양은 장소, 시간에 따라 상당히 변화하고 있습니다.

이 장에서는 우리가 호흡하는 공기의 조성 성분 물질의 특성, 물질의 함량을 표시하는 농도의 종류 및 정의, 대기질 즉 지구의 생명체 더 나아가 지구의 지속가능성을 유지하기 위하여 우리가 해야 할 일 등에 대하여 살펴보고자 합니다.

1. 대기권의 구조 및 대기의 구성

높은 곳에 올라갈수록 대기는 희박해지고 온도가 내려가는 경향이 있다는 것은 경험적으로도 알고 있는 상식일 것입니다. 대체로 약 15 km 올라갈 때마다 기압은 반이 되며, 1 km 정도 상승하면 약 6.5°C가 떨어집니다. 그러나 고도가 올라갈 때마다 지속적으로 온도가 떨어지는 것은 아니며, 특정 고도 이상 올라가면 일정 구간 온도가 올라가고 그 위에는 기온이 다시 떨어집니다. 이렇게 고도에 따라 온도의 변화 양상이 급격히 변하는데, 보통 수직적으로 4개의 권역으로 구별하고 있습니다.

그림 2.2에서 볼 수 있듯이 지상에서 약 15 km까지 온도가 고도에 따라 감소하는 권역은 대류권tropospher, 이후 50 km까지 온도가 상승하는 권역을 성층권stratosphere, 50~80 km의 온도가 하강하는 중간권mesosphere, 이 이상의 고도에 따라 다시 온도가 서서히 상승하는 권역을 열권thermosphere이라 부릅니다. 성층권 중 15~30 km 권역은 오존의 농도가 상대적으로 높아 오존층ozone layer이라고 합니다. 이 오존층은 대기 중의 산소 분자와 더불어 우주로부터의 고에너지 전자기파를 흡수하여 지표면의 많은 생명체를 보호합니다. 즉, 지구가 태양계에서 생명체가 번성하는 유일한 행성의 지위를 획득하는 데 크게 기여하는 것입니다.

대류권에는 질량 기준 대기의 약 75%가 있으며, 가장 따뜻한 공기가 지표면을 따라 존재하게 되는데 이는 대기를 통과한 태양 광선이 지표면에서 반사되어 그 위의 공기를 데우기 때문입니다. 일반적으로 고도가 올라감에 따라 대기는 온도가 떨어지

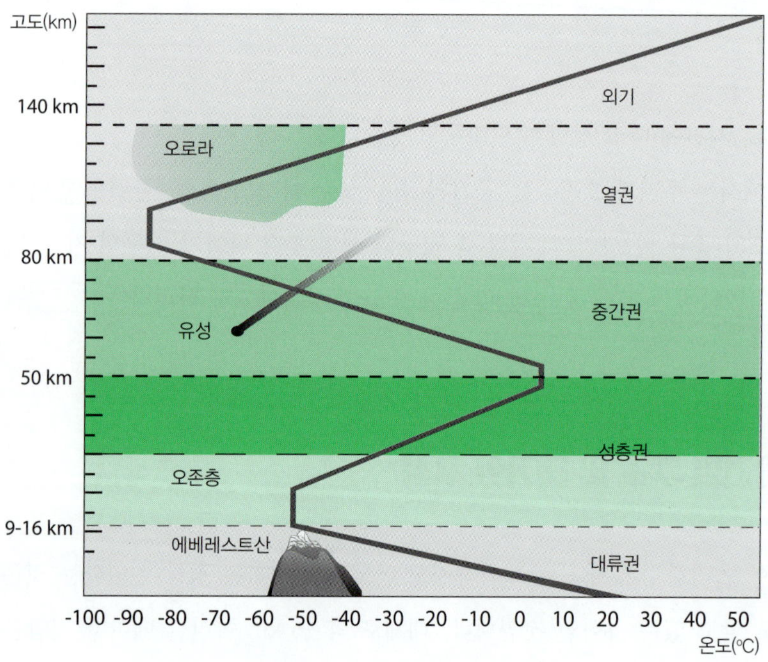

그림 2.2 대기권의 구조와 온도 변화

지만, 특정 지역의 기상 조건 때문에 더 차가운 공기가 상대적으로 따뜻한 공기 아래에 갇힐 수 있는데 이를 대기 역전air inversion이라 합니다. 이러한 현상이 일어날 때는 오염물질이 축적되어 큰 재난이 일어날 수도 있습니다.

대기는 앞에서 언급하였듯이 한 가지 물질로 구성된 것이 아닌 여러 가지 물질로 구성된 혼합물입니다. 대기 중에서 가장 많이 존재하는 기체는 질소와 산소이고, 질소는 대기의 약 78%, 산소는 약 21%를 차지합니다. 질소는 부패와 연소를 포함한 유기물의 분해 과정, 화산 폭발 등에 의하여 대기로 방출되며, 이 중 일부는 생물학적 과정과 대기 내에서 일어나는 기후 작용에 의하여 제거됩니다. 산소는 대부분 식물의 광합성 부산물로 배출되고 다양한 유기, 무기 반응을 통하여 제거됩니다. 그러나 질소와 산소의 총량은 비교적 일정하게 유지되고 있습니다. 대기는 이외에도 다양한 성분들이 존재하며, 이들의 농도는 표 2.1에 게재하였습니다. 대기 중의 다양한 성분은 그림 2.3에 도시한 바와 같이 다양한 경로로 순환하고 있어 큰 변화없이 일정한 상태를 유지합니다.

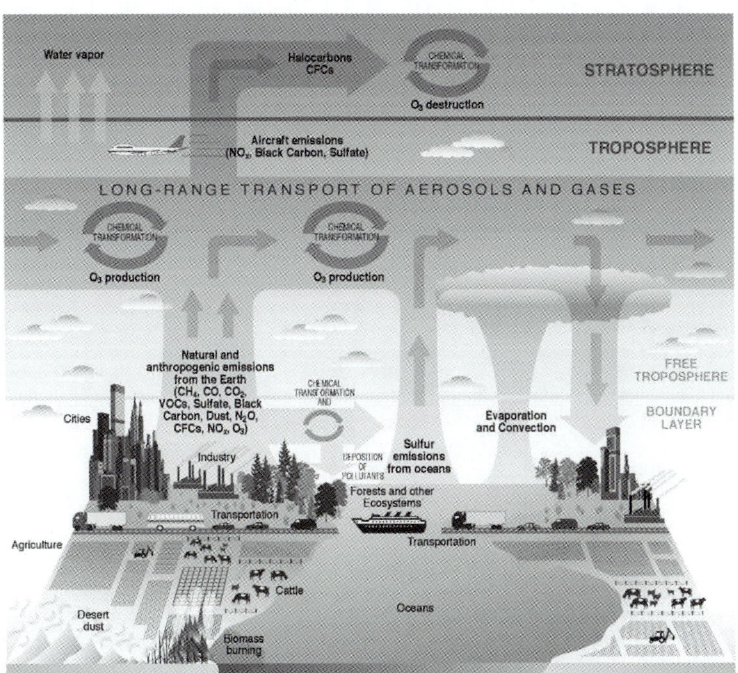

그림 2.3 대기의 순환 다이어그램 (출처: Public Domain, Wikimedia Commons)

2. 생명의 원천, 호흡

우리는 생명을 유지하기 위하여 의식하지 않아도 본능적으로 숨을 쉽니다. 그렇다면 성인은 하루에 얼마나 숨을 쉬고, 이때 얼마나 많은 공기를 들이쉴까요? 자료에 따르면 한국 남성의 하루 평균 호흡량은 15.3 m^3/day, 여성은 11.3 m^3/day, 1회 호흡량은 약 500 mL로 알려져 있습니다.[1] 여러분들이 생각하였던 양보다 많습니까? 아니면 적습니까? 매일 호흡하는 많은 양의 공기는 우리를 살아 있게 하며 호흡을 통해 섭취한 공기 중의 산소는 활동을 위한 에너지 생성을 위하여 음식물과 함께 대사 작용에 참여합니다. 들이마시는 공기는 주위의 대기와 동일한 조성이지만 극단적인 경우가 아니라면 호흡하는 사람의 위치에 따라 조금씩 변하게 됩니다. 그러나 내쉬는 공기의 조성은 대사의 결과에 의하여 변하게 되며 그 결과는 표 2.2와 같습니다.

호흡하는 공기는 표 2.2에서 볼 수 있듯이 주로 질소와 산소의 혼합물이며, 공기의 조성은 질소가 78%, 산소가 21%, 나머지는 다른 기체입니다. 1.7절에서 살펴보았듯이 퍼센트(백분율)는 백개 당 입자수를 의미하고, 입자는 분자 또는 원자를 말합니다. 더 적은 입자 비율을 표시하기 위하여 1 ppm(part per million), 1 ppb(part per billion), 1 ppt(part per trillion) 같은 용어를 사용하기도 합니다. 각각 백만 개당 1개(백만분율), 십억 개당 1개(십억분율), 1조 개당 1개(1조 분율)를 의미합니다.

표에서 보듯이 수증기는 환경(사막 또는 열대 우림 등)과 고도 등 다양한 요소에 영향을 받고, 질소는 무색무취의 기체로 반응성이 거의 없어 호흡을 하는 동안 변화되지

표 2.2 들숨과 날숨 공기의 전형적인 조성

물질	들숨 공기(%)*	날숨 공기(%)*
질소(N_2)	78.0	78.0
산소(O_2)	21.0	16.0
아르곤(Ar)	0.9	0.9
이산화 탄소(CO_2)	0.04	4.0
수증기(H_2O)	가변적	가변적

*부피 백분율, %(v/v)

1 장 Y, 「Korean Environ. Toxicol」, 1999, 14(4), 203–216; 오은하, 『예방의학회지』, 39권, 1호, 53–58, 2006

않고 출입합니다. 산소는 폐를 통하여 혈액으로 유입되고, 섭취한 음식의 대사과정에 참여하여, 체내에서 일어나는 다양한 화학 과정에 필요한 에너지를 방출합니다. 즉, 생명을 유지하는 데 중요한 역할을 담당합니다. 들숨 공기보다 날숨 공기에서 산소의 함량이 줄어든 것을 확인할 수 있습니다.

주요 기체를 제외하고 대기에 소량 포함된 기체들로는 아르곤과 이산화 탄소 등이 있습니다. 아르곤의 이름은 그리스어로 '게으름(lazy)'을 뜻하는 말에서 유래되었는데, 이는 화학적으로 반응성이 거의 없기 때문입니다. 따라서 호흡하는 동안 질소와 같이 몸에 아무런 영향을 끼치지 않고 출입합니다. 표 2.2에서 볼 수 있듯이 조성의 변화가 큰 기체에는 이산화 탄소가 있습니다. 이는 대사 작용에서 산소가 사용되고 이산화 탄소가 생성되기 때문에 얻어지는 결과입니다. 대기 중의 이산화 탄소는 2019년 최대 0.0410%에 달하여 측정이 시작된 이래 최대를 기록했습니다. 이는 여러 활동에 필요한 에너지를 얻기 위하여 많은 화석연료를 태우기 때문이며, 이에 따라 이산화 탄소는 지구 온난화 현상에 지대한 영향을 끼치는 온실가스로 알려져 있습니다. 이외에도 아주 낮은 농도에서도 유독한 일산화 탄소(CO), 오존(O_3), 이산화 황(SO_2), 아산화 질소(N_2O) 등이 특정한 오염원으로부터 배출되어 환경 오염에 기여하고 있습니다.

3. 물질의 확인: 명명법

중학교 과정만 되어도 모든 자연계의 물질들이 원자 또는 분자로 구성되어 있다는 것을 배우고 있지만, 화학자들은 물질들과 물질들이 관여하는 반응 또는 변화를 기술할 때 마치 원자 또는 분자가 눈 앞에 보이는 것처럼 이야기하는 것을 보고 무슨 생각이 들까요? 그들은 정말 원자 또는 분자가 눈에 보이는 것일까요?

화학자들은 오랜 연습을 통하여 거시적 물질을 미시적 물질, 즉 원자 또는 분자로 인식하는 방식에 익숙해지며, 이를 기호를 통하여 표현하는 데에도 어려움을 느끼지 않게 됩니다. 앞에서도 언급한 바와 같이 한글의 자모가 모여 단어와 문장이 만들어지는 것과 같이 화학에서 물질은 동일한 특성을 가진 입자인 원자, 분자가 모여서 만들어지는 것이기에 거시적 물질과 미시적 입자를 동일시하게 됩니다. 화학자들은 이런 사고를 원활하게 하기 위해 미시적 입자의 반응을 화학 기호 및 화학식으로 번역하는 과정을 개발하였습니다.

화학 물질은 구성 입자의 특성(분자 또는 이온)과 입자간 결합(공유 결합 혹은 이온 결합)의 종류에 따라 분자 화합물molecular compound과 이온 화합물ionic compound로 구분됩니다. 이산화 탄소, 일산화 탄소, 산소 등이 대표적인 분자 화합물이며, 소금, 염화 칼슘 등이 대표적인 이온 화합물입니다. 특히 앞서 다루었던 대기 중의 화합물들은 대부분 2개 이상의 비금속으로 이루어진 분자 화합물입니다. 여기서는 이 같은 분자 화합물의 명명법nomendclature, 특히 계통명의 원칙을 간단히 정리하고자 합니다. 화합물의 이름을 지을 때는 특정한 규칙에 따르거나(계통명), 과거로부터 관습적으로 써온 이름(관용명)을 사용합니다. 대표적인 관용명의 예로는 물(H_2O), 암모니아(NH_3)가 있습니다.

분자 화합물의 명명법

1. 화학식에서 나중에 위치한 원소의 이름에 –화를 붙이고 먼저 나온 원소의 이름을 나중에 쓴다(영문명은 앞에 위치한 원소 이름 + 뒤에 위치한 원소 이름 + –ide). 예를 들어 CO는 일산화 탄소carbon monoxide, H_2S는 황화 수소hydrogen sulfide라 부른다.
2. 동일한 원소를 포함하지만 수가 다른 화합물들을 표현할 때는 원자의 수를 나타내는 접두사를 첨가한다(표 2.3).

표 2.3 수를 나타내는 접두사

원자 수	접두사	원자 수	접두사	원자 수	접두사
1	일(mono)	5	오(penta)	9	구(nona)
2	이(di)	6	육(hexa)	10	열(deca)
3	삼(tri)	7	칠(hepta)		
4	사(tetra)	8	팔(octa)		

3. 처음에 나오는 원소가 하나만 있을 경우에는 수를 나타내는 접두사를 생략할 수 있다. 따라서 CO_2는 이산화 일탄소가 아니라 이산화 탄소, SO_2는 이산화 일황이 아니라 이산화황, NO_2는 이산화 질소, N_2O는 산화 이질소, N_2O_5는 오산화 이질소라 명명한다.

4. 대기의 유해물질

대기 중의 여러 성분 중에는 아주 작은 농도에도 인간의 건강에 해로움을 줄 수 있는 물질들이 있습니다. 이에 대한 특성을 살펴보도록 하겠습니다.

1) 일산화 탄소(CO)

일산화 탄소는 무색, 무취, 무미한 특성을 가지기 때문에 '침묵의 살인자'라는 별칭으로 불립니다. 혈액 속의 헤모글로빈은 산소와 결합하여 몸 곳곳을 순환하면서 에너지가 필요한 곳에 산소를 전달합니다. 그런데 일산화 탄소를 흡입하면 헤모글로빈에 산소보다 우선적으로 결합하여 산소 전달 능력을 저해합니다. 일산화 탄소 흡입 초기에는 약간의 어지러움과 구역질, 두통 등을 느끼게 되지만, 계속 흡입하면 사망할 수 있습니다. 추운 겨울 시동을 켠 자동차나, 프로페인 캠핑 스토브를 사용하는 야외 텐트에서 적절한 환기 조치 없이 수면을 취할 때 일산화 탄소 중독으로 질식할 수 있습니다. 연탄 난방을 하던 시절 구들 틈새로 새어들어 중독 사고를 일으키기도 했습니다.

2) 오존(O_3)

오존은 자극적 냄새를 가지며, 번개가 치는 날 많이 발생하여 풀 깎은 냄새 비슷한 냄새의 근원입니다. 공기 중에서 전기 방전을 시켜 인공적으로 발생시키기도 합니다. 오존은 반응성이 강하여 낮은 농도에서도 건강한 사람의 폐를 손상시키거나 농작물의 잎 등을 변색시킵니다. 그렇기 때문에 지표면 부근에서 오존은 오염물질로 분류됩니다. 그러나 성층권 내의 오존층(지표면에서 15~30 km)에 존재하는 오존은 우주에서 들어오는 해로운 자외선을 차단하여 지표면 생명체의 존재에 도움을 주는 이중적 성격을 가지고 있습니다.

과거에는 병균의 세균이 공기에 의하여 전파되는 것을 효과적으로 차단하기 위하여 오존 발생기가 공공장소에 설치되기도 했지만, 현재는 유해성으로 인해 철거되었습니다. 제약 산업에서 초순수를 생산하거나, 오수처리장에서 방류되는 물을 소독하는 데 사용하는 등 오존 생산량이 과거에 비하여 증가하고 있습니다.

3) 이산화 황(SO_2)

이산화 황은 자극적이며 불쾌한 냄새를 풍깁니다. 수분과 반응하여 산을 생성하므로 산성비 생성의 원인이 되며, 노약자의 폐 등 호흡기관에 치명적 영향을 주기도 합니다. 대기 중의 이산화 황은 다양한 물질과 반응하여 다양한 황 산화물(SO_x)이 생성하는데, 이는 대기 오염물질을 표현하는 하나의 형태입니다. 현재 대기 중 황 산화물의 배출원은 주로 석탄의 연소이며, 황 산화물의 배출로 인한 스모그가 1952년 영국의 런던에서 발생하여 1만 명 이상의 생명을 앗아가기도 하였습니다. 현재 산업화가 급격한 중국 등에서도 심각한 스모그 현상으로 고통을 받고 있습니다.

4) 질소 산화물(NO_x)

SO_x와 마찬가지로 여러 개의 질소 산화물을 통칭하여 NO_x로 표시합니다. 이산화 질소(NO_2)는 갈색의 색을 띠고 있어 쉽게 가시적으로 확인 가능하며, 수분과 반응하여 산을 생성하여 도시 스모그와 산성비의 주요 원인이 됩니다. 이산화 질소는 무색 기체인 일산화 질소(NO)로부터 생성되는데, 이는 차량 엔진 및 석탄 화력 발전소 등의 고온에서 공기 중의 질소(N_2)가 산소(O_2)와 반응하여 생성되는 것입니다. NO와 NO_2는 곡물 저장 창고에서 자연적으로 발생하기도 합니다.

5) 납(Pb)

납은 지구 지각에서 소량 발견되는 천연 원소이며, 주요 배출원은 광석 및 금속 가공 공장, 폐기물 소각로, 배관 자재, 납축전지 제조 및 재활용 시설 등입니다. 페인트에도 과거에 납을 함유한 적이 있었지만 1978년 미국에서 금지되었고 그 후 세계 각국이 뒤를 따르고 있습니다. 휘발유의 옥테인값을 향상시키기 위하여 납 화합물을 사용한 적도 있지만, 미국 환경보호국Environmental Protection Agency, EPA에 의하여 1980년대 자동차용 휘발유 첨가물로의 사용이 금지되었고, 2018년 항공용 연료에서도 사용이 금지되었습니다. 납을 섭취하거나 흡입하면 혈액 순환에 의하여 몸 전체로 퍼지고 뼈에 축적됩니다. 노출 수준에 따라 중추신경계, 면역계, 생식계 및 발달계, 심혈관계에 좋지 않은 영향을 주기도 합니다. 로마 멸망의 원인 중 하나로 상수도 시스템에서 사용한 납 배관에 의한 납 성분의 축적이 언급되기도 하는 이유이기도 합니다.

6) 입자상 물질(Particulate matter, PM)

미세한 고체 입자와 미세한 액체 방울의 복잡한 혼합물을 말하며, 보통 성분이 아니라 크기를 기준으로 분류하고 있습니다. 입자의 크기는 건강에 미치는 영향의 심각성과 반비례 관계가 있으며, 최근 황사 등과 관련하여 관련 국가들에서 관심이 높아지고 있는 실정입니다. 입자상 물질은 보통 PM_{10}과 $PM_{2.5}$로 구분하고 PM_{10}은 평균 지름이 10 μm(10×10^{-6} m 또는 1.0×10^{4} nm), $PM_{2.5}$는 평균 지름이 2.5 μm(2.5×10^{-6} m 또는 2.5×10^{3} nm) 이하인 입자를 포함합니다. 경우에 따라서 이들을 미세 입자와 초미세 입자라고도 부르고 있습니다. 이러한 입자들은 차량 엔진, 석탄 화력발전소, 산불, 분진 등 다양한 배출원에서 발생합니다. 이 입자들을 흡입하면 폐에서 혈류로 유입되어 심장병 등을 일으키는 요인이 될 수도 있습니다.

오염 물질은 인간에 의해 발생하든 자연적으로 발생하든 동일한 물질로 동일한 유해성을 가지기 때문에 중요한 것은 농도concentration와 노출 정도exposure입니다. 건강에 미치는 영향에 대하여는 다음 절에서 좀 더 자세히 알아보도록 하겠습니다.

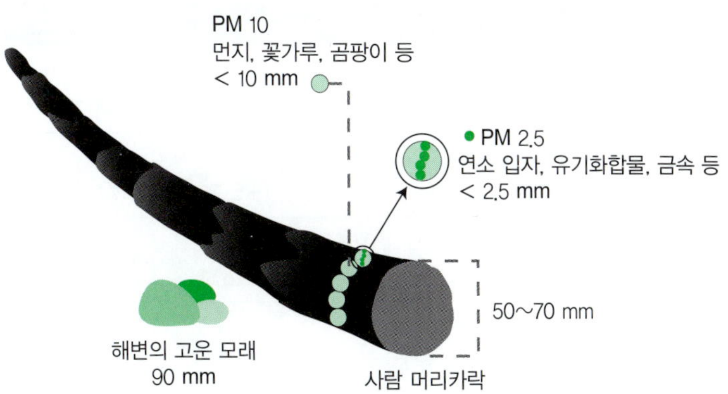

그림 2.4 미세먼지 크기 비교

5. 대기 오염물질의 위험성 평가

우리가 살아가는 세상은 위험으로 가득합니다. 삶을 살아가기 위해서는 위험을 완전히 피하기는 어렵지만 위험을 최소화할 필요가 있습니다. 그렇기에 우리는 안전에 필요한 최소한의 지식을 곳곳에 배치하여 위험에 대비합니다. 예를 들어, 화학물질이 담긴 용기에는 그 물질의 특성과 이와 관련된 위험요소를 기재한 물질안전보건자료material safety data sheet, MSDS가 제공되거나, 요약된 자료가 라벨에 기재되어 있습니다. 흔히 살 수 있는 담뱃갑에도 폐암의 위험성을 무시무시하게 경고하는 문구와 사진 등이 가득하며, 위험요소가 확인된 산업현장, 공공장소 등에는 안전수칙 등이 눈에 잘 띄는 곳에 게재되어 있습니다.

그러나 안전수칙이 게재되지 않은 곳이라고 하여 위험요소가 존재하지 않거나, 항상 다른 곳보다 안전한 것은 아닙니다. 그렇기 때문에 산업현장 등에서는 사업주와 근로자(사용자)가 함께 위해 위험요인 발굴 및 예방 대책 수립을 실행하여 사고를 예방하는 과정이 필요하며 이를 위험성 평가risk assessment라 합니다. 이는 단순한 추측을 하는 과정이 아니라 사고사례 수집 및 분석을 포함한 사전 준비, 이차사고 분석 등을 포함한 유해 및 위험요인 파악, 위험성 결정을 통해 위험성 감소 대책을 수립 및 실시하고 교육 등을 통해 이 사실을 공유하고 기록하는 과학적, 조직적 평가 과정으로 사고 또는 피해를 줄이는 데 크게 기여하고 있습니다. 이를 위하여 표 2.4와 같

표 2.4 한국의 산업재해 현황(단위: 명, %). 괄호 안은 전년 대비 증감율이다.

	2015	2016	2017	2018	2019	2020	2021	2022	2023
전체 재해율	0.50 (−5.7%)	0.49 (−2.0%)	0.48 (−2.0%)	0.54 (+12.5%)	0.58 (+7.4%)	0.57 (−1.7%)	0.63 (+10.5%)	0.65 (+3.2%)	0.66 (+1.5%)
300인 미안 사업장 재해율	0.58 (−4.9%)	0.57 (−1.7%)	0.55 (−3.5%)	0.60 (+9.1%)	0.64 (+6.7%)	0.62 (−3.1%)	0.68 (+9.7%)	0.68(−)	0.70 (+2.9%)
사고성 사망만인율	0.53 (−8.6%)	0.53(−)	0.52 (−1.9%)	0.51 (−1.9%)	0.46 (−9.8%)	0.46(−)	0.43 (−6.5%)	0.43(−)	0.39 (−9.3%)
사망자수	1,810 (−2.2%)	1,777 (−1.8%)	1,957 (+10.1%)	2,142 (+9.5%)	2,020 (−5.7%)	2,062 (+2.1%)	2,080 (+0.9%)	2,223 (+6.9%)	2,016 (−9.3%)
업무상 질병자수	7,919 (+3.1%)	7,876 (−0.5%)	9,183 (+16.6%)	11,473 (+24.9%)	15,195 (+32.4%)	15,996 (+5.3%)	20,435 (+27.8%)	23,134 (+13.2%)	23,331 (+0.9%)

은 통계를 여러 기관에서 조사하고 분석하여 관련 정책을 입안, 시행하는 데 도움을 받게 됩니다.

공기와 관련된 위험은 현재 적용되는 대기질 기준air quality standards을 지침으로 삼을 수 있습니다. 그러나 이 기준 역시 관련 분야의 과학자, 의료 전문가, 관련 정부 기관 및 정치인들의 상호 의견 조율을 통해 마련된 것으로, 새로운 과학적 지식이 확인되거나 시간이 흐름에 따른 상황의 변화가 나타나면 변경될 수 있습니다.

미국에서는 1970년 청정 대기법Clean Air Act의 제정을 근거로 국가 대기질 기준이 처음 책정되었으며, 다른 국가들에서도 비슷한 법안(한국은 대기환경보존법(2022), 최근에는 통합적인 통합환경관리법(2023))을 근거로 각국의 사정에 맞는 기준이 제시되고 있습니다. 조금 오래된 자료이지만 표 2.5와 표 2.6(임종수, KEI 1997)에서는 한국의 대기질 기준을 타국과 비교할 수 있습니다. 한국의 대기환경기준은 공해방지법(1963~1977), 환경보존법(1977~1990)을 거쳐 대기환경보전법(1990~2022), 통합환경관리법(2023~)으로 설정되어 왔으며, 도시 인구 집중, 중화학 공업의 본격적 가동 등으

표 2.5 한국의 대기질 기준

항목		기준	측정방법
아황산 기체 (SO_2)		연평균 0.03 ppm 이하 24시간 평균 0.14 ppm 이하 1시간 평균 0.25 ppm 이하	자외선형광법
일산화 탄소 (CO)		1개월 평균 8 ppm 이하 8시간 평균 20 ppm 이하 1시간 평균 25 ppm 이하	비분산적외선분석법
이산화 질소 (NO_2)		연평균 0.05 ppm 이하 24시간 평균 0.08 ppm 이하 1시간 평균 0.15 ppm 이하	화학발광법
먼지	총먼지 (TPS)	연평균 150 μg/m^3 이하 24시간 평균 300 μg/m^3 이하	베타선흡수법 고용량공기포집법
	미세먼지 (PM 10)	연평균 80 μg/m^3 이하 24시간 평균 150 μg/m^3 이하	베타선흡수법
오존(O_3)		8시간 평균 0.06 ppm 이하 1시간 평균 0.1 ppm 이하	자외선광도법
납(Pb)		3개월 평균 1.5 μg/m^3 이하	원자흡광광도법

표 2.6 세계 각국의 대기 환경 기준

구분		한국	미국	캐나다	이탈리아	스위스	터키	일본	미국	싱가포르	대만	홍콩	WHO 권고	EC 권고
SO_2 (ppm)	연평균	0.03	0.03	0.02	0.03	0.01	0.06	–	0.04	0.03	0.03	0.03	0.015~0.025	0.015~0.023
	24시간 평균	0.14	0.14	0.11	0.10	0.04	0.15	0.04	0.11	0.14	0.10	0.13	0.04~0.06	0.04~0.06
	1시간 평균	0.25	–	0.34	–	–	–	0.10	–	–	0.25	0.31	0.13	–
TSP (μg/m³)	연평균	150 +80	– +50	– +70	150 –	– +70	– –	– +100	100 –	75 +50	130 +65	80 +55	60~ 90	–
	24시간 평균	300 +150	– +150	– +120	300 –	– +150	300 –	– +100	330 –	250 +150	250 +125	250 +180	150~ 230	–
	1시간 평균	–	–	–	–	–	–	+300	–	–	–	–	–	–
O_3 (ppm)	연평균	–	–	0.015	–	–	–	–	–	–	–	–	–	–
	24시간 평균	0.05	–	0.025	–	–	–	–	–	0.03	0.05	–	0.05~0.06	0.06
	1시간 평균	0.10	0.12	0.08	0.10	0.06	0.12	0.06	0.10	0.12	0.12	0.12	0.08~0.10	–
NO_2 (ppm)	연평균	0.05	0.053	0.05	–	0.02	0.05	–	–	0.05	0.05	0.04	–	–
	24시간 평균	0.08	–	0.11	–	0.04	–	0.04~0.05	–	–	–	0.08	0.08	–
	1시간 평균	0.15	–	0.21	0.11	0.05/ 30분	0.16	–	0.17	0.10~0.17	0.25	0.16	0.21	0.07
CO (ppm)	연평균	–	–	–	–	–	–	–	–	–	–	–	–	–
	24시간 평균	–	–	–	–	7	–	10	–	–	–	–	–	–
	8시간 평균	9	9	13	9	–	9	20	17	9	9	9	9	
	1시간 평균	25	35	31	35	–	26	–	44	35	35	25	25	
HC (ppm)	연평균	–	–	–	–	–	–	–	–	–	–	–	–	–
	1시간 평균	–	–	–	–	–	0.26	–	–	–	–	–	–	–
Pb (μg/m³)		1.5/ 3개월	1.5/ 3개월	–	2.0/ 년	1.0/ 년	–	–	10/ 24시간	1.5/ 3개월	1.0/ 1개월	1.5/ 3개월	0.5~ 1.0/년	–

표 2.7 미국의 대기질 기준

오염물질	기준(ppm)	대략적 농도(μg/m^3)
일산화 탄소		
1시간 평균	35	40,000
8시간 평균	9	10,000
이산화 질소		
1시간 평균	0.100	200
연간 평균	0.053	100
오존		
8시간 평균	0.070	140
입자상 물질		
PM_{10}, 24시간 평균		150
$PM_{2.5}$, 24시간 평균		35
$PM_{2.5}$, 연간 평균		12
이산화 황	0.075	
1시간 평균		210
납		
3개월 평균		0.15

로 악화된 대기 오염 상황을 개선하기 위하여 초기의 다양한 어려움과 시행착오를 극복하고 서서히 개선되고 있습니다.

대기 오염 물질에 의한 위험성은 특정 물질의 고유한 건강에 대한 유해성을 나타내는 독성toxicity과 이 물질에 노출되는 양을 표시하는 노출량exposure에 의존합니다. 그러나 인간에 대한 의도적 노출은 비윤리적이고 위험하기 때문에 독성을 정확히 평가하기가 어렵습니다. 또한 복잡한 상황인자로 많은 관계자들이 인정할 수 있는 기준을 설정하는 것 역시 어렵습니다. 그래도 가용한 다양한 자료를 활용하여 노출한계를 설정하는 데 성공한 예가 표 2.7에 게재된 미국의 대기질 기준입니다. 당연하지만 관련 지식이 증가하고 심화되면 이 기준들은 이러한 지식을 반영하여 수정됩니다. 이 기준은 오염대기의 미세 입자상 물질의 흡입 시 건강에 해가 될 수 있음을 반영하여 PM2.5 등의 기준은 2006년 더욱 강화되었으며, 2015년 오존 기준이 낮아졌고, 2010년에 이산화 질소의 새로운 기준이 추가되었습니다.

반면, 노출량은 보다 쉽게 측정할 수 있는 인자들에 의존하고 있기 때문에 독성에 비하여 위험성 평가가 보다 용이합니다. 여기에 영향을 미치는 인자들에는 다음과 같은 것들이 있습니다.

- 공기 중 농도: 오염 물질의 독성이 높을수록 안전하기 위하여 농도가 낮아야만 할 것입니다. 미량의 농도를 표시하기 위하여 ppm, ppb, ppt 등이 사용됩니다.
- 흡입 시간: 더 높은 농도의 오염물질은 더 짧은 시간 동안만 견딜 수 있기 때문에 다양한 흡입 시간 기준으로 기준이 산정됩니다. 짧은 시간의 노출 기준은 더 높은 농도를 견딜 수 있기 때문에 표 2.7에서 볼 수 있듯이 일산화 탄소의 1시간 기준이 8시간 기준에 비하여 높은 노출 기준이 허용되고 있습니다.
- 흡입 속도: 활동의 종류에 따라 호흡하는 속도가 달라지기 때문에 대기질이 나쁜 경우 활동량을 줄이는 것이 바람직합니다. 예를 들어, 대기질이 나쁜 경우 호흡량이 증가하는 달리기와 같은 활동은 걷기에 비하여 자제하는 것이 권장됩니다.

또한 오염물질의 상대적 독성은 기준이 낮을수록 커지게 됨도 주목할 필요가 있습니다. 즉 일산화 탄소와 오존의 기준은 35 ppm, 0.070 ppm이기 때문에 오존이 일산화 탄소에 비하여 훨씬 호흡하는 것이 위험하다는 것을 의미합니다.

우리나라에서 대기질을 개선하기 위하여 다양한 법을 제정 및 순차적으로 개정한 것처럼, 미국에서도 여러 차례 법이 제·개정되었습니다. 1970년에는 청정 대기법을 확립하여 대기질 기준을 확립하고자 하였습니다. 유해물질에 대한 노출을 제한하는 데 중점을 두어 유해물질의 확산을 제한하거나 사후 정화를 시도하는 성격 때문에 "명령 통제법(command and control law)" 또는 "종말 처리법(end of the pipe solution)"이라고도 하였습니다.

뒤이어 제정된 오염 방지법(Pollution Prevention Act, 1990)은 "오염 가능성이 있는 경우, 원천적으로 오염을 막거나 줄여야 한다"며 유해물질 형성을 방지하는 데 중점을 두어 오염물질을 제거하기보다는 원칙적으로 만들지 말아야 한다는 발상의 전환을 제시하였고, 추후 국가정책의 근간이 되었습니다.

이러한 법률은 미국의 대기 오염물질 농도를 극적으로 줄이는 데 크게 기여하였습니다. 이러한 규제와 더불어 지역의 새로운 대중교통 시스템을 도입하고, 산업 사업장 대기 정화 장비 도입 및 녹색화학 개념 전파 등 관련된 다양한 체제의 도입이 뒷받침되었습니다.

한편, 미국 환경보호국은 오염물질 발생 위험원을 보다 신속하게 평가하는 것을 돕기 위하여 대기질 지수Air Quality Index, AQI를 개발하였습니다(그림 2.5). 지수는 숫자로는 1에서 500이 할당되고, 100은 오염물질에 대한 국가 기준으로 고정되어 있습니다. 이 지수는 4가지 오염물질(입자상 물질, 일산화 탄소, 이산화 황, 오존)의 농도를 바탕으로 잠재적인 건강 영향을 알려주기 위해 만들어진 수치로 단위가 없는 것에 주목하기 바랍니다. 100 이하(녹색 또는 노란색)는 대기가 좋거나 보통 수준을, 주황색(100~150)은 특정 집단에게는 건강에 좋지 않은 수준을, 150 이상(적색, 자주색, 적갈색)은 모든 사람에게 해로운 대기를 표시하고 있습니다.

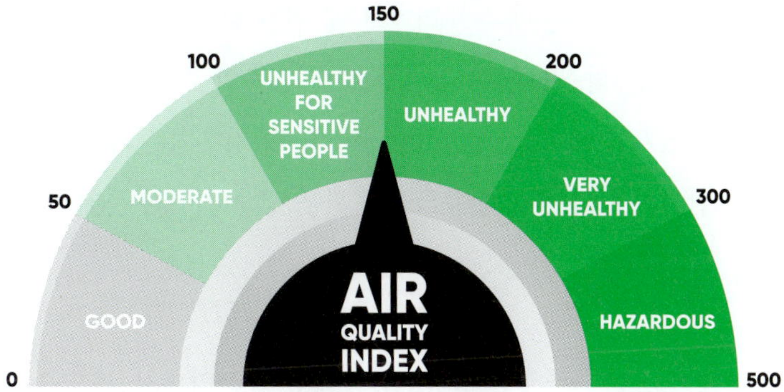

그림 2.5 미국 환경보호국에서 개발한 대기질 지수

6. 오염물질의 원천; 직접원과 간접원

2.4절에서 살펴보았던 대기를 오염시키는 물질들은 어디에서 오는 것일까요? 일반적인 상황에서 물질은 창조되거나 소멸되지 않기 때문에 이러한 물질들의 배출원은 반드시 있을 것입니다. 쉽게 예상할 수 있는 주요 배출원은 휘발유 또는 경유를 포함한 석유 연료를 연소시키는 자동차와 석탄을 연소하여 전기를 발전하는 화력발전소입니다.

우선 석탄 연소와 직접적으로 관계 있는 것은 탄소 산화물(일산화 탄소와 이산화 탄소)과 황 산화물인데, 이는 석탄이 구성물질로 탄소뿐 아니라 1~3%의 황 및 소량의 무기물을 포함하고 있기 때문입니다. 황은 연소(산소와 결합)되면 SO_2를 생성하고, 무기물은 미세한 재 입자로 만들어집니다. 이 물질들을 적절한 방법으로 포집하지 않으면 굴뚝을 통해 대기로 배출되며, 실제로 미국의 경우 매년 연소하는 수백만 톤의 석탄에서 수백만 톤의 대기 오염물질이 생성됩니다. 이 중 SO_2는 대기 중 수분과 반응하여 산성비가 만들어져 추가적 피해가 만들어질 수 있습니다.

이 과정을 정리하면 다음과 같습니다. 일단 대기에 방출된 SO_2는 대기 중 산소와 반응하여 삼산화 황이 만들어집니다.

$$2\ SO_2 + O_2 \rightarrow 2\ SO_3$$

이 반응은 일반적 상황에서는 매우 느리지만 재 입자 같은 촉진 물질, 즉 촉매가 존재하면 빠르게 진행됩니다. 또한 이 입자들은 대기 중의 수분을 응축하여 부유하는 액체와 고체로 된 입자인 에어로솔aerosol이 됩니다. 이 경우에는 황산(H_2SO_4)의 미세한 방울이며, 이는 삼산화 황과 물이 반응하여 황산을 생성하기 때문입니다.

$$H_2O + SO_3 \rightarrow H_2SO_4$$

이렇게 생성된 에어로솔은 폐에 흡입되면 심각한 손상을 일으킬 수 있습니다.

다행히도 각국의 지속적인 강화된 규제와 처리 기술의 발전으로 이산화 황의 배출은 상당량 감소하고 있습니다. 미국의 경우 석탄발전에서의 SO_2 배출량이 1985년 약 2천만 톤에서 오늘날 1,100만 톤 정도로 줄어들었고, 한국의 경우(KOSIS, 지표서비스) 에너지산업분야의 SO_x 배출량은 1999년 16.6만 톤에서 2021년 3만 톤으로 줄어들고 있습니다. 한편 도로이동오염원 분야의 경우는 6천 톤에서 3백 톤으로 줄어 상당량이 감소하고 있음을 확인할 수 있습니다. 자동차의 연료에는 한때 소량의 황이 포함되어 있었지만 최근 허용량이 대폭 낮아지고 있는 추세(미국, 캐나다는 디젤 연료유 황 함유량이 15 ppm 이하, 유럽연합, 호주, 중국 등은 10 ppm 이하 사용 의무화)이어서 이것의 연소로는 이산화 황이 거의 생산되지 않고 있습니다.

그러나 황 산화물을 제외하고서도 자동차 연료는 대기 오염의 상당 부분 기여합니다. 연료의 연소로 이산화 탄소와 물 외에도 일산화 탄소, 휘발성 유기화합물volatile organic compounds, VOC, 질소 산화물, 입자상 물질 상당량이 배출됩니다.

일산화 탄소는 주로 자동차를 비롯한 내연기관을 사용하는 다양한 운송 기기를 통해 배출되며, 이에 추가하여 연소되지 않거나 일부 연소된 탄화수소, 휘발성 유기화합물의 형태로 탄소를 배출합니다. 휘발성 유기화합물은 쉽게 기체화되는 탄소 기반 화합물로 수소, 산소, 질소 등을 포함하는 물질입니다.

질소 산화물은 일산화 질소, 이산화 질소를 포함하여 다양한 질소 산화물을 총칭하며 NO_x로 표현합니다. NO_2는 갈색 기체로 이를 포함한 스모그는 갈색을 띠게 됩니다. 그러면 NO_2는 어떻게 만들어질까요? NO_2 생성 반응은 VOC 존재하에서 다음과 같습니다.

$$2\,NO + O_2 \rightarrow 2\,NO_2$$

NO는 지표면의 O_3와도 반응하여 NO_2를 생성합니다.

$$NO + O_3 \rightarrow NO_2 + O_2$$

복잡하게 생성된 NO_2는 NO로 분해되고 발생한 O는 O_2와 반응하여 오존 O_3가 생성됩니다.

$$NO_2 \xrightarrow{\text{햇빛}} NO + O$$

$$O + O_2 \rightarrow O_3$$

또한 공기 중의 VOC 분해 반응과 연계하여 NO_2가 생성되기도 합니다.

$$VOC + \cdot OH \rightarrow A$$

$$A + O_2 \rightarrow A'$$

$$A' + NO \rightarrow A'' + NO_2$$

여기서 A, A', A"은 ·OH와 VOC로부터 생성될 수 있는 반응성이 큰 분자들을 나타냅니다.

이러한 예에서 볼 수 있듯이 대기에서 일어나는 변화는 단순한 변화가 아니라 많은 화학종이 포함되는 복잡한 변화가 대부분입니다.

초기에는 어려워 보였던 배출가스 기준 충족은 촉매 변환기를 포함한 새로운 엔진 설계 및 연료 조성 개선을 통하여 가능하게 되었고 오염물질의 상당한 배출량 감소를 달성할 수 있었습니다(그림 2.6). 촉매 변환기catalytic converter는 CO에서 CO_2로의 변환을 촉진하여 CO 배출량을 줄이며, 대기 중의 N_2와 O_2에서 생성된 질소 산화물을 다시 원래 질소와 산소로 분해시켜 NO_x의 배출량도 동시에 줄이는 장치로 대기 오염물질 개선의 핵심입니다. 여기서 촉매catalyst는 자신의 영구적인 변화 없이 반응 경로를 변화시켜 화학 반응속도에 영향을 주는 물질을 말하며, 보통 반응속도를 증가시킵니다. 반대로 반응속도를 감소시키는 물질을 억제제suppressor 또는 저해제inhibitor라 부르기도 합니다.

입자상 물질은 다양한 크기가 가능하지만 PM_{10}과 $PM_{2.5}$만이 오염물질로 규제됩니다. 이 정도 크기 입자는 폐에 깊게 침투하여 혈관에 염증을 일으킬 수 있는 것으로 알려져 있습니다. 따라서 각국에서는 최근 이 물질들에 대한 자료를 수집하며, 규제에 추가하고 있습니다.

입자상 물질은 다양한 원천에서 발생할 수 있으며, 각국의 특별한 환경 상황을 반영할 수 있습니다. 대표적으로 디젤 엔진을 사용하는 버스와 트럭 등 운송기관의 배기가스, 건설 현장, 채광 작업, 비포장도로의 먼지, 화산 폭발, 경작 활동(암모니아로부터 황산 암모늄, 질산 암모늄 생성 등), 황사 등 다양한 경로에 의해 미세 입자상 물질이 생성될 수 있으며, 한 나라의 규제뿐만 아니라 국제간의 협조도 필요하는 등 규제 및 통제가 필요하여 저감이 쉽지 않은 상황입니다. 최근 강화된 규제에 의해 일부 지역의 배출량이 감소되었다는 보고도 있지만 지역별, 계절별로 오염이 증가하기도 하는 등 상당한 차이를 나타내고 있기도 합니다.

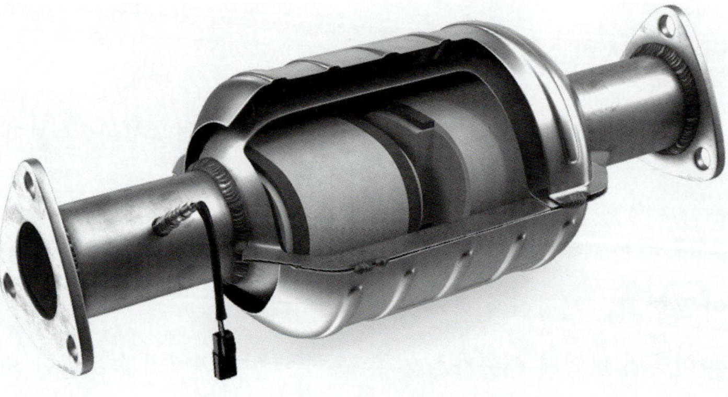

그림 2.6 촉매 변환기

특정한 배출원에서 직접적으로 배출되는 이산화 탄소 등과 달리, 일부 오염물질은 다양한 다른 오염물질과 연계된 화학 반응에서 간접적으로 생성되기도 합니다. 이를 이차 오염물질secondary pollutant이라 하며, 대표적으로는 오존이 있습니다. 오존과 관련된 오염물질은 VOC와 NO_2이며, 앞에서 살펴본 바와 같이 VOC와 ·OH가 존재할 때 대기 중의 NO는 NO_2로 전환됩니다. 생성된 NO_2는 햇빛이 강해지면 분자 결합 일부가 다음과 같이 깨어져 산소 원자가 생성되고 이것은 산소 분자와 반응하여 오존을 생성하게 됩니다.

$$NO_2 \xrightarrow{\text{햇빛}} NO + O$$

$$O + O_2 \rightarrow O_3$$

즉, 오존 생성에는 햇빛이 필요하며, 따라서 해가 저물면 오존의 양이 급격히 감소합니다. 이는 생성된 오존이 큰 반응성으로 인해 대기 및 주변의 다양한 물질들과 반응하면서 소모되기 때문입니다. 햇빛은 오존 생성에 필수적으로 관여하기 때문에 지상의 오존 농도는 다양한 요인에 영향을 받게 되어, 낮이 길고 맑은 여름날 교통이 혼합한 도시 지역에서 높은 수준의 오존 농도가 관찰될 가능성이 높아집니다. 다만 지표면에서 멀어져 고도가 높아지면 생성된 오존과 반응할 수 있는 물질의 양이 작아져 농도 변화가 크지 않습니다.

오염물질의 이동에는 국경이 아무런 영향을 줄 수 없기 때문에 국가간 분쟁의 원인이 되며, 오염물질이 생성되지만 이동에 의해 상대적으로 적은 피해를 보는 국가의 경우에는 공유지의 비극tragedy of the commons이 나타날 수 있습니다. 이 현상은 특정 자원이 모든 사람에게 공통적으로 사용될 수 있는 경우, 사용 결과에 책임지는 사람들이 특별히 없을 때 발생하며, 결과적으로 특정 자원을 과도하게 사용하여 공통으로 사용하는 모든 사람에게 피해를 주게 되는 것입니다.

예를 들어, 공기에 오염물질이 도입되면 오염물질을 배출하는 사람에게만이 아닌 호흡하는 모든 사람의 건강에 피해를 주게 됩니다. 그러나 이를 제거하거나 처리하는 비용을 모든 사람이 공동으로 부담한다면, 배출하지 않은 많은 사람들은 공정하지 않음에 분노를 느끼게 될 것입니다.

7. 연소가 대기질에 미치는 영향

앞 절에서 논의한 바와 같이 많은 오염물질은 석탄, 석유와 같은 화석연료의 연소에 의하여 생성되며 대기질에 지대한 영향을 주게 됩니다. 이 절에서는 연료의 연소에서 생성되는 물질들을 분자 단위에서 추적하여 보겠습니다.

다양한 운송수단에서 주로 사용하는 연료는 주로 원유에서 얻어집니다. 이 연료들에 대한 보다 자세한 특성은 별도의 장(7장)에서 다루어지겠지만 주요 연료인 휘발유, 경유 등은 복잡한 조성을 가지고 있습니다. 그러나 이러한 연료들의 대부분은 탄소와 수소만으로 구성된 탄화수소hydrocarbon이고, 승용차의 연료인 휘발유의 경우 대표적 성분은 옥테인(C_8H_{18})입니다. 옥테인은 충분한 산소 존재하에서 완전 연소되어 모두 무색 기체인 이산화 탄소와 물로 되며 반응은 다음과 같이 표현됩니다.

$$2\ C_8H_{18} + 25\ O_2 \rightarrow 16\ CO_2 + 18\ H_2O$$

그러나 산소가 부족하면 이산화 탄소 대신 일산화 탄소가 생성됩니다. 극단적으로 일산화 탄소만 생성되는 과정은 다음과 같이 기술됩니다.

$$2\ C_8H_{18} + 17\ O_2 \rightarrow 16\ CO + 18\ H_2O$$

자동차에서 휘발유가 연소될 때 생성되는 실제 혼합 생성물은 연료, 엔진, 운전조건 등 다양한 요인의 영향으로 달라지며, 배출되는 CO와 CO_2의 양은 자동차의 연소 효율성을 나타냅니다. 따라서 오염물질인 CO의 양을 규제하기 위하여 정기적 자동차 검사를 통하여 규정된 기준 충족 여부를 감시하게 됩니다.

또한 연료 내 질소 함량이 거의 없음에도 불구하고 엔진의 고온에 의하여 공기 중의 질소와 산소가 반응하여 산화물 NO_x가 생성될 수 있습니다. 이 NO_x는 미세 입자와 산성비의 원인이 되기도 합니다. 경유의 경우에는 매연을 비롯하여 배출된 NO_x의 양이 더 많아 미세먼지도 휘발유보다 많이 발생됩니다. 경유를 연료로 하는 디젤 엔진 자동차가 노후되었을 때 그 운행을 제한하는 정책이 시행되는 이유입니다.

이러한 상황을 완화하기 위하여 연료를 천연가스(LNG)로 전환하고자 하는 노력이 강조되고 있습니다. 천연가스는 주로 메테인(CH_4)이고 다음의 화학반응식으로 연소반응이 진행됩니다.

$$CH_4 + 2\ O_2 \rightarrow CO_2 + 2\ H_2O$$

이 연소는 NO_x 배출량이 다른 연료에 비하여 적어 미세먼지 배출 등을 개선하기 때문에 청정연료라고도 말하고 있습니다.

석탄은 주로 발전소 등에서 사용되며, 황과 다양한 미네랄을 포함하고 있기 때문에 연소 시 황 산화물과 재를 비롯한 미세먼지 발생의 원인으로 지목되고 있습니다. 이를 개선하기 위하여 집진기와 황 산화물의 습식 처리법이 도입되었습니다.

8. 실내 공기는 안전한가?

집밖에서 일어나는 다양한 사고와 열악한 환경 때문에 "무서워서 밖에 나가지 못하겠다"라고 하는 것을 들어 보았을 것입니다. 그렇다면 집 안은 오염된 대기로부터 안전할까요? 비록 실내라 할지라도 외부의 대기로부터 유입되거나 집 내부에서 생성된 다양한 물질들이 존재할 수 있기 때문에 자신있게 안전하다고 말할 수는 없습니다.

물론 반응성이 큰 오염물질인 오존, NO_2, SO_2 등은 특별한 발생원이 없다면 실내에서 상대적으로 낮은 농도를 나타낼 것으로 예상됩니다. 실제로 오존은 실외보다 실내에서 30% 정도 낮은 농도를 나타내고 있고 NO_2와 SO_2도 오존처럼 극적이지는 않지만 감소의 경향을 보이고 있습니다. 그러나 일산화 탄소는 반응성이 상대적으로 떨어져 대기에서 존재할 수 있는 시간인 대기 수명이 상당히 길어 실내외를 자유롭게 오갈 수 있고 따라서 실내외의 농도 차이가 크지 않습니다. 일부 VOC의 경우도 마찬가지입니다.

한편, 입자상 물질은 건물에 설치된 난방 또는 냉방 시스템의 필터에 의해 걸러져 제거될 수 있기 때문에 이러한 물질에 알레르기를 나타내는 경우에는 상당한 완화 효과를 경험할 수 있지만 기체 오염물질은 이러한 필터로는 제거가 어렵습니다.

효율적 에너지 활용을 목표로 건축을 진행하는 현 추세는 오염물질의 감소에 기여하기도 하지만, 밀폐된 공간에 신선한 공기의 유입이 제한되어 바람직하지 않은 오염물질 농도가 나타나기도 합니다. 특히 담배 연기 등으로 발암성 물질carcinogens이 증가할 수도 있는 것은 우려할 만합니다. 따라서 높은 에너지 효율과 통풍의 최적화를 위하여 다양한 아이디어와 시스템 설계가 시도되고 있습니다.

한편, 지하 시설물에서 환기가 원활하지 않을 때는 폐암의 원인이 되는 방사성 비활성 기체인 라돈Radon(Rn)이 문제가 됩니다. 라돈은 대부분 자연적으로 소량 생성되고, 무색, 무취, 무미, 비반응성이기 때문에 큰 문제가 되지는 않습니다. 그러나 위험 수준을 넘어서는지를 확인하는 것은 매우 중요합니다. 가정에서 라돈의 수준을 확인할 수 있는 방법은 그림 2.7과 같은 휴대용 기기를 활용하는 것입니다. 일반적으로 이 기기들은 라돈뿐만 아니라 다양한 오염물질도 동시에 측정이 가능하여 실내의 공기질 확인에 매우 유용합니다.

이 밖에도 다양한 목적으로 사용하는 양초, 향 등 입자상 물질의 생성이 가능한 제품들도 실내 공기질 오염의 발생원이 될 수 있기에 사용 시 주의가 필요합니다.

그림 2.7 라돈 및 오염물질 측정기의 한 예 (출처: CKristiansen, CC BY-SA 4.0, Wikimedia Commons)

9. 대기 오염과 지속가능성

지금까지 살펴본 바와 같이, 우리와 가장 가까이 존재하는 대기는 인류의 생존에 매우 중요하며, 그 중요성은 아무리 강조해도 지나치지 않습니다. 이처럼 대기는 지속가능성을 결정하는 주요한 요인이 됩니다. 특히 오늘날 다양한 오염 발생원에서 생성된 오염물질에 의한 대기 오염은 현재의 인류에게도 해를 끼칠 뿐만 아니라 미래 세대에게도 지속적으로 영향을 줄 수 있습니다. 따라서 1990년대 미국의 오염 방지법을 비롯한 각국의 대기 오염 규제법은, 오염을 발생시킨 후 정화하는 것이 아니라 오염을 방지하는 것을 핵심으로 하고 있습니다.

이러한 오염방지법은 녹색 화학의 근간을 제공하였습니다(녹색 화학의 보다 자세한 활동은 1.3절에서 논의한 바 있습니다). 녹색 화학은 오염을 방지하기 위하여 "설계상 무해함(benign by design)"을 추구하여 유해한 물질의 사용 또는 생성을 줄이거나 제거하는 공정을 채택하고자 합니다. 이를 통하여 에너지를 절감하고, 폐기물을 적게 발생하며, 재생가능하며 안전한 생성물을 생성하고자 합니다. 즉, 녹색 화학을 통하여 지속가능성을 달성하는 데 도움을 받게 되는 것입니다. 녹색 화학은 대기에만 국한되어 적용되는 것은 아니고 우리가 살고 있는 모든 환경을 개선하여 궁극적인 지속가능성을 달성하는 데에도 적용됩니다. 이 역시 앞으로 살펴볼 다른 장의 논의를 통해서 확인하게 될 것입니다.

3장

우주로부터의 복사선과 오존층 파괴

서론

지구상의 많은 생명체가 생명을 유지하는 데 필요한 에너지는 태양으로부터 옵니다. 식물과 식물성 플랑크톤은 광합성으로 필요한 영양물질을 축적하며 이는 결국 먹이사슬 등을 통해 생태계 전반의 기초 에너지가 됩니다. 인간 역시 건강 유지에 필수적인 비타민 D와 같은 미량 물질을 태양빛을 통해 합성하고 있습니다. 이외에도 생명 유지에 필요한 적절한 온도 등을 유지하는 등 생명체의 지속가능성에 태양이 미치는 영향은 지대합니다.

그러나 동전의 양면처럼, 태양이 항상 긍정적인 것만은 아닙니다. 태양을 원천으로 하는 다양한 파장의 복사선, 특히 고에너지 복사선은 피부와 눈의 손상, 노화의 원인으로 지목되는 등 부정적 효과도 상당합니다. 한 연구에 따르면 항공기 승무원의 암 발병율이 일반인에 비하여 높다고 하며, 그 원인 중 하나로 고에너지 우주선에 대한 반복적인 노출을 지적하고 있습니다.[1] 지구의 역사를 보아도, 대기 중 산소의 양이 충분히 증가하여 고에너지 복사선을 효과적으로 차단할 수 있게 되자 생명체가 탄생한 것을 확인할 수 있습니다. 자연은 산소를 기반으로 하는 보다 효과적인 고에너지 복사선 차단 메커니즘을 통하여 지구상의 생명체를 보호하고 있으며, 인류는 이러

알아보기

지구 환경은 에너지 원천인 태양에 의존하지만, 과도한 햇빛에 노출되면 살아 있는 생명체의 기본 단위인 세포가 손상될 수 있습니다. 정도 이상인 경우에는 세포가 사멸하며, 심지어 생명체가 죽는 원인이 되기도 합니다. 빛 에너지 중 자외선ultraviolet, UV은 에너지가 매우 커서 화상, 주름, 피부의 조기 노화, 피부암 등의 원인이 되고 눈의 염증과 백내장 등 눈 질환을 일으킬 수 있습니다.

반면에 빛을 이용하여 다양한 병적 증상을 완화시키기도 합니다. 예를 들어, 겨울철에 나타나는 기분 변화와 우울증인 계절성 우울증seasonal affective disorder, SAD은 햇빛이 적게 받아 세로토닌serotonin 저하 또는 멜라토닌melatonin 증가 때문으로 알려져 있습니다. 이때 증상을 완화하기 위하여 밝은 빛 특히 청색 빛(460 nm)을 조사하는 것이 효과적이라고 알려져 있습니다. 또한 광치료phototherapy를 이용하여 건선, 습진, 피부염을 치료하기도 합니다.

(Karen C. Timberlake et al. Chemistry, 13th ed., Pearson, 2018)

1 McNeely, E., Mordukhovich, I., Staffa, S. et al. Cancer prevalence among flight attendants compared to the general population. *Environ Health* 17, 49 (2018). https://doi.org/10.1186/s12940-018-0396-8

한 메커니즘을 모방하여 자외선 차단제 등을 사용하여 건강을 보호합니다.

그러나 이러한 자연적 메커니즘이 최근 인간의 활동에 의해 위협받고 있습니다. 이 장에서는 이 자연적 메커니즘의 내용이 무엇이고, 위협받는 원인은 무엇이며, 이를 해결하기 위한 노력은 어떻게 진행되었고, 그 결과와 전망은 어떻게 될지를 자세히 살펴보게 될 것입니다.

1. 전자기 스펙트럼

우리 주위에서 라디오, 휴대폰, 전자레인지, 전등, x-ray 검사, MRI 등 전자기 복사선electromagnetic radiation을 이용한 다양한 형태의 제품들을 쉽게 발견할 수 있습니다. 자연에서도 무지개 등을 통해 이를 확인할 수 있습니다. 빛과 다양한 전자기 복사선들은 에너지 파동으로서, 움직이는 에너지 입자들로 구성되어 있습니다. 파동은 바다에서 볼 수 있는 파도와 같이 마루와 골을 가지며 마루와 마루 사이 또는 골에서 골 사이 거리를 파장wavelength이라 합니다. 모든 전자기 복사선은 같은 속도, 즉 빛의 속도인 3.0×10^8 m/s로 이동합니다. 파동의 특성은 파장과 진동수frequency로 나타내며, 반비례 관계가 성립합니다. 즉, 파장(λ)이 증가하면 진동수(ν)가 감소하고 반대로 파장이 감소하면 진동수가 증가합니다. 다음과 같은 식으로 표현할 수 있습니다.

$$\text{진동수}(\nu) = \frac{\text{빛의 속도}(c)}{\text{파장}(\lambda)}$$

이를 속도(c) = 진동수(ν) × 파장(λ)으로 나타낼 수도 있습니다. 여기서 속도는 광속도로 일정하기에, 진동수와 파장은 앞서 말한 것처럼 반비례 관계가 됩니다. 한편, 전자기 복사선이 가지는 에너지(E)는 파장 또는 진동수에 따라 달라집니다. (정확히는 다음 식에서 표시하고 있는 것처럼 에너지는 진동수에 비례하고 파장에는 반비례합니다.)

$$\text{에너지}(E) = h\nu = hc/\lambda$$

이 식에서 h는 플랑크 상수라고 합니다.

고에너지 복사선은 짧은 파장, 높은 진동수를 가지며, 저에너지 복사선은 긴 파장, 낮은 진동수를 가집니다. 진동수와 파장에 따른 전자기 스펙트럼electromagnetic spectrum은 그림 3.1에 도시하였습니다.

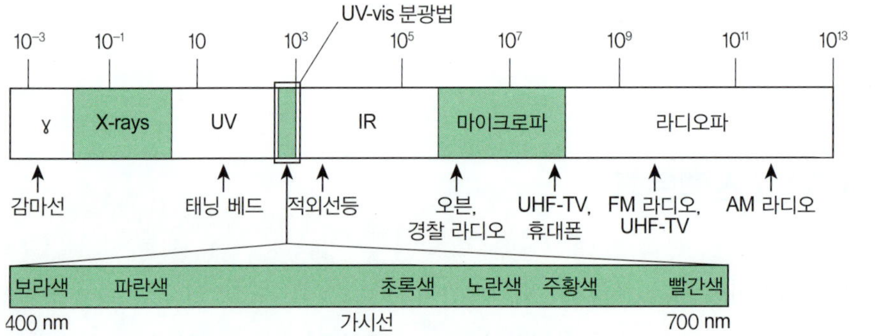

그림 3.1 전자기 스펙트럼의 개요

이제 불꽃의 색에 관련된 현상을 고려해 봅시다. 불꽃의 온도가 증가함에 따라 색은 빨간색(~800℃)에서 푸른색(2,000℃ 이상)으로 변합니다. 온도는 열에너지의 척도가 되기 때문에 불꽃의 에너지가 파장과 관련이 있음을 알 수 있습니다.

하지만 온도가 같은 불꽃에서도 특정한 원소는 그 원소 고유의 색만 방출하는 현상이 관찰됩니다. 이는 불꽃의 열에너지를 받은 원자가 다시 에너지를 방출할 때 특정한 복사 에너지(빛)만 방출하기 때문입니다. 이처럼 연속적이지 않고 불연속적인 에너지 분포를 가지는 현상을 양자화quantized되어 있다고 합니다.

에너지의 양자화는 에너지가 기본 단위의 정수배로만 존재한다는 개념을 도출했습니다. 이 기본 단위를 광자photon라 부릅니다. 물질을 구성하는 모든 원자의 에너지 준위가 양자화되어 있기 때문에, 특정 에너지의 흡수와 방출이 이루어질 때 특정한 파장의 빛, 다시 말해 특정한 색의 빛을 흡수하거나 방출하는 현상을 설명할 수 있게 됩니다.

이때 흡수 또는 방출되는 파장 또는 진동수를 이용하면, 다음과 같은 식으로 관계되는 에너지 준위들 사이의 에너지 차이(ΔE)를 확인할 수 있습니다.

$$\Delta E = h\nu = hc/\lambda$$

원자의 종류에 따라 특정한 에너지 준위가 결정되고, 이들 사이의 에너지 준위 차이(ΔE)가 고유하게 결정되기 때문에 방출되는 특정한 파장(λ)이 결정됩니다. 따라서 빛의 경로상에 존재하는 원소의 종류를 직접 채취하고 분석할 필요 없이, 빛의 특성(스펙트럼)을 조사하여 원소의 종류를 확인할 수 있습니다.

이러한 사실은 이 장의 뒤에서 살펴보게 될 유해한 태양의 복사선으로부터 지구상의 생명체가 보호받고 있다는 사실을 이해하는 데 매우 중요합니다.

2. 색의 원리

앞에서 원자에는 여러 수준의 에너지 준위가 존재하고 특정 에너지 준위를 차지하는 전자들에 의해 원자의 특성이 결정된다고 설명했습니다. 원자의 특성을 결정하는 요인에 대하여 좀 더 자세히 살펴보면 다음과 같습니다.

태양 광선이 진행하는 경로상에 특정한 원자가 놓여 있을 때, 이 원자들을 통과한 태양 광선의 스펙트럼에서는 특정한 파장 영역이 불연속적으로 흡수되어 검은색 띠로 나타나는 것을 관찰할 수 있습니다. 이 검은색 띠 영역은, 해당 원자를 가열하거나 전기 방전시키는 등 외부에서 에너지를 제공할 때 방출하는 빛의 영역(원자 방출 스펙트럼에서 관찰되는 색의 띠)과 정확히 일치하는 것을 알 수 있습니다(그림 3.2).

그림 3.2에서는 수소가 보이는 현상만을 표시하였지만 다른 원소들도 수소와 같이 고유한 위치에 특정한 띠를 나타냅니다. 이처럼 모든 원소는 흡수/방출 스펙트럼을 통해 고유한 지문을 남기기 때문에, 우주에서 지구로 오고 있는 많은 전자기파를 분석하면 전자기파의 경로상에 어떠한 원자들이 존재하는지를 확인할 수 있게 되는 것입니다.

원자의 특성은 원자 내에 존재하는 전자, 특히 원자가 전자valence electron의 수에 의존합니다. 원자가 전자는 원자 주위에서 가장 멀리 위치한 영역에 위치하는 전자를 의미합니다. 원자가 가장 안정한 상태(전자가 원자핵에 가장 가까이 있는 상태)에 있을 때 바닥 상태ground state라 하며, 원자가 에너지를 흡수하게 되면 들뜬 상태excited state(원자핵으로부터 더 멀리 떨어진 상태)가 됩니다. 이때 에너지를 흡수하거나 방출하는 경우에는

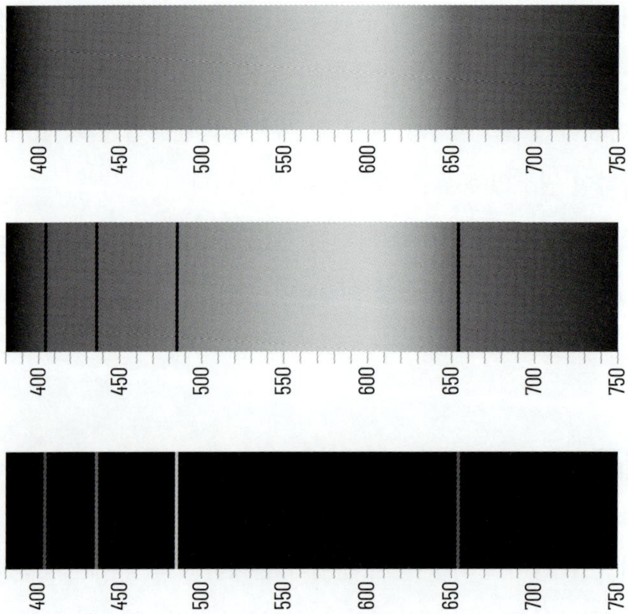

그림 3.2 위에서부터 백색광, 수소의 흡수 스펙트럼, 수소의 방출 스펙트럼.
(실제로 백색광과 흡수 스펙트럼은 보라색에서 빨간색으로 변하는 무지개색입니다.)

빛의 형태로 관여하게 되며, 허용되는 에너지 준위 차이에 정확히 해당하는 광자를 흡수하거나 방출합니다. 광자를 흡수하게 되면 전자는 낮은 에너지 준위에서 높은 에너지 준위로 이동하며, 반대인 경우 광자를 방출하면서 높은 에너지 준위에서 낮은 에너지 준위로 이동합니다. 이때 관련된 광자가 가시광선 영역(파장 = 400~700 nm)의 파장을 가지게 되면 물체는 색을 가지게 됩니다. 물체의 색은 물체가 흡수하는 색이 아닌 반사하는 색에 의하여 결정됩니다. 예를 들면, 보라색 물체는 파장이 400 nm에 가까운 광자를 반사하고 색원에서 반대에 있는 보색complementary color인 노란색을 흡수합니다.

3. 자외선 복사

자외선은 가시선과는 달리 눈에 보이지 않아 구별이 쉽지 않으며, 대체로 3개 영역으로 구분합니다. 그 특성은 표 3.1에 정리하였습니다. 짧은 파장과 높은 에너지를 가

표 3.1 자외선(UV) 복사의 종류

종류	파장 범위	상대적 에너지	비고
UVA	320~400 nm	가장 낮은 에너지	지구 표면에 가장 많이 도달, 피부 가장 깊은 곳까지 도달
UVB	280~320 nm	중간 에너지	대부분 성층권의 오존에 흡수, 피부 가장 바깥층 손상
UVC	200~280 nm	가장 높은 에너지	가장 유해, 성층권 O_2와 O_3에 의해 완전히 흡수

져 유해성이 높은 UVB 대부분과 거의 모든 UVC는 지구의 대기에 존재하는 O_3와 O_2에 의하여 흡수됩니다. 따라서 대부분의 생명체가 존재하는 지구 표면에는 도달하지 않아 직접적인 피해를 거의 유발하지 않습니다. 이 영역의 UV에 실제로 노출된다면, 높은 에너지 때문에 생명체를 구성하는 기본 조직 세포의 화학 결합이 깨질 수 있어 생존에 큰 위협이 될 수 있습니다.

그러면 O_3와 O_2는 어떻게 UVB와 UVC를 흡수하여 표면에 도달하는 것을 차단할 수 있을까요? 분자는 구성 원자들이 화학 결합을 통하여 하나로 뭉친 입자입니다. 이때 화학 결합을 이루는 힘, 즉 결합력은 참여하는 원자들의 특성에 따라 다르며, 결합력을 능가하는 에너지가 유입되면 분자 내 일부 결합이 끊어져서 다음과 같은 변화가 일어납니다.

$$O_2 \xrightarrow{h\nu} O + O \quad \text{또는} \quad O_3 \xrightarrow{h\nu} O_2 + O \quad (\text{여기서 } h\nu\text{는 유입된 에너지})$$

O_3와 O_2는 이 변화가 지속되면 그 양이 줄어들 것으로 예상되지만 실제로는 거의 변하지 않습니다. 그 이유는 다음과 같은 변화가 위의 변화와 더불어 계속해서 나타나 평형이 이루어지기 때문입니다.

$$O + O \rightarrow O_2 + h\nu, \quad O_2 + O \rightarrow O_3 + h\nu$$

이 반응들은 앞의 반응(정반응)에서의 반응물과 생성물이 반대에 위치하므로 역반응이라 합니다. 정반응과 역반응에서 변화에 관여하는 에너지의 양은 동일합니다. 즉, 역반응에서는 정반응에서 흡수한 에너지와 동일한 에너지를 방출합니다.

결국 유해한 UVB와 UVC는 대기 중의 O_3와 O_2에 의하여 반복적으로 분해·수반되

알아보기

활성 산소reactive oxygen species**와 라디칼**free radical

활성 산소는 비교적 안정한 일반적인 산소 분자(O_2)보다 활성이 크고 불안정하여 높은 에너지를 가지고 있는 산소를 말합니다. 불안정한 활성 산소는 주로 인체 등에서 세포, 단백질, DNA 등과 반응하여 손상되어 세포 구조나 기능, 신호 전달 체계에 이상이 발생할 수 있습니다. 또한 암, 당뇨, 심장질환, 고혈압 같은 성인병을 유발하고 노화를 촉진하는 원인이 되는 것으로 알려져 있습니다.

인체에 침입한 세균 또는 바이러스 등 유해 성분으로부터 신체를 지키는 것이 활성 산소의 본래 역할입니다. 그러나 양이 지나치면 신체에 해로운 물질이 되게 되는 두 얼굴을 가진 물질인 셈입니다. 활성 산소 농도가 증가하여 정상 세포를 손상시키는 것을 산화 스트레스라고 합니다.

활성 산소는 정상적 체내 대사 과정에서 지속적으로 생성되고 내부 항산화 효소에 의해 제거되어 균형이 성립되지만, 과도한 양을 제어하기 위하여 외부 항산화물질 섭취가 권장되기도 합니다. 대표적인 항산화물질로는 비타민 C, E, 베타카로틴, 셀레늄 등이 있습니다.

라디칼은 전자 구조에서 짝을 이루지 않은 상태를 가지는 화학종을 말합니다. 라디칼은 전자가 짝을 이루어 안정화하려는 경향 때문에 반응성이 매우 큰 특성을 가지게 됩니다. 활성 산소가 불안정한 이유는 바로 이런 라디칼의 특성을 가지기 때문입니다. 그 외에도 라디칼의 특성을 가진 대표적 물질로는 일산화 질소(NO)가 있습니다.

는 과정을 통해 흡수되어 지구 표면에 도달하지 못하게 됩니다. 다시 말하자면 UVB와 UVC는 O_3와 O_2의 희생으로 대기에서 차단되고 있는 것입니다. 앞서도 언급했지만, 지구 초기에 대기 중의 산소가 충분히 많아진 후에 비로소 생명체가 탄생한 주요한 원인 역시 O_3와 O_2에 의하여 고에너지 복사선이 차단되었기 때문입니다.

4. 자외선 복사와 생물에 미치는 영향

자외선은 태양에서 방출되는 다양한 전자기 복사선 중 가시선과 x-선 사이 영역의 파장을 가지는 복사선입니다. 앞에서 언급한 바와 같이 파장 또는 에너지에 따라 UVA, UVB, UVC로 구분합니다. UVC는 가장 에너지값이 높고 파장이 가장 짧으며, UVA는 에너지값이 가장 낮고 파장이 가장 길다는 점을 다시 상기할 필요가 있습니다. 이 특성은 자외선이 피부에 침투하는 정도를 결정하는 데 중요한 역할을 합니다.

피부에 가장 깊이 침투하는 자외선은 UVA입니다. 의외라고 생각할 수도 있습니다. 하지만 에너지가 큰 자외선은 화학 결합을 끊는 데 필요한 에너지를 가지고 있기 때문에 피부 표면에서 바로 반응하며 흡수되기 때문에 깊숙이 이동하지 못합니다. UVA는 에너지가 적기 때문에 반응으로 흡수되기 전에 더 깊숙하게 이동합니다.

복사선이 피부에 흡수되면 자외선의 에너지 크기에 따라 나타나는 현상이 달라집니다. 낮은 에너지의 UVA는 물과 같은 분자에서 전자를 제거하여 활성 산소 화학종과 자유라디칼을 생성하는 것으로 알려져 있습니다. 반면 UVB는 일부 분자들의 화학 결합을 끊을 수 있는 능력이 있습니다. 또한 피부 세포의 DNA가 손상되면 피부 색소인 멜라닌의 생성과 방출이 자극되어 피부가 검게 변하는데, 심하면 흑색종이라는 암으로 발전할 수도 있습니다. 이 손상은 UVA에 의한 활성 산소 또는 UVB에 의하여 진행됩니다. 피부암 발생에 확인된 사실은 다음과 같은 것들이 있습니다.

피부암은 주로 햇빛의 노출에 의하여 발생하며 햇빛 중 UVA, UVB가 주원인으로 지목되고 있고 인종, 거주 지역, 성별, 연령, 빛의 강도, 빛의 노출에 대한 방어의 효율성, 피부암 조기 발견 노력 등 다양한 요인에 의존하고 있습니다. 2020년 거주 지역에 대한 영향은 뉴질랜드와 호주가 가장 높은 것으로 밝혀졌고, 이 추세가 지속되면 2020년 전 세계 흑색종 발병 건수 325,000건, 사망자 57,000명에서 2040년까지 흑색종 발병률이 세계적으로 56% 증가하고 사망률도 68% 증가될 것으로 경고하고 있습니다.[2]

한편, 성별의 경우도 지역별로 다른 양상을 보여주는데 미국의 경우는 남성의 발병률이 높지만 우리나라의 경우는 여성의 발병률이 높은 추세를 보여주고 있습니다. 우리나라의 보건복지부 중앙암등록본부 2023년 12월 발표 자료에 따르면 남녀의 성비는 0.9 : 1로 여자에게 더 많이 발생했습니다. 남녀를 합쳐서 연령대별로 보면 60대가 26.2%로 가장 많았고, 70대가 24.3%, 80대 이상 20.8%의 순이었습니다. 노인에서의 발생 빈도가 높은 것을 알 수 있습니다. 종합하면, 자외선에 노출되면 피부암 발생 등에 위험하다는 사실이 많이 알려져 있음에도 불구하고 전 세계적으로 피부암 발생률이 지속적으로 높아지는 추세라는 것입니다.

---

2 https://www.rnz.co.nz/news/national/464337/new-zealand-had-highest-death-rate-from-melanoma-in-2020

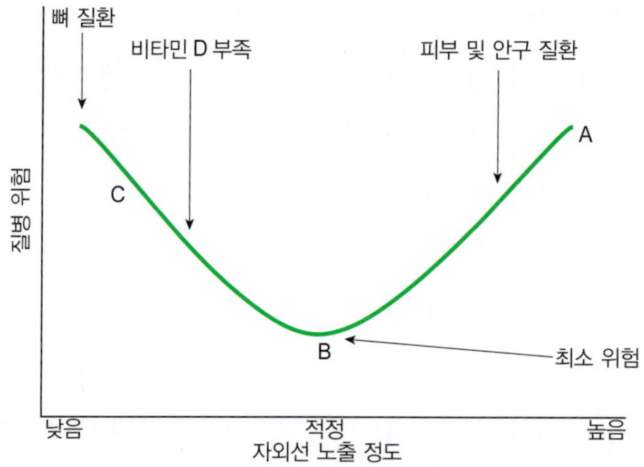

그림 3.3 자외선 노출과 건강에 대한 관계

자외선은 건강한 뼈와 면역 체계에 중요한 비타민 D의 생성을 자극하는 유익한 면도 가지고 있습니다. 그러나 식품을 통하여 충분히 비타민 D를 섭취할 수 있기 때문에 햇빛의 조사에 의한 비타민 D 생성이 필수적인 것은 아닙니다. 자외선 노출과 건강 사이의 대략적인 상관관계를 그림 3.3에 나타내었습니다.[3]

최근 많은 국가에서 자외선의 유해함을 예측하기 위해 UV 지수를 사용하고 있습니다. 이는 특정 장소와 시간에서 일광화상을 유발하는 자외선 복사 강도의 국제 표준 측정값이고, 국민의 건강을 위하여 예보를 제공하고 있습니다. 0(밤)에서 11(위험) 범위의 값을 가지고 확인이 쉽게 색으로도 표시하며, 적절한 보호에 관한 제한 사항도 제공하고 있습니다(그림 3.4, 표 3.2).

자외선은 피부 손상뿐만 아니라 눈에 유해한 효과를 나타낼 수 있습니다. 망막 손상을 일으키며, 백내장을 유발할 수 있기 때문에 선글라스를 착용하여 보호할 것을 권장하고 있습니다.

이러한 자외선 유해함을 차단하기 위하여 2018년 현재 브라질과 호주는 실내 태닝을 금지하고 있고, 미국은 44개 주와 콜롬비아 특별구에서 미성년자의 실내 태닝을 규제하고 있습니다. 태닝에서는 UVA를 주로 사용하고 있기 때문에 미국 질병 통제 예방 센터 CDC에서는 이러한 시술의 위험을 경고하고 있습니다.

---

3 Lucas, R.M. and Ponsonby, A.-L. (2002), Ultraviolet radiation and health: friend and foe. Medical Journal of Australia, 177: 594-598. https://doi.org/10.5694/j.1326-5377.2002.tb04979.x

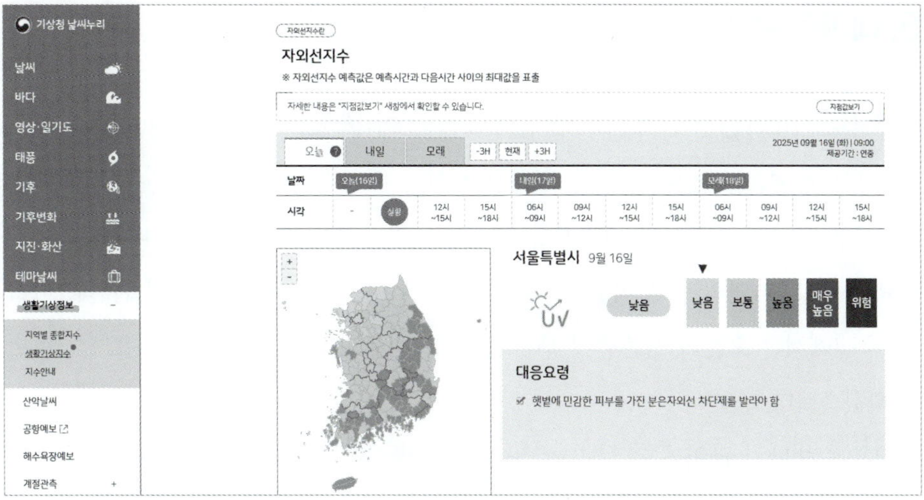

그림 3.4 기상청 홈페이지에서 제공하는 자외선지수 화면 (출처: 기상청 날씨누리, https://weather.go.kr)

표 3.2 자외선지수 단계별 대응요령

단계	지수범위	대응요령
위험	11 이상	• 햇볕에 노출 시 수십 분 이내에도 피부 화상을 입을 수 있어 가장 위험함 • 가능한 실내에 머물러야 함 • 외출 시 긴 소매 옷, 모자, 선글라스 이용 • 자외선 차단제를 정기적으로 발라야 함
매우 높음	8 이상 11 미만	• 햇볕에 노출 시 수십 분 이내에도 피부 화상을 입을 수 있어 매우 위험함 • 오전 10시부터 오후 3시까지 외출을 피하고 실내나 그늘에 머물러야 함 • 외출 시 긴 소매 옷, 모자, 선글라스 이용 • 자외선 차단제를 정기적으로 발라야 함
높음	6 이상 8 미만	• 햇볕에 노출 시 1~2시간 내에도 피부 화상을 입을 수 있어 위험함 • 한낮에는 그늘에 머물러야 함 • 외출 시 긴 소매 옷, 모자, 선글라스 이용 • 자외선 차단제를 정기적으로 발라야 함
보통	3 이상 6 미만	• 2~3시간 내에도 햇볕에 노출 시에 피부 화상을 입을 수 있음 • 모자, 선글라스 이용 • 자외선 차단제를 발라야 함
낮음	3 미만	• 햇볕 노출에 대한 보호조치가 필요하지 않음 • 그러나 햇볕에 민감한 피부를 가진 분은 자외선 차단제를 발라야 함

자료: 기상청 날씨누리

5. 대기의 역할

앞에서도 언급하였듯이 지구의 대기, 특히 산소의 존재는 생명의 탄생에 중요한 역할을 담당하였고, 자연은 산소를 기반으로 하는 효과적인 고에너지 복사선 차단 메커니즘을 통하여 지구상의 생명체를 보호하고 있습니다. 그러면서 이 메커니즘에서 주요한 역할, 자연의 방패 역할을 하는 오존층ozone layer의 존재도 밝혀졌습니다. 따라서 이 절에서는 오존과 오존층이 무엇이며, 그 역할과 현황 및 문제점들을 살펴보도록 하겠습니다.

오존은 번개가 많이 치는 날 이후 또는 전기 방전이 일어나는 경우 발생하는데, 잔디를 깎았을 때의 냄새와 비슷한 냄새가 납니다. 오존이라는 이름 역시 '냄새가 나는'을 뜻하는 그리스어 ozein에서 비롯되었습니다. 오존은 2개의 산소 원자로 구성된 산소 분자(O_2)보다 산소 원자 1개가 추가된 형태(O_3)를 가지며, 반응성이 훨씬 큽니다. 이러한 반응성을 이용하여 물에서 미생물을 제거하고 펄프와 직물을 표백하는 데 사용하며 공기의 냄새를 탈취하기도 합니다. 공기 탈취에 사용할 때는 공기를 흡입하지 않도록 조심하여야 합니다.

오존은 자연적 또는 인위적으로 생성되지만 높은 반응성 때문에 반응할 수 있는 다른 물질이 존재하지 않는 특별한 상황이 아니면 오래 존재할 수 없습니다. 반응성

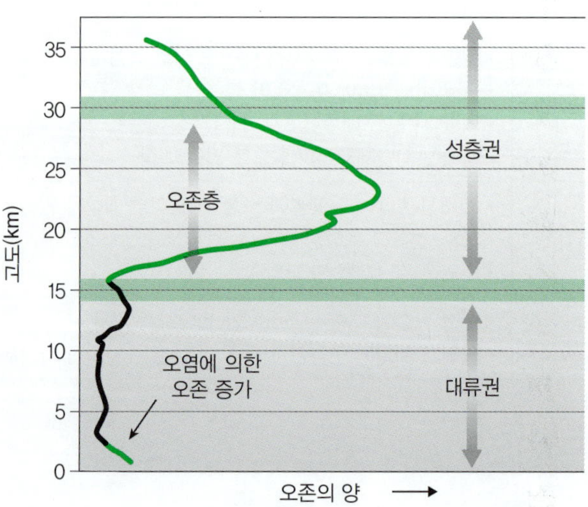

그림 3.5 오존층

이 있는 물질들이 지표면에 가까울수록 많기 때문에 오존의 수명은 짧게 됩니다. 2장에서 살펴본 것과 같이 대기의 영역은 여러 권역으로 분리되며, 표면에서 멀어질수록 반응성이 있는 물질의 양이 감소하기 때문에 오존의 존재 가능성도 높아집니다. 성층권 내의 고도 15~30 km 영역에 오존의 양이 상대적으로 많은 영역이 존재하며, 이를 오존층이라 명명하고 있습니다(그림 3.5). 지표면에서 가까운 대류권에서 오존이 농도가 증가하는 경우는 광화학적 스모그를 생성하는 화학 반응 때문입니다. 오존층의 오존 농도가 다른 영역에 비하여 매우 높아 보이지만 실제로는 10억 개의 입자(분자와 원자의 합)마다 약 12,000개(12 ppm)의 오존 분자가 존재하는, 낮은 농도입니다.

오존은 다음과 같은 오존 생성 과정을 통하여 지속적으로 생성되나 이 과정에는 에너지가 필요하며 오존층에서는 자외선을 비롯한 고에너지 복사선에 의하여 제공됩니다.

$$3\ O_2 + \text{에너지} \rightarrow 2\ O_3$$

여기서 흔히 사용하고 있는 오존층이라는 용어는 약간의 오해가 있을 수 있습니다. 오존층은 이불과 같은 일정한 두께의 영역을 오존이 채우고 있는 것이 아니라 단지 상대적으로 다른 영역에 비하여 농도가 높을 뿐입니다. 실제로 대기 중의 모든 O_3를

알아보기

오존의 양 표시 단위, Dobson Unit(DU)

오존의 양을 나타내는 1 Dobson은 지구 대기 중의 오존 총량을 0℃, 1기압의 표준 상태에서의 두께로 환산하였을 때 0.01 mm(10 μm)에 상당하는 양을 의미합니다. 이 양은 오존 기둥의 밑면적 1 cm^2당 2.69 × 10^{16}개의 오존 분자가 있는 것이며, 지구 표면 전체에 지구의 모든 오존을 쌓게 되면 약 3 mm의 두께를 가지게 됩니다.

Dobson 단위는 최초로 대기 중의 오존 농도를 측정하는 기기를 발명한 옥스퍼드대 과학자인 G.M.B. Dobson(1889~1975)를 기리기 위하여 명명되었습니다. 오존의 양을 직접 측정하는 것은 아니며, 지구 표면에 도달하는 자외선의 복사량을 측정하여 오존의 양을 추산합니다. 복사선의 세기가 낮을수록 오존의 양이 많은 것입니다. 최근에는 지상관측, 기상 관측 기구, 고공비행 항공기, 인공위성 등에 탑재된 검출기를 이용하여 대기에 의해 산란된 자외선 세기를 측정하고 있습니다.

(NASA Ozone Watch)

지구 표면의 평균 온도와 압력(1 atm, 15℃)하에서 모은다면 두께가 0.3 cm 정도에 불과할 정도의 매우 적은 양에 불과합니다. 이 적은 양의 오존이 지구의 모든 생명체를 보호하는 방패 역할을 훌륭히 수행하고 있으니 감사할 따름입니다.

6. 오존층 파괴와 CFC

성층권의 오존 농도는 1926년 이래 스위스 기상 연구소Swiss Meteorological Institute에서 매일 측정되고 있는데, 그 결과에 따르면 성층권 오존의 자연 농도는 전 세계적으로 균일하지 않음이 확인되고 있습니다. 성층권의 오존 농도는 극에 접근함에 따라 증가하는데, 이는 복사선의 세기에 따라 오존 생성이 증가하고 복사선의 세기는 태양에 대한 지구의 각도, 다시 말하자면 계절에 의존하기 때문입니다. 실제로 성층권의 오존 농도는 적도 지역에서 250~270 DU이고, 적도에서 멀어질수록 300~350 DU 정도 범위값을 보여주며, 심지어 가장 북쪽의 고위도 지역에서는 400 DU가 나타나기도 합니다.

그러나 남극에서는 의외로 오존의 농도가 상대적으로 적게 나타났습니다. 1985년 남극 Halley Bay의 영국 탐사팀에 의해 측정된 오존 농도가 220 DU 미만이어서 '오존 구멍ozone hole'이라는 용어가 통용되기 시작했습니다. 1990년대 중반부터는 오존 구멍의 크기가 북미 대륙의 면적에 근사할 정도로 증가하여 이들의 생성 원인과 대응 대책에 관심이 증대하게 되었습니다.

초기에는 생성 원인을 자연적 원인으로 이해하고자 하였습니다. 대기 중의 H_2O 중 일부는 성층권으로 유입되어 자외선 복사에 의하여 해리되어 반응성이 큰 수소(H•)와 하이드록실(HO•) 자유 라디칼이 생성되며, 이 화학종들은 일부 O_3를 O_2로 전환하는 반응에 참여합니다. 또한 이 반응은 50 km 이상의 고도에서 오존을 파괴하는 가장 효율적인 메커니즘으로 알려져 있습니다. 이와 더불어 자연발생된 일산화 질소(•NO)도 오존을 파괴할 수 있습니다. NO는 토양과 해양에서 미생물에 의해 자연발생적으로 생성되고 성층권으로 이동한 일산화 이질소(N_2O)로부터 형성되는데 이 지역에서 산소 원자와 반응하여 NO가 생성되는 것으로 알려지고 있습니다. 이러한 변

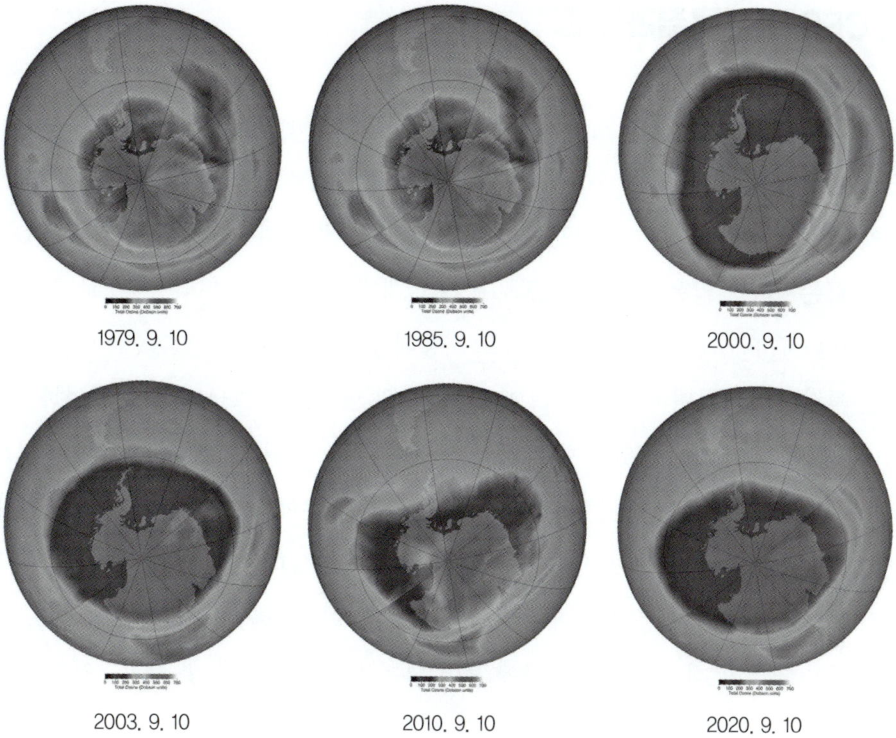

그림 3.6 오존 구멍의 크기 변화 (출처: NASA Ozone Watch)

화는 질소 화합물의 자연 순환의 한 부분입니다.

그림 3.6에서 볼 수 있듯이 2003년까지 오존 구멍이 지속적으로 증가하여 최대(2900 km²)를 나타내고, 이후에는 조금씩 감소하고 있는 경향을 보여주고 있습니다. 17년 사이에 인도 면적보다 조금 큰 정도(400만 km²)로 줄어들었다고 합니다.

이러한 현상이 확인된 이후 오존 구멍의 원인을 구명하기 위하여 많은 연구와 노력이 진행되었습니다. 결국 S. Rowland와 M. Molina, P. Crutzen(1995년 노벨 화학상 수상)에 의하여 CFC라는 물질이 오존층 파괴 핵심 성분이고 이 물질에 존재하는 염소 원자가 분해, 생성되는 오존층을 파괴하는 메커니즘을 이해하게 되었습니다. 남극은 지구상에서 가장 추운 지역이라는 지역적 특성에 기인하여 봄(9월~11월)에 최대 크기를 나타낼 수밖에 없다는 사실이 규명되었고, 이를 근거로 오존층을 복원할 가능성을 확보하게 되었습니다.

7. CFC 대체물질과 전망

오존층 파괴의 주원인으로 지목되는 CFC(염화플루오린화탄소)는 염소(Cl), 플루오린(F), 탄소(C)로 구성된 화합물을 통칭합니다. 좀 더 포괄적으로는 기본적인 탄화수소 화합물에서 수소 일부가 플루오린 또는 다른 할로젠 원소로 치환된 화합물입니다. CFC는 자연에 존재하지 않은 합성된 물질로 1930년대에 개발되었습니다. 최초로 합성된 CFC였던 CCl_2F_2(Freon−12)는 당시 냉매로 사용되었고 독성 문제가 있었던 NH_3, SO_2와 같은 물질을 대체하면서 전 세계적으로 냉장고와 에어컨의 보급에 크게 기여하였습니다. 큰 성공을 거둘 수 있는 이유는 이 물질이 무독, 무취하고 반응성이 거의 없을 정도로 매우 안정했기 때문입니다. 독성도 없었기 때문에 발포제, 에어로졸 스프레이 등의 추진제, 용매로도 사용될 수 있었습니다. 불연성과 쉬운 공정, 싼 가격은 냉방의 혁명과 대중화를 통해 무더운 지방의 개발에도 기여하였으며, 쿠션과 발포 단열재 등을 제조할 때 고분자 혼합물에 불어 넣는 버블이나 기름 및 그리스의 무독성 용매로도 사용되었습니다. 이러한 성질은 이 화합물의 매우 강한 C-Cl, C-F 결합에 기인한 것입니다.

지표면에서 고도가 높아짐에 따라 대기에는 산소와 오존의 농도는 감소하고 자외선의 세기는 증가하는데 이러한 조건이 성립하는 성층권에 Freon−12가 노출되면 C-Cl 결합이 끊어져 염소 원자를 방출하게 됩니다.

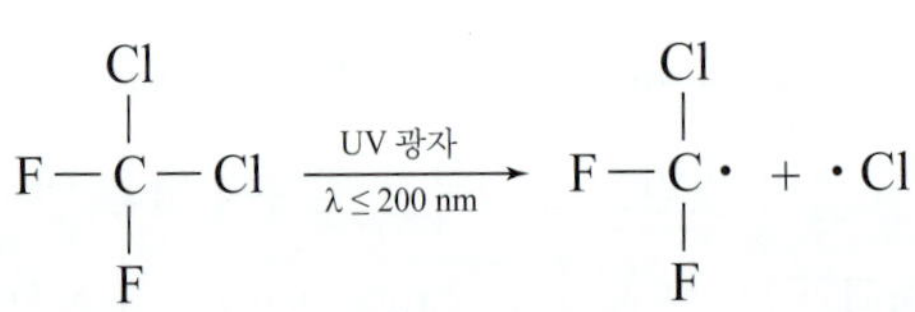

이 반응에서 생성된 염소 라디칼(Cl·)은 오존과 반응하여 산소 기체(O_2)를 만들며, 생성된 또 다른 생성물인 ClO·는 산소 원자와 반응하여 산소 기체와 염소 라디칼이 생성됩니다. 염소 라디칼이 오존을 산소로 분해한 뒤에 다시 염소 라디칼로 돌아오는 것입니다.

$$Cl\cdot + O_3 \rightarrow ClO\cdot + O_2$$

$$ClO\cdot + O \rightarrow Cl\cdot + O_2$$

이와 같이 화학 변화에 참여하지만 농도 변화 없이 반응 속도에만 영향을 미치는 물질을 화학 촉매(catalyst)라고 합니다. 즉, 원소 염소는 지속적으로 재생되어 촉매로 작용하고, 더 많은 오존 분자가 파괴됩니다. 알려진 바에 따르면 평균적으로 1개의 염소 분자는 촉매적으로 1 × 10^5개의 오존 분자를 파괴한다고 합니다. 특히 Freon-12는 대기 수명이 120년이나 되어 대기 중에 배출된 경우 5년 안에 성층권에 진입하여 오존층 파괴 효과를 보이는 것으로 해석되고 있습니다.

실제로 그림 3.7에서 볼 수 있듯이, 남극 상공 성층권에서의 오존과 염소의 농도가 반비례 관계가 있음이 밝혀졌습니다. 이는 오존층 파괴에 염소가 중요한 역할을 하고 있다는 증거가 되었습니다. 물론 오존 파괴에 참여하는 모든 염소가 CFC에서만 얻어지는 것은 아니고 자연 원천으로도 공급됩니다. 바닷물과 화산 분출물은 염소가 포함된 다양한 탄소 화합물을 생성하지만 이들은 대부분 수용성이기 때문에 성층권에 도달하기 전에 강우 등에 의하여 대기로부터 제거됩니다. NASA에 따르면 성층권에서는 많은 양의 HCl과 HF가 발생하는 것으로 확인되었는데, HCl은 다양한 자연발생원으로부터 발생하지만 HF 성층권 농도의 유일한 합리적 근원은 CFC입니다. 이와 같이 오존층 파괴할 수 있는 다양한 기체는 성층권 전체에 존재하는 것으로 알려져 있으며, 대기 흐름에 의해 확산되어 전 세계 대기의 낮은 부분에도 그 존재가 확인되고 있습니다.

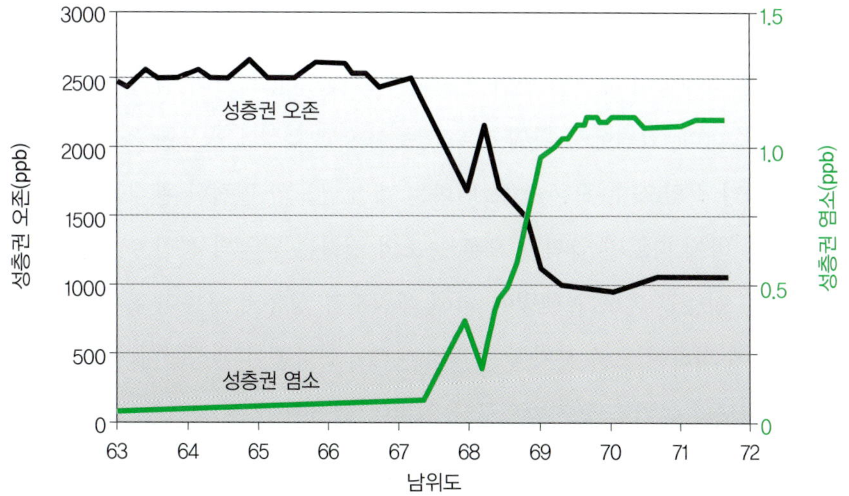

그림 3.7 1987년 남극 성층권의 오존과 염소 농도 (출처: United Nations Environment Programme, UNEP)

그러면 왜 남극 대륙 위에서만 성층권 오존의 최대 손실이 발생할까요? 또한 북반구에는 남반구에 비해 많은 산업체가 존재하여 더 많은 오존층 파괴 기체가 배출됨에도 남반구 특히 남극 상공에서 영향이 가장 크게 나타나는 이유는 무엇일까요?

여기에는 남극의 특별한 조건이 중요한 요소로 작용합니다. 남극 상공의 성층권은 지구상에서 가장 추운 곳입니다. 특히 남극의 겨울(6~9월)에 남극 중심으로 순환하는 바람으로 인한 소용돌이는 따뜻한 공기가 유입되지 못하게 합니다. 결과적으로 −90℃에 이르는 낮은 온도에 이르게 되고, 여기서 극지방 성층권 구름polar stratospheric cloud, PSC이 형성됩니다. 이 얇은 구름은 성층권에 존재하는 소량의 수증기로 형성된 작은 얼음 결정으로 이루어져 있고, 이 결정 표면에서 일어나는 화학 반응에 의하여 오존을 파괴하지 않는 HCl과 같은 분자가 반응성이 더 큰 Cl_2와 같은 화학종으로 변환됩니다. 또한 $ClONO_2$와 같은 화학종이 얼음 결정 표면에서 반응성이 큰 HOCl로 변환되어 오존층 파괴에 기여합니다.

생성된 Cl_2나 $ClONO_2$는 어두운 겨울에는 오존 파괴 효과를 나타내지 않지만 봄이 되어 햇빛이 비추기 시작하고 기온이 상승하면 Cl_2나 $ClONO_2$가 분해되어 염소 원자가 방출되면서 오존층 파괴가 시작됩니다. 앞에서 언급한 바와 같이 이 과정에서 많은 양의 오존을 파괴하는 화학종 Cl·이 생성, 증가하면서 오존 구멍이 생성됩니다. 결론적으로 극한의 추위, 극지방 성층권 구름(PSC), 얼음 결정 표면에서 반응이 진행되기에 충분한 시간, 어둠에 이은 햇빛 수준의 급격한 증가 등이 오존층 파괴에 영향을 미치는 것입니다.

그림 3.8은 극지방의 계절적 변화를 보여주고 있으며, 북극과 남극의 최저 온도를 보여주고 있습니다. 그림에서 확인할 수 있듯이 PSC 형성에 필요한 조건은 남극에서 더 자주 나타나고 있으며, 오존 농도 변화는 계절 온도와 밀접한 관계를 가지고 있습니다. 확인된 바에 따르면 급격한 오존 농도의 저하는 남극의 봄인 9월에서 11월 초에 나타나며, 성층권 온도가 햇빛에 의해 데워지면 성층권 구름이 흩어지면서 다양한 화학반응에 의하여 오존 분자를 공격하는 Cl· 화학종이 생성됩니다. 그러나 초봄에는 낮은 위도의 공기가 극지방으로 유입되어 제거된 오존 농도를 보충하며, 11월 말이 되면 오존 구멍이 크게 다시 채워지는 현상이 관찰됩니다. 북극을 포함하는 북반구의 오존층 고갈은 남반구만큼 심각하지 않은데 이는 북극 위 대기가 덜 차갑다

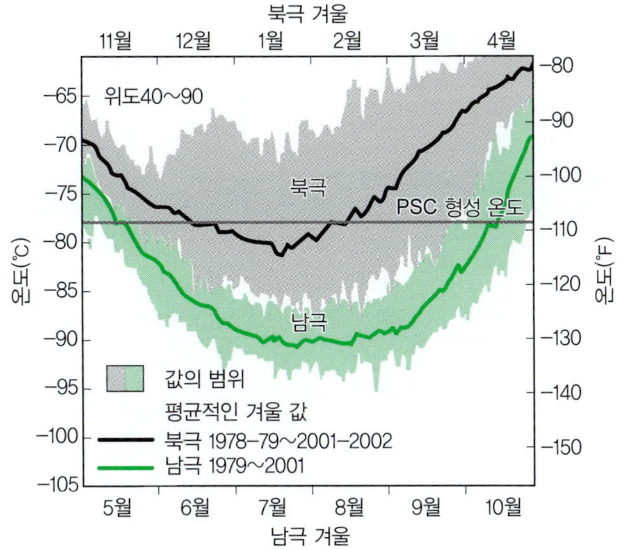

그림 3.8 극 지방 성층권의 최저 대기 온도

(출처: Scientific Assessment of Ozone Depletion: 2002, World Meteorological Organization, UNEP)

는 사실 때문으로 분석되고 있습니다. 하지만 최근 북극에서도 PSC가 반복적으로 관측되고 있는 것은 우려할 부분입니다.

오존 구멍의 생성은 지구 생태계에 어떠한 영향을 주고 있을까요? 오존의 역할에서 짐작할 수 있듯이 남극의 성층권 오존량이 감소하면 지구 표면에 도달하는 UVB 수준이 증가하여 남극 주변의 호주와 칠레 등에서 피부암 비율이 증가하고 있습니다. 또한, 밀, 수수, 완두콩 등 농작물의 수확이 감소하고 있다고 추정됩니다.

알아보기

CFC 최초 합성 화학자, 토마스 미즐리 주니어 Thomas Midgley Jr., 1889~1944

지금은 환경적으로 유해하다고 알려진 CFC 물질(상표명 프레온(Freon))은 최초 발명 시점에서는 인류의 생활에 혁신적 변화를 촉발한 물질로 평가되었고, 에어컨과 냉장고의 대중화에 크게 기여하였습니다. 그러나 이 화학자에 대한 평가는 논란의 여지가 있는데, CFC뿐만 아니라 환경에 유해한 것으로 확인된 테트라에틸납($PbEt_4$)도 합성하였기 때문입니다. 이는 내연기관의 안티노킹(antiknocking) 현상을 개선하기 위해 발명된 물질이었으나, 대기를 납으로 오염시켰습니다. 이에 따라 흡입 시 납 중독 가능성 등 많은 사회문제가 제기되었습니다. CFC 역시 오존층을 파괴하여 지구의 생명체를 위협하였기에 화학 물질의 장기적 효과를 고려하지 않은 무책임한 화학자로 비난받기도 합니다.

알아보기

CFC 명명법

1) 일반 형태: CFC-01234a

CFC	ChloroFluoroCarbons
0	이중 결합의 수(0이면 생략)
1	탄소 수 – 1(0이면 생략)
2	수소 원자의 수 + 1
3	플루오린 원자의 수
4	브로민으로 치환된 염소 원자의 수(0이면 생략, 보통 앞에 'B'를 붙임)
a	이성질체 구분

실제 예:

약어	화학식	이름
CFC-11	CCl_3F	trichlorofluoromethane
CFC-12	CCl_2F_2	dichlorodifluoromethane
CFC-113	$CCl_2F-CClF_2$	1,1,2-trichlorotrifluoroethane
HCFC-22	$CHClF_2$	chlorodifluoromethane
HCFC-123	$CHCl_2-CF_3$	2,2-dichloro-1,1,1-trifluoroethane
HCFC-123a	$CHClF-CClF_2$	1,2-dichloro-1,1,2-trifluoroethane
HFC-23	CHF_3	trifluoromethane
HFC-134	CHF^2-CHF_2	1,1,2,2-tetrafluoroethane
HFC-134a	CH_2F-CF_3	1,2,2,2-tetrafluoroethane
R-20	CHC_3	chloroform
R-22B1	$CHBrF_2$	bromodifluoromethane
R-1120	$CHCl-CCl_2$	trichloroethylene
R-1150	CH_2-CH_2	ethylene
R-C316	$C_4Cl_2F_6$	1,2-dichlorohexafluorocyclobutane

2) 할론Halon: 할론은 일종의 CFC로 취급되며 불활성, 비독성 화합물입니다. 다만 탄소 주위에 플루오린, 염소 외에 브로민이 추가로 포함됩니다. 주로 화재 진압용 소화제로 사용되는데, 특히 고가 장비 또는 책자를 보관하는 시설의 화재를 진압하는 목적으로 사용됩니다.

일반 형태: Halon-0123

0	탄소 원자의 수
1	플루오린 원자의 수
2	염소 원자의 수
3	브로민 원자의 수

실제 예:

할론 코드	화학식	이름	CFC 코드
Halon-1211	$CBrClF_2$	bromochlorodifluoromethane	CFC-12b1
Halon-1301	$CBrF_3$	bromotrifluoromethane	CFC-13b1
Halon-2402	$CBrF_2$-$CBrF_2$	1,2-dibromo-1,1,2,2-tetrafluoroethane	CFC-114b2a

8. 오존 구멍의 회복 가능성

앞에서 살펴보았듯이 오존 농도의 감소는 피부암의 증가, 농작물의 생산량 감소 등을 유발할 뿐만 아니라 더 나아가 지구 표면에서 생명을 이어가고 있던 많은 생명체에 치명적 결과를 초래합니다. 이러한 치명적 결과를 예상한 인류는 오존층 파괴의 원인 물질과 작용 메커니즘을 이해하게 되자 즉각적인 반응을 보여주게 됩니다.

1978년 미국과 캐나다에서 스프레이 캔에 CFC 사용이 금지되었으며, 1990년 플라스틱 발포제foaming agent로의 사용 역시 중단되었습니다. 그러나 CFC의 생산과 시판은 전 세계적으로 시행되고 있었기 때문에 국제적인 협력이 필요하였습니다. 이 결과 1977년 United Nations Environment Programme(UNEP) 회의가 개최되어 World Plan of Action on the Ozone Layer(세계 오존층 행동 계획)을 채택하고 미래 국제 행동을 유도할 조정 위원회를 설립합니다. 그 후 1985년 빈 세계 지도자 회의에서 오존층 보호와 대기 화학 과정 이해를 위한 과학적 연구 수행을 협의하기로 결의하였고, 1987년 드디어 47개국이 참여한(2009년 마지막 4개국이 기존의 비준 182개국에 동참하였습니다) 몬트리올 의정서를 비준하여 성층권 염소 농도의 감소 전략의 하나로 CFC 생산 중단이

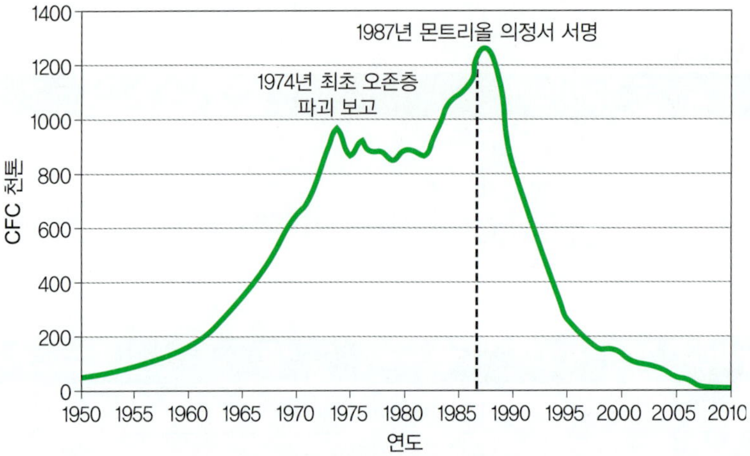

그림 3.9 1950~2010년 사이 전 세계 CFC 생산량의 변화 (출처: UNEP)

시작되었습니다. 이후 1995년 12월 31일 미국과 140여 개국의 CFC 생산이 완전 중단되어 1996년 CFC 생산 수준은 1960년 수준으로 감소하였습니다. 몬트리올 의정서 체결 후 극적인 생산량 감소를 그림 3.9에서 확인할 수 있습니다.

또한 몬트리올 의정서는 자체로 완성된 것이 아니라 새로운 과학지식이 추가되면 목표를 재조정하는 회의를 소집하며 퇴출 물질도 추가적으로 지정할 수 있는 특성을 가졌습니다. 2007년 몬트리올 의정서 20주년 기념식에서 전 세계적인 CFC 생산에 극적인 감소가 있었음을 선포하였으며, 선진국에서는 CFC가 완전히 퇴출(실제로 2008년 천식환자의 흡입제로의 사용이 금지되었습니다)되었음이 발표되었습니다. 이후 한시적으로 사용하기로 합의한 할론도 단계적 퇴출에 들어섰습니다.

이러한 노력에도 불구하고 과거 방출된 CFC의 긴 수명 때문에 즉각적 성층권 염소 농도 감소는 관찰되지 않았습니다. 그림 3.10과 3.11에서 이러한 사실을 확인할 수 있지만 다행히도 성층권 염소 농도가 서서히 감소되고 있음은 다행이라 할 것입니다.

오존층 파괴의 주범인 CFC를 생산도 소비도 하지 않는 큰 과제는 국제적인 협조를 통하여 해결하였지만 오존증을 회복하는 데 중요한 한 가지가 남아 있습니다. 인류 문명이 발달하는 데 에어컨과 냉장고와 같은 냉방 산업을 포기할 수는 없기 때문입니다. CFC는 그동안 냉방 산업을 비롯한 다양한 산업 분야에서 핵심적 역할을 담

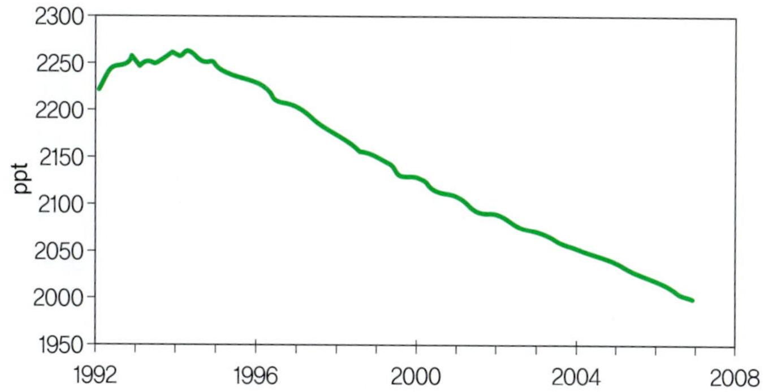

그림 3.10 전 세계 총 동등한 유효 염소 농도의 변화

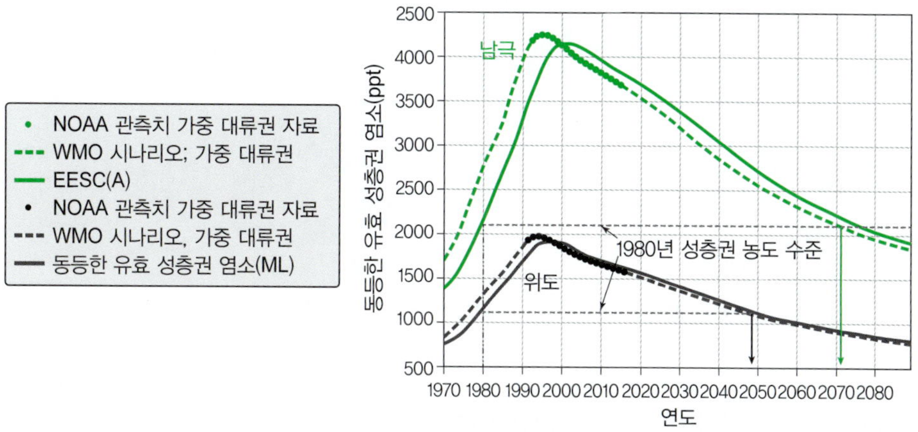

그림 3.11 대기 중 반응성 할로젠 농도의 추이 및 미래의 변화 예측

당하였기에, 그 공백을 메꿀 대체물질이 필요해졌습니다. 이 대체물질은 CFC가 가지고 있던 훌륭한 물성, 즉 불활성, 무독성 및 값싼 특성을 가지면서도 오존층을 파괴하지 않아야 했습니다. 이를 위하여는 독성, 인화성, 장기적 안정성을 가지지 않으면서 CFC가 가지는 전형적인 끓는점인 −10~−40℃을 유지하여야 하는데 이러한 조건을 가지는 새로운 물질을 확보하는 것은 쉬운 일이 아니었습니다. 실제로 대체물질을 확보하기 위하여는 조성, 분자 구조, 끓는점, 제안된 용도와의 관계, 독성, 인화성, 안정성 등 여러 가지 물성을 고려하여 최적의 조합을 이끌어내야 하는 매우 어려운 과제였습니다.

화학자들은 이러한 목적을 달성하기 위하여 여러 가지 전략을 시험하였고, 그중 하나는 안정한 C-Cl 결합 중 하나를 보다 약한 C-H 결합으로 대체하는 것이었습니다. C-H 결합은 하이드록실 라디칼(•OH)의 공격을 받기 쉬워 낮은 고도의 대기에서 더 빨리 분해될 수 있습니다. 그러나 염소 원자를 수소 원자로 대체하는 것은 분자의 가연성을 증가시키고, 끓는점도 낮아져 기존의 설비를 거의 사용할 수 없는 부작용이 나타납니다. 이러한 예상에도 불구하고 이 전략에 따라 몇 개의 유용한 대체물질이 생성되었습니다.

CFC의 염소 원자 한 개를 수소로 치환하면 수소, 염소, 플루오린, 탄소의 화합물인 하이드로클로로플루오로탄소hydrochlorofluorocarbon, HCFC가 얻어집니다. 예를 들어, CCl_2F_2의 염소 한 개를 치환하면 $CHClF_2$가 생성됩니다.

CCl_2F_2
CFC−12 또는 R−12

$CHClF_2$
HCFC−22 또는 R−22

HCFC−22의 대기 내 수명 약 12년은 CFC−12의 110년에 비하면 매우 짧으며, 주로 저층의 대기에서 분해되기 때문에 성층권에 진입이 어렵고, 따라서 오존층 파괴 가능성은 CFC−12의 약 5% 정도로 추정되고 있습니다. 이러한 바람직한 결과에도 불구하고 HCFC는 분자 내에 여전히 염소를 함유하고 있어 오존층 파괴에 기여합니다. 그러나 HCFC−22는 한때 가장 널리 사용되는 HCFC로서 에어컨 및 발포제와 더불어 거품을 이용하여 제조하는 즉석 음식용 용기를 만드는 데 사용되었습니다.

이와 같이 HCFC는 CFC를 효과적으로 대체할 수 있지만 오존층 파괴 효과를 완전히 제거할 수 없기 때문에 임시 해결책으로 간주되었습니다. 따라서 대부분의 HCFC는 2030년까지 단계적으로 폐지될 예정이고, 더 이상 선진국에서는 제조되지 않고 있다고 합니다. 그러나 그림 3.12에서 볼 수 있듯이 최근까지도 HCFC 농도는 증가하고 있습니다. 특히 HCFC−22는 가정용 냉방기의 사용 증가 등으로 인하여 농도가 증가하는 것으로 추정되며, 수요 증가에 따른 가격 상승도 주목할 부분입니다.

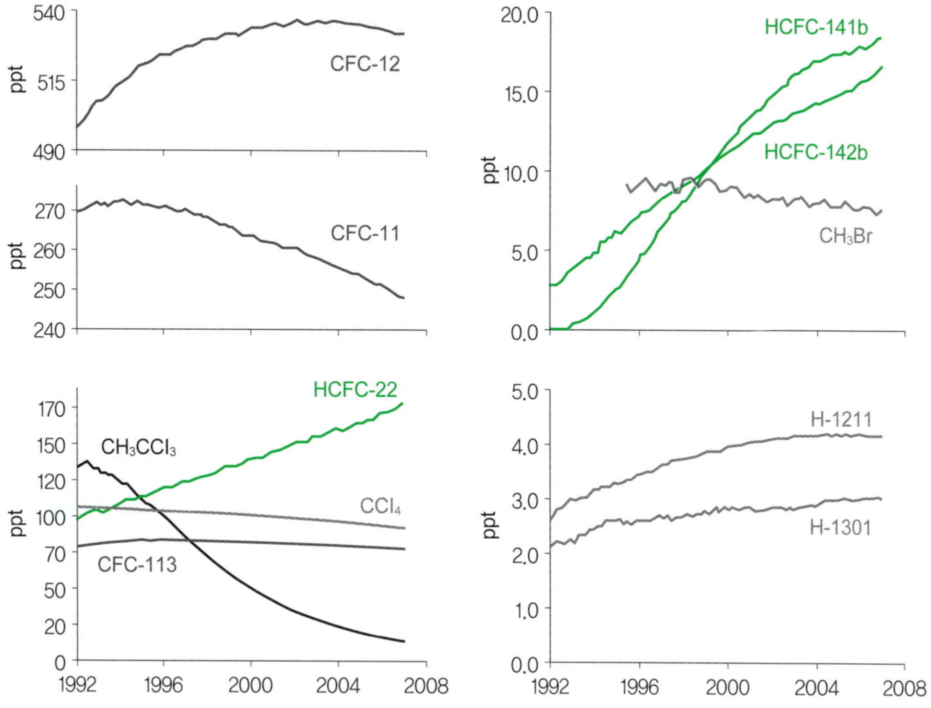

그림 3.12 몬트리올 의정서 이후 CFC와 HCFC의 농도 변화

HCFC가 한시적 대체물질이라면 이들마저 퇴출될 때는 무엇으로 대신할 수 있을까요? HCFC가 분자 내 염소 원자가 존재하여 궁극적 대체물질이 되지 못하기에, HCFC와 유사하지만 염소 원자가 없는 물질인 HFC가 대체물질로 유력하게 떠오르고 있습니다. 대표적으로는 HFC−125(R−125)와 HFC−32(R−32)가 있습니다. 이 두 물질은 오존층 파괴와 관계가 없으며, 대기 수명이 지나치게 길지 않은 것으로 알려져 있습니다.

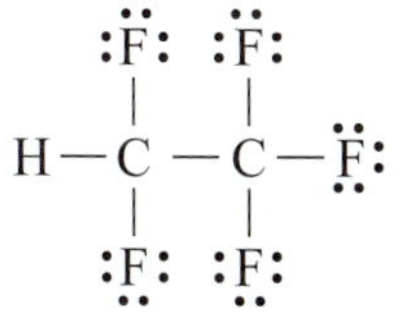

C_2HF_5
펜타플루오로에테인
HFC−125(R−125)

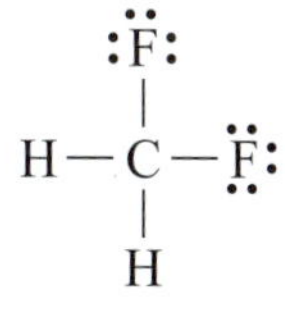

CH_2F_2
다이플루오로메테인
HFC−32(R−32)

따라서 HCFC에서 HFC로의 전환이 현재 진행 중이지만 단독으로 사용하지 않고 HFC 혼합물을 사용하기도 합니다. 가장 널리 사용하는 것은 HFC-125와 HFC-32의 혼합물인 R-410a이지만 원활한 사용을 위하여는 장비를 개조할 필요가 있다고 하며, 최신 에어컨은 처음부터 R-410a를 사용하게 설계하고 있습니다.

그러나 HFC는 지구 온난화에 기여하는 온실 효과가 상당히 큰 것으로 알려져 있습니다. 사실 CFC와 HCFC도 온실 효과가 높은데, 적외선 복사선을 흡수하여 대기 중에 열을 가두어 지구 온난화에 상당히 기여합니다. 따라서 HFC도 완벽한 CFC 대체물질이 되지 못하는데 과연 완벽한 대체물질은 가능할까요?

지금은 2개의 냉매 기체가 주목을 받고 있습니다. 하나는 이산화 탄소로 더 잘 알려진 R-744이며, 다른 하나는 천연 물질인 프로페인입니다. R-744는 1800년대에 냉장 시스템에 사용되기도 하였지만 압축에 고압(대기압의 100배 이상)이 필요한 단점이 있어 암모니아와 CFC로 차례로 대체되었습니다. 하지만 실제 상용화하는 데는 좀 더 시간이 필요할 것으로 예상됩니다. 반면 프로페인은 탄화수소로, 다른 탄화수소와 마찬가지로 가격이 저렴하고 독성이 없지만 인화성이 상당합니다. 냉매 기체로는 R-22와 유사하여 주목되며, 최근 가연성이 큰 대체물질 HFO의 등장과 더불어 활용 가능성이 점쳐지고 있습니다.

9. 피부 보호를 위한 화학의 기여

오존층이라는 자연적 방벽으로 지표면의 생명체는 자외선으로부터 보호되지만, 인체를 자외선의 해로움으로부터 보호하는 비슷한 방법이 있습니다. 물론 가장 좋은 것은 강한 자외선을 피하고, 피부를 노출하는 복장을 피하는 것입니다. 자연에서는 자연을 구성하는 물질들, 예를 들어 모래, 물, 눈 등이 자외선을 포함한 햇빛을 반사하며, 지표면에서 멀어질수록 자외선에 노출될 가능성도 높아지게 됩니다. 따라서 일상생활을 한다면 자외선 노출에서 완전히 자유로울 수는 없기 때문에 추가적인 자외선 회피 수단을 활용하는 것이 피부 안전에 도움이 됩니다.

이 수단으로는 크게 2가지, 즉 자외선 방지제sun block와 자외선 차단제sun screen가 있습니다. 자외선 방지제는 반사 또는 산란을 통하여 물리적으로 자외선이 피부에 닿는 것을 방지하는 역할을 하며, 이 제품에는 비교적 큰 입자의 산화 아연(ZnO) 또는 이산화 타이타늄(TiO_2)이 포함되어 있습니다. 여기서 입자의 크기에 따라 자외선 등의 투과 또는 산란의 정도가 달라져 투명성이 달라지기도 합니다. 미용적 효과를 증진시키기 위하여 나노 입자로 제조할 수도 있지만 피부에 흡수됨에 따른 건강에 미치는 위험성 등은 아직 확인해야 할 과제입니다.

대부분의 자외선 차단제는 로션이나 크림의 형태로 제공됩니다. 또한 에어로졸 스프레이의 형태로도 시판되고 있습니다. 일부 제품에는 UVA와 UVB를 각각 흡수하는 화합물들이 혼합되어 있기도 합니다. 피부 보호 지수Skin Protection Factor, SPF는 자외선을 막아내는 정도를 표시하는데(10, 15, 25로 갈수록 90%, 93%, 96% 차단), 차단제 사용(2 mg/cm^2) 전과 후에 햇볕에서 타지 않고 있을 수 있는 시간을 비교 표시한 것입니다. 숫자가 클수록 자외선 흡수 유효 화학 성분이 많아 차단 효과가 큽니다. 미국 피부과학원은 최소 30의 SPF를 권장하고 있으나 15 이상만 되어도 자외선 93% 정도가 차단되며, 숫자가 증가하여도 차단 비율은 급격히 증가하지는 않습니다(그림 3.13). 야외에서 짧은 시간 활동할 경우에는 15 정도면 충분합니다.

그림 3.14에 자외선 차단제에 함유된 몇몇 화합물의 구조가 나타나 있습니다. 이 화합물들에는 대부분 단일 결합과 이중 결합이 번갈아 존재하는 콘쥬케이션conjugation 구조가 존재한다는 특성을 알아두면 좋습니다. 이 외에도 자외선을 흡수하는 많은

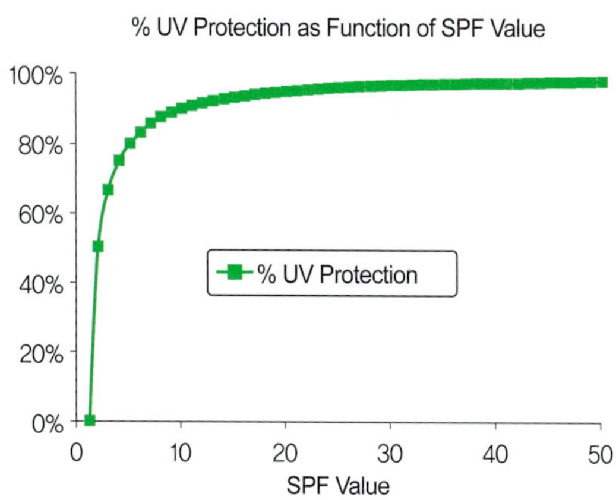

그림 3.13 SPF 값에 따른 UV 차단 비율

화합물이 존재하며, 제품의 가격이나 성상, 사용감 등 다양한 요인을 고려하여 선택되고 있습니다.

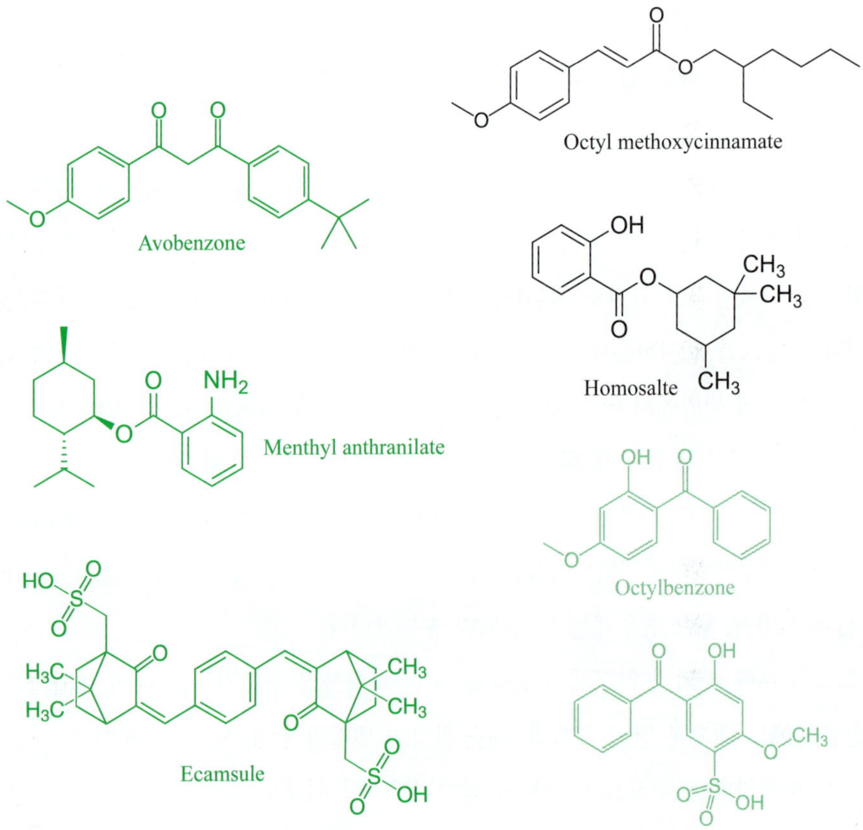

그림 3.14 UVA 및 UVB 차단 효과를 나타내는 다양한 화합물
(진한 녹색 = UVA, 검은색 = UVB, 옅은 녹색 = 겸용)

4장

기후 변화 및 온난화

서론

기후 변화 또는 기후 위기는 지구의 평균 기온이 급격히 변화하여 과거에 경험하지 못했던 낯선 환경에 직면하는 것을 말합니다. 최근 마주하고 있는 기후 변화는 단순한 단기적, 국지적 현상이 아닙니다. 이는 전 세계적인 재난 수준의 현상이며, 화학자를 포함한 많은 전문가가 원인을 파악하고 해결하기 위해 노력하고 있지만 쉽지 않은 과제임은 분명합니다.

기후 변화의 원인과 결과를 두고 여전히 논쟁이 계속되고 있습니다. 인간의 책임이 크다는 관점과 주기적으로 나타나는 자연적 현상이라는 극단적인 관점이 대립하기도 합니다. 하지만 엘리뇨 현상으로 우리나라의 열대야는 30일을 넘어섰고, 사우디아라비아에서도 기온이 50℃에 육박하여 성지순례객들이 사망하는 사태가 벌어졌습니다. 또한 사막 지역인 두바이에 12시간 동안 140 mm의 폭우가 쏟아져 도심이 물에 잠기거나, 중국 신장 지역의 지표면 온도가 75℃까지 상승하는 일도 있었습니다. 이외에도 중국과 일본의 엄청난 폭우를 동반한 태풍, 호주와 미국 서부의 대형 산불 등 전 세계가 이상 기후로 몸살을 앓고 있습니다.

왜 이런 현상들이 일어나게 되었을까요? 최근 파리 국제회의에서 설정했던 '산업혁명 대비 1.5℃'의 온도 상승 한계선은 이미 돌파된 것으로 알려져 있습니다. 반면 알 수 없는 이유로 2024년 5월 이후 대서양의 표면 온도가 빠른 속도로 떨어지고 있다는 불길한 뉴스도 함께 보도되고 있습니다. 기후 변화는 직접적으로 곡물 수확에 영향을 미치므로, 인류 생존과 관련 산업에도 큰 영향을 줄 수밖에 없습니다.

이 장에서는 이렇게 우리의 일상생활과 산업에 영향을 미치는 기후 변화의 화학

알아보기

엘리뇨El Niño
바닷물 표면 온도가 비정상적으로 상승하는 현상입니다. 태평양 중부와 동부 적도 부근 수온이 평년보다 올라가는 해수 온난화 현상으로 기온 상승과 강한 호우의 원인이 될 수 있습니다.

라니냐La Niña
태평양 적도 부근 수온이 낮아지는 현상으로 엘리뇨 현상과 반대를 말합니다.

적, 환경적 배경과 자료를 제시하고자 합니다. 이를 통해 최근 보고되고 있는 이상 기후와 미래 지구 기후에 대한 편견 없는 자신만의 의견을 가질 수 있도록 돕는 것이 목표입니다.

1. 귀중하지만 흔한 원소, 탄소

생명체를 구성하고 있는 가장 중요한 원소 중의 하나는 원자 번호 6의 탄소입니다. 이 원소를 기반으로 하는 화합물을 합성하고 반응을 이해하는 것은 생명체를 구성하고 생명체에서 일어나는 다양한 현상을 이해하는 데 매우 중요합니다.

지구에는 엄청난 숫자의 생명체가 존재해 왔으며, 과거의 대멸종 같은 큰 재난이 일어나지 않는다면 미래에도 상당한 생명체가 존재할 것입니다. 원자는 저절로 창조되거나 소멸되지 않기 때문에 지구상의 탄소 등 다양한 원소들의 원자들은 지속적인 순환을 통해 보존됩니다. 탄소 순환은 그림 4.1에 도시된 것처럼 기술됩니다.

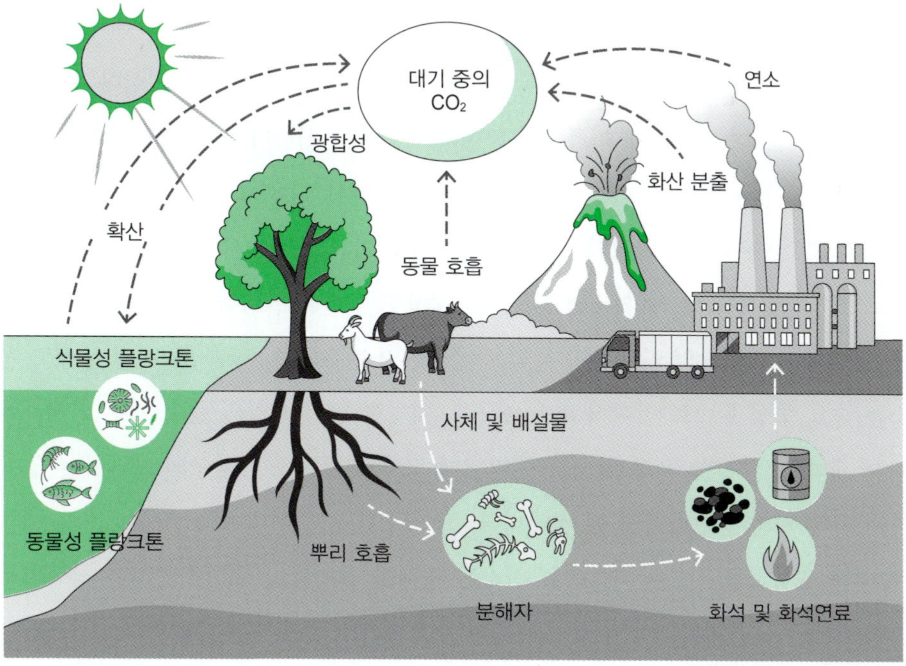

그림 4.1 지구의 탄소 순환. 탄소는 다양한 탄소 저장소에 저장되거나 계를 통해 이동한다.

탄소 원자를 포함하는 화합물은 지구 곳곳에서 발견되며, 이를 저장소reservoir라고 부릅니다. 이 중 하나는 대기권입니다. 대기권에 저장된 탄소 원자의 상당수는 CO_2(g)(400 ppm), CH_4(g)(~1.8 ppm), CO(g)(대기 오염물질 중의 하나로 미량)의 형태로 존재합니다. 탄소의 또 다른 주요한 저장소로는 암석이 있으며, 식물과 동물의 구성물질로서 다른 원소들과 결합되어 탄수화물, 단백질, 지질 등의 형태로도 존재합니다.

암석에 포함된 탄소 원자들은 이온 화합물ionic compound의 일부분을 이루고 있습니다. 이온이란 '방랑자'의 의미를 가진 그리스어에서 유래된 것으로 한 개 이상의 전자를 얻거나 잃어 알짜 전하를 가진 원자 또는 원자단(2개 이상의 원자가 모여서 된 집단)을 말합니다. Na^+와 같이 양전하를 가진 양이온cation과 Cl^-와 같이 음전하를 가진 음이온anion이 있습니다.

양이온과 음이온은 서로 다른 전하를 가진 이온 사이의 강한 정전기적 인력으로 결합되어 있고, 이온 간 고정된 비율로 고유한 기하학적 구조를 나타냅니다. 따라서 이온성 고체는 강한 인력 때문에 단단하지만, 외부 힘이 가해지면 같은 전하의 이온이 가까워져 반발력 때문에 쉽게 부서집니다. 또한 이온 화합물은 일반적으로 물에 잘 용해되며, 녹은 수용액은 전기를 통하나 고체 화합물 자체는 전기를 통하지 않습니다. 다만 액체 이온 화합물, 예를 들면 소금 자체를 녹인 액체는 전기를 통합니다. 이는 전기 전도가 가능하기 위하여는 구성 입자들이 전하를 가지고 있어야 하고, 전하를 띤 입자들이 자유롭게 이동 가능하여야 하기 때문입니다.

암석에 포함된 주요한 탄소 저장소 중 하나는 탄산 이온(CO_3^{2-})과 탄산수소(중탄산이라고도 함) 이온(HCO_3^-)입니다. 이것들은 다원자 이온의 예로서 해양의 액성을 조절하고 조개류를 포함한 해양 생태계 조성에 중요한 역할을 합니다.

이 외에도 지구상의 많은 생명체의 구성물질인 탄수화물, 단백질, 지질 등에도 탄소는 중요 구성 원소로 참여하고 있습니다. 이처럼 엄청난 양의 탄소 기반의 시스템이 존재하고 있으며, 만약 탄소가 한번 사용되고 소멸한다면 지구의 생태계는 얼마 가지 못해 기반이 무너지게 될 것입니다. 그러나 지구의 생태계의 역사는 오랜 세월을 버텨 왔었음을 상기할 때 탄소 원자는 형태를 끊임없이 변화하였지만 끊임없는 순환의 과정을 거쳐왔기에 우리가 관찰하는 모습으로 존재하는 것입니다. 지구의 탄소 순환에 대하여 좀 더 자세히 살펴봅시다.

2. 탄소 순환

앞 절에서 언급하였듯이 자연에는 거의 모든 곳에 탄소를 포함하는 물질들이 존재하고 있습니다. 즉, 대기에는 CO_2, CH_4, CO 등의 형태로 존재하며, 물과 암석에는 탄산 이온(CO_3^{2-}), 탄산 수소 이온(HCO_3^-) 등이 있고, 수많은 동식물에는 탄소를 포함하는 많은 유기물(단백질, 탄수화물, 지질 등)이 존재합니다. 그림 4.1에서 보았듯이 탄소 순환 과정을 통하여 탄소 원자는 끊임없이 한 저장소에서 다른 저장소로 이동하고 있지만 전체적으로는 나름의 균형을 이루고 있습니다.

지구 전체에서 일어나는 탄소 순환은 원소의 순환이라는 관점뿐만 아니라 기후 변화에 영향을 미치는 중요한 요소들인 화석 연료와 대기 중 온실가스의 관계라는 관점에서도 중요합니다. 최근의 세계 각국에서 일어나고 있는 심각한 자연재해는 탄소를 포함하는 온실가스인 이산화 탄소의 대기 중 농도와 밀접한 관계가 있다는 점이 거의 확실하기 때문에 이들을 포함하는 탄소 순환 과정을 이해하는 것은 기후 변화와 지구 환경의 지속가능성을 이해하는 데 매우 중요합니다.

지구에서 생명이 태어난 이후 수백만 년에서 수억 년 동안 지구상에 존재하였던 다양한 유기체의 탄소 성분은 다양한 지질 현상을 겪으면서 화석 연료로 서서히 변했습니다. 그러다가 산업혁명 이후 인류는 화석 연료를 사용하기 시작하였고, 연소 반응을 통해 화석 연료의 탄소 성분이 대기 중으로 이동하였습니다. 이는 지구상의 모든 생명체 및 미래 세대에 영향을 주는 결과로 이어졌으며, 결국 인류의 후손이 이에 따른 결과에 책임을 지게 되었습니다.

탄소 순환 과정을 요약하면 자연적으로 진행되는 다양한 더하거나 빼는 과정들이 역동적으로 움직이는 시스템이라고 할 수 있습니다. 이 중에서 세부적으로 중요한 몇 가지 과정을 살펴보면 다음과 같이 정리할 수 있습니다.

우선적으로 살펴보아야 하는 것은 인간이 관련된 과정입니다. 여기에는 신진대사, 광합성, 화석 연료 연소 등이 포함됩니다. 호흡 또는 대사 과정을 통하여 대기에 이산화 탄소를 더하고, 녹색식물 등을 통하여 광합성은 이산화 탄소를 제거합니다.

지구의 생물계 중 동물의 일원으로 인류는 다른 동물과 마찬가지로 다양한 활동을 하면서 식품을 먹고, 이를 대사하고 호흡하며, 배설하면서 생명을 유지하다가 죽어

알아보기

호흡(대사): $C_6H_{12}O_6 + 6\ O_2 \rightarrow 6\ CO_2 + 6\ H_2O$ (대기에 이산화 탄소를 더함)
광합성: $6\ CO_2 + 6\ H_2O \rightarrow C_6H_{12}O_6 + 6\ O_2$ (대기에서 이산화 탄소를 제거함)

분해되어 자연으로 돌아갑니다. 그러나 인류의 문명이 발전하면서 대기에서 탄소를 빼기보다는 더 많은 탄소를 더하는 과정을 수행하고 있습니다. 좀 더 자세히 살펴보면, 발전, 운송 및 냉난방을 위하여 엄청난 양의 석탄, 석유, 천연가스 등의 화석 연료를 태우고 있습니다. 이는 지하에 저장된 저장소로부터 대기로 탄소를 이동시키는 과정으로, 직접 기후 변화에 악영향을 주는 과정입니다.

또한 경작지 확보를 위하여 산림의 벌채 또는 화전 등으로도 매년 약 1.5 Gt의 탄소가 대기 중으로 방출되고 있으며, 열대우림 지역에서는 매일 매초 당 축구장 2개 면적의 숲이 유실되고 있습니다. 나무는 광합성을 통해 이산화 탄소의 유입을 차단하는데 기여하기에 산림의 훼손은 이 과정을 차단하여 대기 중의 이산화 탄소의 유입을 늘리게 됩니다. 더불어, 2023년 7월 이상 고온에 따라 시베리아 지역에서 자연발화에 의한 화재가 상당 기간 지속되어 영구동토층에 고정되어 있던 온실가스가 대량으로 대기 중에 유입된 사건은 극단적인 우려를 낳고 있습니다. 이는 기후 변화의 악순환을 유도하는 사태로, 이를 조속히 진화하고 방지할 수 있는 대책 마련이 필요합니다.

탄소 순환 과정에서 바다는 어떤 역할을 할까요? 바다는 다양한 물질, 특히 이온 형태의 물질을 녹이는 정도가 매우 우수합니다. 녹고 녹이는 현상에 사용되는 몇 가지 용어들을 살펴보면, 물에 녹는 물질을 용질solute, 물과 같이 녹이는 물질을 용매solvent, 용질이 용매에 녹아 섞이는 것을 용액solution이라 합니다. 용매가 물인 경우를 특히 수용액aqueous solution이라고 합니다.

탄소는 대기 중에 이산화 탄소의 형태로 존재합니다. 물에는 이산화 탄소가 기체 상태로 녹을 수 있지만 그 양은 제한적입니다. 오히려 수온이 높아지게 되면 이산화 탄소의 녹는 정도가 감소하여 녹아 있는 이산화 탄소가 일부 대기 중으로 방출될 수도 있습니다. 이는 탄산음료를 데우면 거품이 발생하는 것과 같은 현상입니다. 이 현상은 바다에서도 나타날 수 있습니다.

만약 이산화 탄소가 물과 반응하여 약산인 탄산(H_2CO_3)이 생성되면, 이 물질의 이온화가 진행되면서 대기 중의 이산화 탄소가 바다에 녹는 정도는 훨씬 증가합니다. 이러한 과정이 추가적인 여러 과정을 거쳐 조개류의 껍데기 등으로 이동하게 되면 녹는 정도가 더욱 증가합니다. 바닷물의 양은 엄청나기 때문에 바다에 저장된 이산화 탄소의 양도 엄청나서 거대한 저장고로 작용하게 됩니다.

땅속에도 중요한 탄소 저장소들이 있습니다. 탄산 이온(CO_3^{2-})을 포함하는 다양한 광물이 지하에 매장되어 있으며, 그 양은 약 1.8 × 10^7 Gt에 달하는 것으로 추산되고 있습니다. 이와 같은 탄산 이온을 포함하는 광물은 보통 물에서의 녹는 정도가 그리 크지 않아 고체로 물에서 석출되어 땅속에 쌓이게 됩니다. 이러한 과정을 침전precipitation이라고 하며, 침전된 고체를 침전물precipitate이라고 합니다. 땅속의 탄소 저장소에는 연료로 사용될 수 있는 화석 연료도 포함됩니다. 화석 연료는 동식물의 잔류물이 오랜 기간 변형된 형태로, 그 양은 연간 2.5 × 10^7 Gt으로 추산합니다. 최근에는 새로운 광상이 발견되고 추가로 채취되고 있기에 매장량과 이동량은 변화될 여지가 상당합니다.

저장소 사이에서 이동하는 대체적인 양을 살펴보면, 산림 제거 및 화석 연료의 연소에 의해 방출되는 탄소 함유 물질은 각각 연간 1.5 Gt(조림으로 0.5 Gt 제거하여 알짜 변화는 1 Gt 유입), 6 Gt이며, 바다(알짜 2 Gt 대기 중에서 제거)와 생물권(알짜 1 Gt 대기 중에서 제거)으로 재순환되는 것으로 추정되고 있습니다. 이 결과 대기 중의 이산화 탄소는 기존의 750 Gt에 연간 약 4 Gt이 추가되고 있습니다. 우리는 대기 중의 이산화 탄소의 증가에 주로 관심을 가지는데, 대기 중의 이산화 탄소의 양은 지구의 기후 및 해양의 건강함에 밀접한 관계가 있기 때문입니다.

기후에 영향을 주는 탄소 함유 물질의 순환에 대하여 살펴보았습니다. 다음 절에서는 이러한 양적인 순환을 추정하는 데 필요한 정보를 간략히 살펴보도록 하겠습니다.

3. 탄소의 정량화 – 질량, 몰

앞서 개략적으로 살펴본 탄소 순환 과정을 통하여 기후 변화에 중요한 영향을 주는 탄소 함유 물질을 살펴보았습니다. 이들의 양적 계산에는 몇 가지 기본적인 화학적 개념이 필요합니다. 우선 탄소를 포함한 물질에는 탄소와 더불어 다른 원소들도 존재하기 때문에 탄소의 양을 계산하려면 특정 물질 내의 탄소의 질량 백분율을 알아야 합니다. 이 양을 알기 위해서는 각 원소의 질량을 알아야 하는데 눈에 보이지도 않는 원자들의 아주 작은 질량을 사용하는 데는 불편한 점들이 있습니다. 따라서 양적 관계를 도출하기에 편리한 '상대적 원자량'을 활용하기 시작하였습니다. 이를 위하여 탄소 12의 질량을 12 amu[1] 또는 12 u로 표시하기로 약속하였습니다. 다만 실제 질량 단위와의 호환을 위하여 다음과 같은 관계를 제시하였습니다.

원자 1개의 질량(1 amu) $\times$ 6.02 $\times$ 10^{23}개(1몰) 원자 = 원자 1몰의 질량(g)

여기서 6.02 $\times$ 10^{23}개를 'Avogadro 수' 또는 1몰(1 mole)이라고 하며 미시적 세계(원자, 분자의 세계)와 거시적 세계(우리가 일상적으로 경험하는 세계)를 연결하는 중요한 상수

알아보기

원자량

원자량은 원자의 질량으로 원자를 구성하는 아원자 입자(양성자, 중성자, 전자)의 질량을 더한 것입니다. 예를 들어 수소 원자의 경우는 양성자 1개와 전자 1개로 구성되어 있기 때문에 우리가 익숙한 질량 단위로 나타내면 1.672622 $\times$ 10^{-24} g + 9.109383 $\times$ 10^{-28} g가 되지만 너무 작은 양을 나타내므로 실제로 활용하기에는 불편한 점이 많이 있습니다. 따라서 활용에 편리를 도모하기 위하여 상대적 질량을 사용하게 되었습니다. 절대적 질량이 아니지만 특정 원소를 기준으로 유도한 상대적 질량은 양적 관계를 도출하는 데 필요한 질량 백분율을 얻을 수 있습니다.

기준이 되는 원소는 초기에는 수소의 질량을 1로 선택하였으나(1805 Dalton의 원자량표) 수소와 결합한 화합물의 수가 제한적이어서 활용에 문제가 있었습니다. 그 후 Berzelius, Stas에 의하여 기준 원소가 산소로 교체되어 원자량을 16으로 하였습니다. 그러나 산소 원자의 평균 원자량을 택한 화학자와 자연에서 발견되는 가장 많은 산소의 동위 원소의 질량을 택하였던 물리학자 사이의 의견 차이 때문에 불편한 상황이 나타났습니다. 따라서 1961년 IUPAC(국제 순수 및 응용화학 연합회)에서 가장 흔한 탄소-12의 원자량을 12로 정하여 단일 척도를 채택하였습니다.

과거에는 원자량atomic weight이라는 용어가 많이 사용되었지만 정확한 의미는 상대 원자 질량relative atomic mass이며, 단위는 사용하지 않습니다.

---

1 atomic mass unit

입니다. 이 값은 정확히 12 g의 탄소−12에 포함된 탄소−12 원자의 수로 정의합니다. 비록 몰 단위가 사용되는 것은 대부분 원자, 분자의 경우이지만, 모든 물질, 물체에 대하여도 사용할 수는 있습니다. 1몰이 6.02×10^{23}개를 나타내는 것처럼, 이미 비슷한 예시를 일상생활에서 많이 사용하고 있습니다. 예를 들어, 12개를 나타내는 다스 dozen, 100개를 나타내는 접 등 특정한 수의 임의의 집단을 지칭할 때 이미 다양한 단위를 사용하고 있습니다.

Avogadro 수가 엄청나게 큰 것은 역으로 원자가 너무 작기 때문입니다. 원자를 감각적으로 인식할 수 있을 정도가 되려면, 필요한 원자의 수가 엄청나게 클 필요가 있습니다.

상대적 원자 질량을 이용하면 탄소 순환에 포함된 물질들의 양적 관계, 특히 질량 백분율을 다음과 같이 도출할 수 있습니다.

$$
\begin{aligned}
1\text{몰 } CO_2 &= 1\text{몰 C} + 2\text{몰 O} \\
&= (1\text{몰 C} \times 12.0\text{ g C}/1\text{몰 C}) + (2\text{몰 O} \times 16.0\text{ g O}/1\text{몰 O}) \\
&= 12.0\text{ g C} + 32.0\text{ g O} \\
&= 44.0\text{ g } CO_2
\end{aligned}
$$

$$CO_2 \text{ 내 C의 질량 백분율} = (12.0\text{ g}/44.0\text{ g}) \times 100 = 27.2\%$$

이와 같은 방법으로 탄소 순환에 포함된 다양한 물질의 탄소 질량 백분율을 도출할 수 있고 이를 통하여 저장소와 관련된 양적 관계를 도출할 수 있게 됩니다.

4. 지구의 에너지 균형과 온실 효과

이제는 탄소를 포함한 물질이 각 저장소에 미치는 영향을 살펴볼 단계입니다. 기후변화는 지구의 에너지 균형과 밀접한 관계가 있으며, 지구의 에너지는 주로 태양에 의존합니다. 추산에 따르면 태양과 지구 사이의 거리, 태양이 방출하는 에너지를 감안하면 지구의 평균 기온은 −18℃(0℉)가 되어야 하는데, 실제로 현재 지구의 평균 기온은 약 15℃(59℉)로 많은 생명체가 살아가는 데 큰 무리가 없는 상태입니다. 비슷하게 금성도 태양으로부터의 거리로 추산된 온도(100℃)와 실제 온도(450℃)에서 차이가 나고 있습니다. 이러한 차이는 왜 일어날까요? 주목하여야 할 부분은 이 두 행성에 대기가 있다는 것입니다. 그러면 대기가 어떻게 이러한 엄청난 차이를 만들 수 있을까요? 대기의 역할을 이해하기 위하여 지구의 에너지 균형과 여기에 기여하는 요인들을 살펴볼 필요가 있습니다.

지구의 에너지 균형에 기여하는 에너지 과정은 그림 4.2에서 볼 수 있습니다. 태양 에너지는 주로 자외선, 가시광선 및 적외선의 형태로 지구에 유입되며, 이 복사선의 일부(25%)는 대기 중의 먼지와 에어로솔 입자에 의해 우주로 반사됩니다. 또한 지구 표면에 있는 눈 또는 얼음 등으로 인하여 추가(6%)로 우주로 반사됩니다. 태양의 나머지 에너지는 대기(23%), 대륙 또는 바다(46%)에 의해 흡수됩니다.

태양으로부터의 에너지가 지속적으로 이와 같이 흡수된다면 온도는 계속 올라가겠지만 밤이 되면 태양으로부터의 에너지 유입이 중지되어 흡수되었던 에너지를 우주로 방출합니다. 일부는 직접 방출(9%)되고, 일부는 대기에 흡수(37%)되거나 다시 우주로 방출(60%)됩니다. 유입된 에너지와 방출된 에너지가 동일하다면 지구의 온도

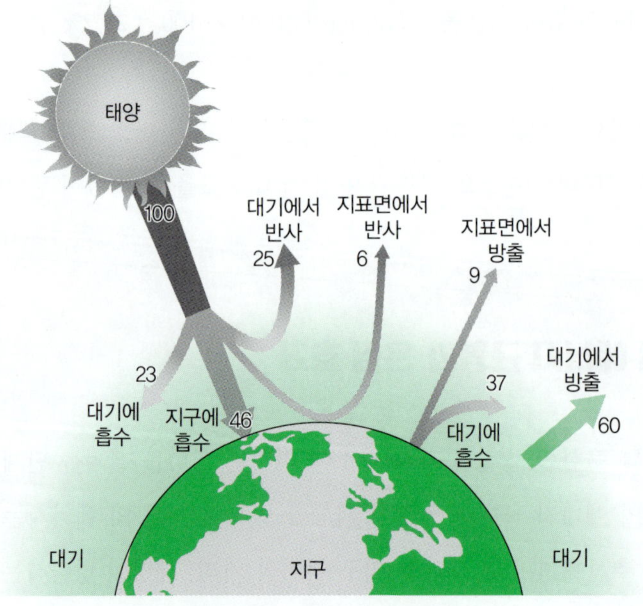

그림 4.2 지구의 에너지 균형

는 유지되겠지만 방출되는 에너지의 일부가 대기에 포집되어 있다면 유입된 에너지의 유입량이 방출량을 초과하여 온도가 상승하게 되며 이것이 지구 온난화의 원인입니다. 이때 대기의 기체는 온실처럼 열에너지를 가두는 역할을 합니다.

5. 온실 기체

온실은 추운 외부 기온에서 식물을 보호하는 장치입니다. 온실은 어떻게 추운 외부 기온을 차단하고 따뜻한 환경을 유지할 수 있을까요? 무더운 여름에 뙤약볕에 오래 주차되어 있던 자동차에 탑승하면 몹시 더운 열기가 느껴지는 경험을 해보았을 것입니다. 자동차의 유리창은 태양으로부터 가시광선과 자외선을 통과시키며, 이 태양에너지가 자동차 내부 물질에 흡수됩니다. 흡수된 에너지의 일부는 긴 파장의 적외선 복사선으로 다시 방출되는데 이것은 가시광선과는 달리 유리창을 통해 용이하게 빠져나가지 않습니다. 따라서 에너지가 차 안에 갇히기 때문에 차내 온도가 상승합니다. 이는 온실의 작동 원리와 동일합니다.

온실 효과greenhouse effect는 자동차와 온실의 유리창과 같이 대기 중의 일부 기체들이 지구에서 적외선의 형태로 방출하는 에너지를 가두어 지구 온도가 상승하는 과정을 말하는 용어입니다. 앞 절에서 기술하였듯이 지구의 기온이 지구와 태양 사이의 거리에 기초한 온도에 비하여 상당히 높은 것은 대기의 열에너지를 가두는 기체들의 역할 때문입니다. 지구, 특히 대기와 우주 사이의 에너지 교환은 지구의 지속적인 평균 온도에 기초한 안정된 상태를 유지하게 합니다.

열에너지를 가두는 기체들을 온실 기체greenhouse gas, GHG라고 하며, 적외선 복사선을 흡수 및 방출하여 대기를 따뜻하게 할 수 있는 기체를 말합니다. 이러한 기능을 하는 기체에는 이산화 탄소가 대표적이며, 수증기, 메테인, 아산화 질소, 오존 및 클로로플루오로탄소(CFC) 등이 있습니다. 이러한 온실 기체의 농도는 지속적으로 증가하고 있으며, 에너지 균형을 변화시키면서 지구 온도를 지속적으로 변화시키고 있습니다. 이에 따라 강화된 온실 효과enhanced greenhouse effect라는 용어를 사용하기도 합니다. 이는 대기 기체가 지구에서 방출되는 열에너지를 가두고 다시 지구로 방출되는 과정을 의미합니다. 온실 기체의 농도가 증가하면 복사 에너지의 상당량이 지구 표면으로 방출되며 평균 기온이 상승하는 결과가 얻어집니다. 따라서 지구 온난화는 강화된 온실 효과에 의하여 지구 평균 기온이 증가하는 것을 나타내는 것이라고 표현하는 것이 더 정확하겠습니다.

그러면 온실 기체의 농도 증가 원인은 무엇일까요? 바로 다양한 인간 활동입니다. 특히 운송과 산업 활동 등은 화석 연료의 연소가 그 기초가 되며, 이 과정에서 화석 연료에 저장된 이산화 탄소가 배출됩니다. 대기가 열을 붙잡을 수 있음을 처음으로 제안한 것은 1800년대 프랑스 수학자 Fourie이며, 19세기 후반에 아일랜드 물리학자 Tyndall이 이산화 탄소와 수증기가 적외선을 흡수하는 능력이 있음을 확인하였고, 스웨덴 화학자 Arrhenius는 "대기 중으로 석탄 광산을 증발시키고 있다"라고 지적하였습니다.

이상과 같이 지구 온난화에 온실 효과가 영향을 미치고 있음을 확인하였습니다. 이제 다양한 온실 기체의 작동 원리 및 온실 기체 생성에 미치는 요인들을 살펴볼 필요가 있습니다.

6. 온실 기체의 작동 원리와 생성에 미치는 요인들

앞 절에서 기술하였듯이 온실 기체는 지구가 방출하는 열에너지를 가두고 있습니다. 그러면 온실 기체는 어떻게 이러한 기능을 할 수 있을까요? 이 기능을 이해하기 위하여 알아야 할 개념이 있습니다.

우선 분자들은 운동 없이 가만히 있는 것이 아니라 다양한 운동을 하고 있습니다. 이러한 운동 중에는 화학 결합을 따라 늘어나거나 줄어드는 신축 진동stretching vibration이라는 운동도 포함됩니다. 신축 진동이 진행되려면 적외선 영역 범위의 에너지가 필요합니다. 안정한 분자가 에너지를 흡수하면, 그 에너지에 해당하는 분자 운동으로 에너지를 변환하여 저장한 뒤, 다시 같은 크기의 열에너지를 방출하며 원래 상태로 돌아가는 상황을 반복합니다. 온실 기체 분자의 신축 진동을 비롯한 추가적인 진동 운동에 필요한 에너지는 적외선 영역의 복사선 에너지와 같은 크기입니다. 때문에 온실 기체 분자는 이 에너지를 흡수하여 분자 운동으로 변환하였다가 동일한 크기의 열에너지를 모든 방향으로 방출하면서 원래 상태로 돌아가게 됩니다.

어떠한 분자가 온실 기체로 작용할 수 있는지는 적외선 분광계infrared spectrometer로 판단합니다. 이를 통해 분자가 적외선 영역의 에너지를 흡수하는지 확인할 수 있습니다. 이산화 탄소 등은 모두 이 과정을 통해 적외선 에너지를 흡수하는 것이 확인되어 온실 기체라 판단하는 것입니다.

대칭 구조를 가진 분자는 적외선 영역의 에너지를 흡수하지 않습니다. 예를 들어, 대기 중에 대부분을 차지하고 있는 질소(N_2)나 산소(O_2)같이 동일한 원자를 가지는 이원자 분자는 구조가 대칭적이므로 온실 기체로 기능하지 못합니다. 즉, 이러한 사실은 대기의 1% 미만을 구성하는 미량의 온실 기체가 지구의 기후에 큰 영향을 끼치고 있음을 시사합니다. 다음 절에서는 과연 이러한 온실 기체가 과거로부터 지구 기후에 영향을 실제로 미친 정도를 어떻게 접근하고 확인하였는지를 살펴보도록 하겠습니다.

7. 과거 사실로부터의 교훈

지구의 환경 상태를 기술할 때 기후climate 및 날씨weather라는 용어를 사용합니다. 보통 단기적인 상태와 연관된 매일의 기온, 강수량, 바람의 정도를 표현할 때는 날씨라는 용어를 사용하고, 장기적 기간에 걸친 지역 온도, 습도, 강수량을 기술할 때는 기후라는 용어를 사용합니다. 날씨는 매일 달라지지만 기후는 오랜 기간에 걸친 평균적 지표에 근거합니다. 기후의 요소 중에서 평균 지구 기온은 다양한 현상에 큰 영향을 줄 수 있는 대표적인 지표입니다.

지구가 태어난 이후 약 45억 년이라는 긴 세월 동안 지구의 기후와 대기 조성은 크게 변해 왔습니다. 지구 기후에 영향을 주는 요인으로는 공전 궤도의 형태와 자전축의 기울기 변화, 태양에너지의 방출량, 대기 중의 온실 기체의 농도 등이 있습니다. 이 중에서 대기 중의 온실 기체의 농도는 그림 4.2에서 살펴본 지구 에너지 균형, 더 나아가 지구 기후에 커다란 영향을 주었습니다.

지구 탄생 초기 이산화 탄소의 농도는 현재에 비하여 20배 정도 많았다고 하며, 지구 평균 기온을 태양과의 거리로 산출한 온도에 비해 매우 높아지도록 하였습니다. 그러나 세월이 지나면서 대기 중의 이산화 탄소가 바다에 용해되거나 석회암 같은 암석의 형태로 변하고, 광합성 미생물에 의해 이산화 탄소가 감소하고 산소가 생성되면서 대기 조성에 큰 변화가 나타났습니다. 물론 화산 폭발 등에 의하여 엄청난 양의 이산화 탄소가 대기에 유입되기도 하였습니다.

이처럼 온실 기체의 대기 중 농도는 시기에 따라 다양한 변화 양상을 보였으며, 이에 따라 지구의 기온, 더 나아가 지구 기후의 많은 변화를 유도하였습니다. 이러한 변화는 과거에만 머무르는 것이 아니라 미래의 변화 역시 초래할 것입니다. 인간의 활동에 의한 변화도 동시에 고려해야 합니다. 산업혁명 이후 상대적으로 짧은 기간 동안 활발한 산업 활동과 교통 발전에 힘입어 막대한 양의 화석 연료가 소모되었고, 그 결과 대기에 엄청난 양의 이산화 탄소가 배출되었습니다. 그렇다면 인간의 활동으로 대기에 급격히 유입된 이산화 탄소의 영향을 과거와 비교하면 어떤 양상을 보일까요?

이러한 영향을 파악하려면 최근과 과거의 대기 중 이산화 탄소의 농도에 대한 정보와 기온의 정보를 알아야 합니다. 최근의 대기 중 이산화 탄소 농도는 Hawaii Mauna Loa 관측소에서 추적되고 있으며, 그림 4.3과 같습니다. 푸른 선은 월평균 농도, 검은 선은 12개월 이동 평균을 표시합니다. 삽입된 도표를 보면 매년 5월까지 증가하

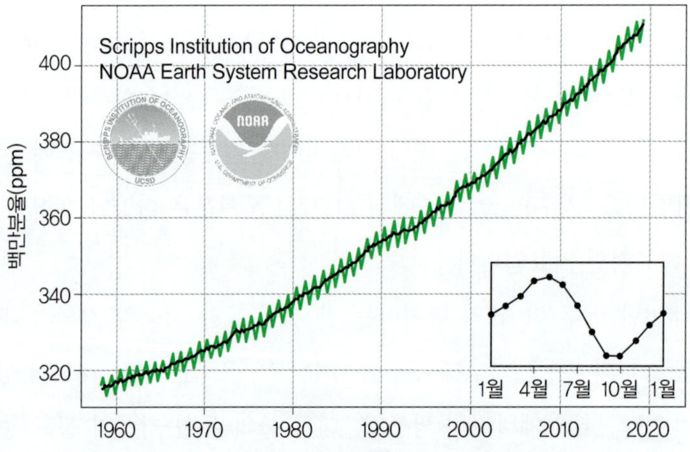

그림 4.3 Hawaii Mauna Loa 관측소에서 측정한 이산화 탄소의 농도 변화(1988~2018).
삽입된 작은 도표는 1년 중 월별 변화. (출처: NOAA)

여 최대를 거쳐 10월에 최저를 보여주고 있지만 변화폭은 그렇게 크지는 않습니다. 주목할 것은 1960년 315 ppm에서 최근에는 400 ppm을 상회하고 있다는 점입니다.

과거 대기의 이산화 탄소 농도에 대한 정보는 영구적으로 눈이 쌓이고 있는 지역의 얼음 핵ice core 시료에 포집된 공기를 분석함으로써 얻을 수 있습니다. 지구상에서 가장 오랜 기간 쌓인 얼음층이 남극에 있고, 인류는 지난 60여 년 이상 이 지역에서 얼음 핵 시료를 수집하여 왔습니다. 얼음 속에 포집된 공기 방울은 얼음층이 생성된 시기의 대기 조성을 보여주기 때문에 대기 역사를 연대표처럼 보여주게 됩니다. 얕은 곳의 얼음 핵 자료에 따르면 지난 천 년 중 처음 800년 동안 이산화 탄소의 농도가 약 280 ppm 정도에서 일정하다가 최근 들어 이산화 탄소 농도가 급증하고 있음을 확인할 수 있습니다.

최근에는 프랑스와 미국 과학자들로 구성된 다국적 연구팀이 여러 지역에서 구멍을 뚫어 800만 년 동안 형성된 얼음 핵을 채취하여 이 기간에 포집된 대기 중 이산화 탄소의 농도를 확보하기도 하였습니다. 그 결과는 그림 4.4와 같습니다. 약 10만 년 간격으로 발생하는 이산화 탄소의 높고 낮은 농도의 주기가 주목됩니다.

여기서 확인된 사실은 첫째, 현재 대기 중 이산화 탄소 농도는 지난 백만 년 중 어

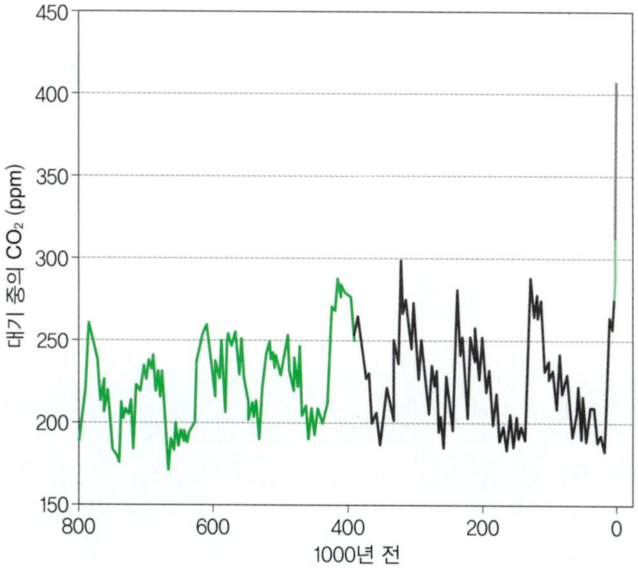

그림 4.4 지난 800,000년간 대기 중 이산화 탄소의 농도 변화 (진한 녹색: 남극 EPIA 돔 C, 검은색: Vostok, 옅은 녹색: Law 돔, 회색: Mauna Loa 대기 측정에서 얻은 복합 자료)

느 때보다 100 ppm 이상 높으며 둘째, 이 기간 중 이산화 탄소의 농도가 현재보다 더 빠르게 상승한 적은 없다는 것입니다.

한편, 지구 기온은 어떠한 변화를 보였을까요? 측정된 결과에 따르면 지난 50여 년 동안 지구의 평균 기온은 약 0.8℃(1.4 ℉) 증가하였습니다. 특히 1880년 이후 지난 20년 동안 10번씩이나 가장 따뜻한 해를 경신했습니다. 우리나라에서도 여름철 열대야가 일어난 횟수가 계속해서 늘어나고 있는 등 전 세계가 이상 고온에 몸살을 앓기도 했습니다. NASA Earth Exchange(NEX)는 이러한 추세가 지속되면 2099년 7월은 대기 중 이산화 탄소의 농도가 900 ppm에 이르러 폭염이 지구를 휩쓰는 상태가 될 것으로 예측하였습니다(그림 4.5). 하지만 일부 과학자는 위에서 언급한 2백 년 정도는 지구 역사에서는 순간적이기 때문에 단기간의 온도 변화에 대하여 과도한 우려를 경계하기도 합니다. 또한 이상 기온 현상과 더불어 엘리뇨와 라니냐와 같은 대기 순환 유형의 단기 변화가 동반되고 있음도 지적하고 있습니다.

비록 지난 60여년의 기온 추세가 이산화 탄소 농도와 대체로 비례하고 있지만, 연도별 기온 변화의 일관성은 신뢰하기가 약간은 부족한 형편입니다. 그러나 정부 간 기후 변화 위원회는 대기 중 이산화 탄소, 메테인, 아산화 질소의 농도가 지난 80만 년 동안 가장 높은 농도를 보이고 있으며, 이 물질들의 배출로 인하여 최근의 온난화

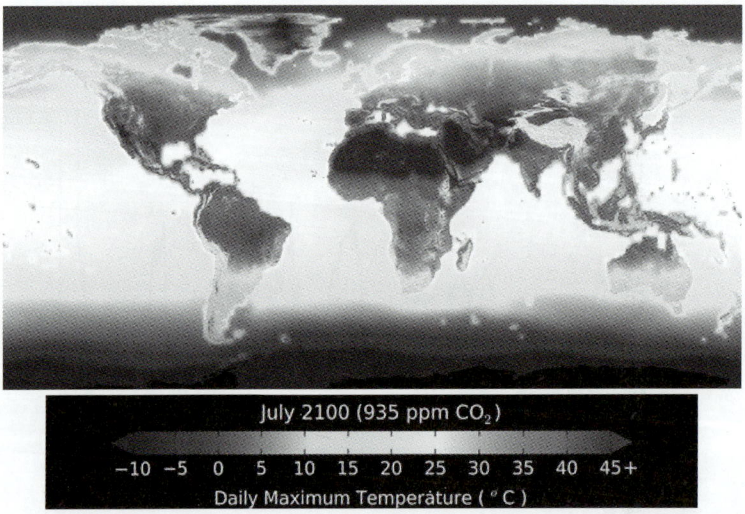

그림 4.5 NASA에서 예측한 2100년 7월의 세계 기후 지도. 대기 중 이산화 탄소의 농도는 935 ppm에 이른다. (출처: NASA's Earth Exchange)

현상의 주요 원인이 되고 있다고 말하고 있습니다. 그러나 평균 기온 상승이 전세계가 모두 동일한 온도 상승이 있는 것이 아니라 지역별로 차이가 있으며, 북극 지역에서 특히 뚜렷하게 나타나고 있습니다.

얼음 핵을 채취하면, 얼음에 있는 수소 동위 원소[2]로 기온을 추산합니다. 간단히 설명하면, 수소 원자의 가장 풍부한 형태인 ^{1}H(수소)와 동위 원소인 ^{2}H(중수소) 사이의 질량 차이에 따라 $^{1}H_2O$와 $^{2}H_2O$의 증발 속도에 차이가 생기며, 대기 중의 수증기는 해양의 물보다 ^{2}H가 적게 존재하게 됩니다. 한편, 대기 중의 보다 무거운 물 분자는 가벼운 분자보다 쉽게 응축되며, 대기 중 수증기에서 응축되는 눈은 ^{2}H로 농축되고, 농축의 농도는 온도에 의존합니다. 따라서 얼음 핵의 물 분자에서 ^{2}H : ^{1}H의 비율을 측정하면 눈이 내렸던 시기의 온도를 추정할 수 있게 되는 것입니다.

알아보기

동위 원소(isotope)는 원자 번호는 동일하지만 질량수가 다른 원소를 말합니다. 원자 번호는 양성자 수를 나타내며, 원자는 전기적 중성이기 때문에 양성자 수는 전자 수와 일치합니다. 양성자 수에 중성자 수를 더한 것을 질량수라고 합니다. 전자는 이 입자들에 비해 질량이 너무 작아 원자의 질량을 결정하는 데 거의 기여하지 못하기 때문입니다. 원자는 다음과 같이 표현합니다.

$$^{\text{질량수(중성자 수 + 양성자 수)}}_{\text{원자 번호(양성자 수 = 전자 수)}}\text{X}$$

지구의 기후 역사를 평가하는 동위 원소비 질량 분석Isotope Ratio Mass Spectrometry, IRMS에 대한 자세한 내용은 www.acs.org/cic의 비디오를 참조하기 바랍니다.

대기 변화의 영향을 살펴볼 수 있는 또 다른 방법은 탄소의 동위 원소인 ^{14}C를 사용하는 것입니다. 자연에서는 방사성 동위 원소인 ^{14}C는 매우 적은 양만 존재하지만 화석 연료의 연소가 지난 150년 동안 대기 중 이산화 탄소 농도 상승의 원인이라는 직접적 증거를 제시합니다. ^{14}C는 유기체에서 생존한 기간에는 일정한 농도를 유지하지만 죽게 되면 환경과 탄소를 교환하는 생화학적 과정이 멈추게 되고 방사성 ^{14}C는 붕괴하여 ^{14}N을 생성하여 시간에 따라 감소합니다. 석탄, 석유, 천연가스와 같은 화

2 원자 번호(양성자 수)는 동일하지만 중성자의 수가 다른 원소

석 연료는 수억 년 전에 죽은 동식물에서 얻어진 것이기 때문에 이의 연소 시 발생하는 이산화 탄소에서 ^{14}C의 농도는 0에 가까운 상태입니다. 따라서 정밀 측정된 대기 중 이산화 탄소에 존재하는 ^{14}C의 농도가 최근 감소되고 있다는 사실은 추가 유입된 이산화 탄소의 근원이 화석 연료, 다시 말해서 인간의 활동에 의한 것임을 강력하게 시사하고 있습니다.

과거의 이산화 탄소의 농도 변화와 기온 변화 추세(그림 4.6)를 살펴보면 이들이 밀접한 상관관계를 가지고 있음을 확인할 수 있습니다. 다른 자료에 의하면 고온의 기간이 또 다른 온실 기체인 메테인과 아산화 질소가 높은 농도를 보일 때와 일치하지만 자료의 신뢰도가 높지 않아 정확한 판단은 어렵습니다. 다만 확실한 것은 현재 이산화 탄소와 메테인의 수준이 지난 100만 년 중 가장 높다는 것입니다. 고점과 저점의 온도 차이인 약 11℃(20℉)가 크지 않다고 생각할 수 있지만, 이 정도의 온도 차이만으로도 얼음이 증가하는 빙하기와 온화한 기온의 간빙기가 결정됩니다.

물론 온실 기체의 농도 이외에 다른 요인들도 주기적인 지구 기후 변동에 관여합니다. 기온 변화의 일부는 지구와 태양의 거리 변화, 지구 궤도 상의 변화에 따른 햇빛의 지구에 도달하는 각도 변화, 이에 따른 반사율, 대기 분진에 의한 변화, 온실 기체 농도 변화에 의해 발생합니다. 너무 다양한 요인들이 관여하는 복잡한 메커니즘이므로 이를 완전히 이해하여 기온을 예측하고 조절하는 것은 아직 요원한 일입니

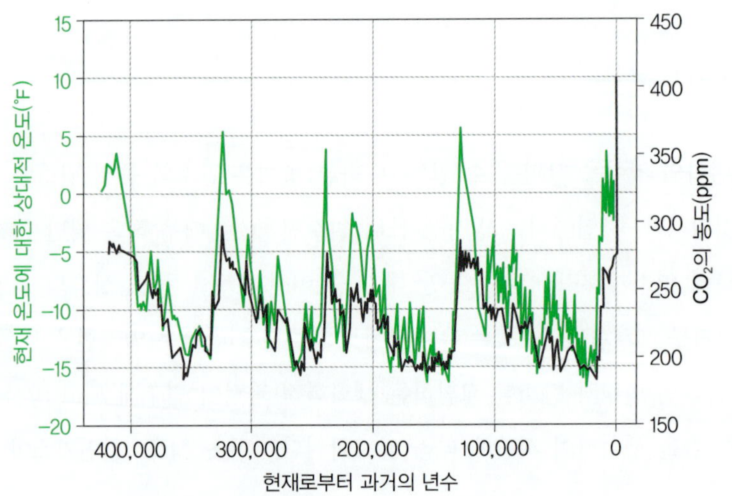

그림 4.6 얼음 핵 자료에서 얻은 지난 40만 년 동안 이산화 탄소 농도(검은색) 및 지구 온도(초록색)

다. 다만 자연적 기후 순환에 더하여 인간의 활동 또한 지구 기후에 영향을 미치는 것은 사실일 가능성이 높다고 하겠습니다.

비록 인과관계가 완벽하게 밝혀지지는 않았지만, 인간의 활동이 지구 기후에 영향을 주는 것은 상당한 신빙성이 있습니다. 이 시점에서 우리는 미래를 위해 어떠한 결정을 할 수 있을까요?

8. 미래의 모습

인간이라는 한계로 미래의 모습을 예측하는 것은 쉽지 않습니다. 그럼에도 인류는 미래의 상황을 대비하기 위하여 다양한 방법을 동원하고 있습니다. 특히 기후 예측을 위하여 1988년 유엔 환경 계획UN Environment Program과 세계 기상 기구World Meteorological Organization가 협조하여 유엔 정부간 기후 변화 위원회Intergovernmental Panel on Climate Change, IPCC를 설립하였고, 195개국의 과학자 수천 명이 참여하고 있습니다. 이 기구는 정책 입안자들에게 기후 변화에 대한 과학적 평가, 의미, 잠재적 미래 위험성을 제공하고 적응과 감축을 제안하기 위하여 만들어졌습니다.

IPCC에서 2014년 발표된 5차 보고서에서는 다음의 내용이 포함되었습니다.

- 최근 인간 활동에 의한 온실 기체 배출량은 역대 최고 수준
- 주로 화석 연료 연소와 산림 벌채 등에 의한 인간 활동으로 대기와 해양 온난화, 이에 따른 얼음과 눈의 감소와 해수면 상승 초래
- 온실 기체의 지속적 배출은 지구 기후 체계에 온난화 변화가 심화되어 생태계와 인간에게 심각하고 광범위하며, 돌이킬 수 없는 영향 강화

이러한 경고를 놓고 2015년 12월에 파리에서 열린 제21차 기후 변화 협약 당사국 총회(COP21)에서는 2주간의 협상 끝에 파리 협정Paris Agreement을 채택합니다. 이 협정의 주요 내용은 산업화 이전 대비 지구 평균 기온 상승을 2℃보다 훨씬 작게 유지할 것을 목표로 1.5℃ 이하로 제한하고 국가별로 온실 기체 감축 기여 방안을 정해 5년마다 상향된 목표를 제출하며, 이행 여부를 점검하는 것입니다.

또한 2018년 10월 〈지구 온난화 1.5℃〉라는 특별 보고서를 통해 기후 변화에 대한 강력한 경고를 발표하였습니다. IPCC는 산업화 이전을 기준으로 기온 상승을 1.5℃로 제안하면서, 이를 달성할 수 있다면 2℃ 증가에 비해 2100년까지 전 세계 해수면 상승이 10 cm 낮아지고, 여름 해빙 없는 북극해는 100년에 한 번 정도 발생하며, 2℃ 상승에 멸종 상태가 될 산호초가 10~30% 생존할 것으로 보고하였습니다. 0.5℃ 차이라는 미미한 차이도 이와 같이 엄청난 변화를 나타낼 수 있기에 인간 활동의 모든 분야에서 온실 기체의 배출을 획기적으로 제한하는 변화가 시급히 이루어질 필요가 있습니다. 정량적으로는 2030년 전 세계 순수 인공 배출량을 2010년 수준에서 45%까지 감소할 것을 요청하는 등 전 세계 정부, 산업계와 개인의 노력이 필요한 시점입니다.

따라서 이러한 목표를 달성하기 위하여 현재의 기후 변화 추세를 충분히 이해하고 미래 변화를 예측함으로써 예상되는 유해한 변화를 최소화할 수 있는 배출량 감축량을 추산하는 것이 필요합니다. 이러한 예측을 위하여 과학자들은 기후에 영향을 미치는 요인들을 고려한 해양과 대기의 적절한 컴퓨터 모형으로 결과를 도출하고 있습니다. 정확도를 높이기 위하여 보다 많은 요인을 도입해야 하지만 작업이 복잡해지고 결과 도출이 어려워질 수 있습니다.

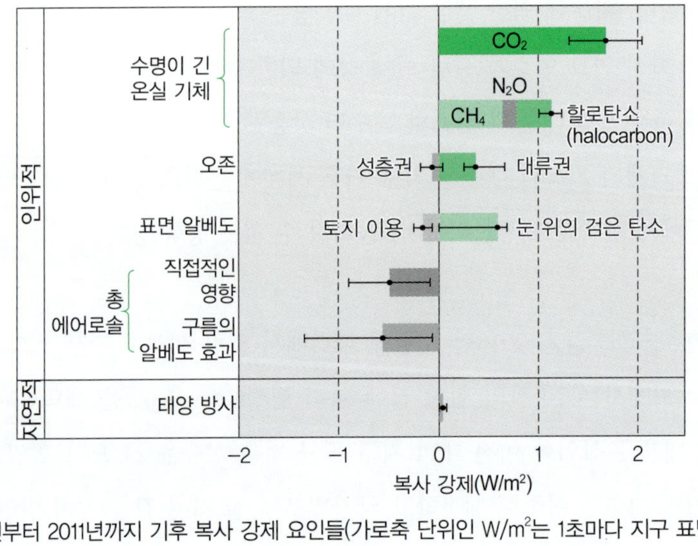

그림 4.7 1750년부터 2011년까지 기후 복사 강제 요인들(가로축 단위인 W/m^2는 1초마다 지구 표면 1 m^2에 부딪치는 빛 에너지이다.) (출처: Climate Change 2013)

기후 과학자들은 지구에서 출입하는 복사선의 균형에 영향을 미치는 요인(자연적 및 인공적 요인 모두 포함)을 복사 강제radiative forcing라고 부릅니다. 음의 강제력은 냉각 효과가 있지만 양의 강제력은 온난화 효과를 가지게 됩니다. 기후 모형에 사용되는 주요 강제 요인은 태양 방사, 온실 기체 농도, 토지 사용 및 에어로솔 등이 있으며, 이 요인들이 지구 에너지 균형에 미치는 영향은 그림 4.7에 요약되어 있습니다.

각 강제 요인들의 오차 막대는 수치의 불확실성을 표시하며, 클수록 불확실성은 커지게 됩니다. 각 요인의 효과에 대하여 좀 더 자세히 살펴보겠습니다.

1) 태양 방사

지구의 에너지는 대부분 태양에서 제공되기 때문에 햇빛의 세기에 따라 계절의 변화, 기온의 변화가 나타납니다. 햇빛의 세기는 위도에 따라서도 달라집니다. 지구의 궤도는 일정한 기간을 주기로 진동을 하면서 모양이 바뀌고 있고, 지구 축이 기울어져 있음에 따른 세차운동으로 햇빛의 세기가 변합니다. 뿐만 아니라 햇빛의 세기는 태양의 흑점 상황에도 영향을 받습니다(흑점은 약 11년을 주기로 최대를 나타냄). 흑점은 태양의 바깥층에서 자기 활동이 증가할 때 나타나며, 강한 자기장은 복사선을 방출하는 더 많은 양의 전하 입자를 동요시켜 복사선의 양을 변화시킵니다. 소빙하기라 하는 17~18세기에 흑점 활동이 거의 없었다는 사실은 흑점 활동이 활발할수록 햇빛의 세기가 강해진다는 하나의 증거가 되기도 합니다. 다만 이러한 태양의 세기 변화는 0.1% 정도로, 양의 강제 요인 중 가장 적은 상태입니다.

2) 온실 기체

인위적 강제 요인 중 압도적인 요인은 온실 기체에 의한 것입니다. 자연적 요인의 영향에 비하여 약 30배 이상이며, 활동성이 가장 큰 것은 이산화 탄소로 모든 온실 기체에 의한 온난화 기여 중 약 2/3를 차지합니다. 온실 기체에는 이산화 탄소 이외에도 메테인, 아산화 질소 및 CFC와 같은 할로젠화 탄소를 포함한 기타 기체도 포함되지만, 상대적 기여 중요도가 작습니다. 이러한 상황은 몬트리올 의정서 채택에 따른 CFC 금지에 힘입은 바가 크며, 합의가 없었을 경우에는 CFC에 의한 촉진 요인이

CO_2의 촉진 요인을 넘어섰을 것으로 예상하기도 합니다. 즉, 선제적 행동이 중요하다는 뜻입니다.

3) 토지 이용

쉽게 예상할 수 있듯이 토지 이용의 변화에 따라 지구 표면에서 흡수되는 태양 복사량이 변화하므로 기후 변화도 동반되고 있습니다. 이와 관련된 표면 반사율의 변화를 측정하기 위한 척도로 알베도albedo가 제안되었고 이것은 표면에 입사하는 복사선양에 대한 표면에서 반사하는 전자기 복사 비율로 정의됩니다. 지구 표면의 상태에 따른 알베도 수치는 표 4.1에 정리되어 있으며, 높은 값을 가질수록 표면에서 반사량이 더 많아집니다.

표 4.1 지표 상황에 따른 알베도 값

표면	알베도 범위
방금 내린 눈	0.80~0.90
오래된/녹은 눈	0.40~0.80
사막 모래	0.40
초원	0.25
낙엽수	0.15~0.18
침엽수림	0.08~0.15
툰드라	0.20
해양	0.07~0.10

계절에 따라서도 지구 표면의 알베도가 변합니다. 예를 들어 눈이 내린 지역이 녹으면 알베도가 감소하며, 더 많은 햇빛을 흡수하여 추가적인 온난화가 진행될 수 있습니다. 이러한 사실은 영구적인 적설량이 감소하면서 해빙이 진행되고 있는 북극 지역에서 지구 평균 기온 상승보다 더 높은 기온 상승을 초래합니다. 고산 지대에서도 빙하 및 만년설이 녹아 더 어두운 흙과 암석이 노출되면 알베도가 감소되고 추가적 온난화가 발생합니다.

인간의 활동에 의해서도 알베도가 변화합니다. 예를 들어 열대우림 지역에서 삼림 벌채와 화전 등으로 많은 변화가 초래될 수 있습니다. 농작물의 반사량은 열대우림의 반사량에 비하여 더 많기 때문에 알베도를 증가시키고 냉각 현상을 초래할 수 있습니다. 일반적으로 열대우림 지역이 농작물 경작지와 초원으로 변화되는 것은 극지방에서의 알베도 감소 효과보다 더 크기 때문에 알짜 냉각 효과를 예상할 수 있습니다.

4) 에어로솔

기체나 액체에 미세한 고체 입자가 현탁되어 있는 에어로솔aerosol은 복잡한 종류의 물질이기 때문에 기후에도 복잡한 영향을 미치게 됩니다. 에어로솔은 먼지 폭풍, 해양 스프레이, 산불, 화산 폭발을 포함한 자연적 현상으로 발생할 수 있으며, 석탄 연소에 의한 연기, 그을음, 비산재와 같이 인간 활동에 의해 환경으로 배출될 수도 있습니다.

대규모 화산 폭발의 분출물에 의한 대기 온도가 냉각되는 사실이 확인되고 있기는 하지만 에어로솔이 기후에 미치는 영향이 충분히 이해되지 못하고 있는 것도 사실입니다. 4 μm 이하의 미세한 에어로솔 입자는 태양 복사선을 산란시켜 지구가 이용할 수 있는 복사선량을 감소시키는데, 실제 사례로 1991년 필리핀 피나투보 화산 폭발로 2000만 톤이 넘는 SO_2가 대기 중으로 분출되었고 이 결과 전 세계 기온을 약간 감소시키는 데 기여하였습니다. 이 과정은 기후 모형을 설계하는 과학자들에게 통제 실험의 기회를 제공하여 신뢰할 수 있는 모형 도출로 냉각효과 재현을 얻어낼 수 있었습니다.

에어로솔 입자는 직접적인 냉각 효과 외에도 물방울의 응축 핵 역할을 하여 구름 형성을 촉진할 수 있습니다. 구름은 유입되는 태양 복사를 반사하는 역할을 하지만 뚜껑으로 작용하면 보다 복잡한 효과가 나타날 수 있습니다. 이렇게 에어로솔은 직간접적으로 온실 기체의 온난화 효과 증감에 모두 작용할 수 있습니다.

이처럼 강제 요인들은 복잡하게 작용하기 때문에 기후 모형에 이 효과를 도입하는 것이 쉽지 않으며, 모형 제작 이후에도 유효성 평가가 쉽지 않습니다. 그러나 과학자들은 지구 기후에 영향을 미치는 서로 다른 강제 요인의 기여도를 분리하는 방법을 이용하여 기후 모형을 시험할 수 있습니다. 이러한 시도의 결과가 그림 4.8과 같습니다. 그림에서 보듯이 자연적 강제 요인만을 사용해서는 기온 상승을 설명할 수 없었지만, 인공적 요인을 포함하자 실제 기온 변화에 근접한 결과를 얻을 수 있었습니다.

당연할 일이지만 미래 배출량과 미래 온난화의 정도는 다양한 요인에 의존하게 될

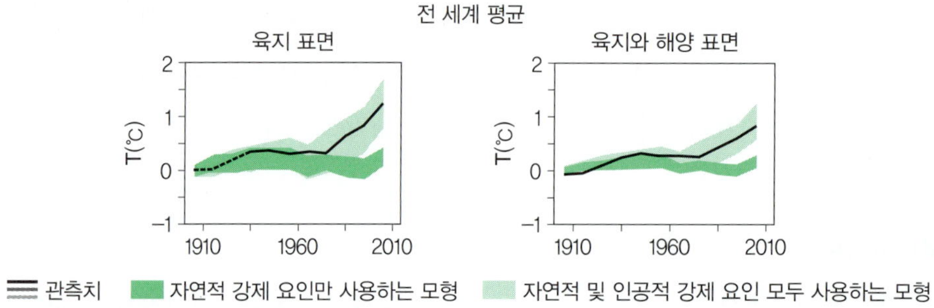

그림 4.10 1905년에서 2005년까지 자연적, 인공적 강제 요인을 관찰하고, 모의실험한 기후 변화 비교
(출처: Climate Change 2013)

것입니다. 주요 요인 중의 하나는 인구로, 2025년 현재 전 세계 인구는 추산 약 80억 명입니다. 현재까지의 추세를 고려하면 인구 증가는 계속될 것이며, 1년 동안의 온실기체 방출량 추산인 탄소 발자국carbon footprint 역시 더 많이 남겨질 것입니다. 즉, 인구가 많아지면 다양한 활동을 위하여 더 많은 화석 연료를 사용하게 되어 더 많은 이산화 탄소를 배출하게 될 것입니다.

기후 모형에는 경제 성장률과 탄소를 적게 사용하는 녹색 에너지원의 개발 속도 등도 포함할 필요가 있겠지만 이 요소들도 예측하는 것이 쉽지는 않을 것입니다. 이렇게 컴퓨터 모형은 다양한 요소의 도입 여부에 따라 서로 다른 결과가 도출될 것이지만 한 가지 확실한 것은 미래에 기온이 상승한다는 것입니다. 따라서 이러한 예상되는 결과에 어떤 대책을 마련할지를 고민할 필요가 있습니다.

9. 미래의 비극을 막기 위한 대책

다양한 기후 모형의 결론은 미래에 지구 평균 기온이 상승한다는 것이었습니다. 상승 정도는 많아야 몇 도에 불과하다고 하지만, 지구 평균 기온은 작은 변화라도 기후에 미치는 영향은 심대합니다. 다양한 모형을 검토하여 2014년 IPCC가 제출한 기후 변화 보고서의 결과가 표 4.2에 요약되어 있습니다.

이와 연관하여 지구 평균 기온 상승이 유도할 수 있는 결과들에 대하여 살펴보겠습니다.

표 4.2 2014년 IPCC 보고서의 결론

사실상 확실함 (99~100% 확률)	• 1971년부터 2010년까지 해양의 상층 부분(0~700 m)이 따뜻해졌다. • 매일 및 계절별 시간대에 따라 대부분의 육지 지역에서 더 빈번하게 덥고 추운 극단이 일어난다. • 높은 북부 위도에서 표면에 가까운 영구 동토층의 범위가 줄어든다. • 전 세계 평균 해수면 상승은 2100년 이후 수세기 동안 계속될 것이다.
매우 가능성 있음 (95~100% 확률)	• 1951년 이래 사람이 야기한 배출이 온난화의 주요 원인이다.
매우 가능성 있음 (90~100% 확률)	• 인위적인 영향, 특히 온실 기체와 성층권 오존층 고갈은 1961년 이래로 성층권에서 관측되는 대류권 온난화와 그에 사응ㅇ하는 냉각 패턴을 발견했다. 이러한 영향은 1979년 이후 북극 해빙손실에도 기여했다. • 20세기 중반 이래로 전 세계적으로 추운 날과 밤의 수가 줄어들도 따듯한 날과 밤의 수가 증가했다. • 더 높은 빈도와 더 긴 지속 시간으로 폭염이 나타난다. • 대부분의 중위도 육지와 습한 열대 지역에서 극심한 강수량 사건이 더욱 심해지고 빈번해질 것이다.

출처: Intergovernmental Panel on Climate Change 2014: Impacts, Adaptation, and Vulnerability, Summary for Policymakers

1) 해빙의 소실

북극의 온도는 지구상의 다른 곳에 비해 훨씬 빠르게 상승하고 있으며 해빙이 줄어들고 있습니다. 여름 북극해의 얼음은 1970년대 후반에 얼음의 범위를 조사하기 시작할 때보다 약 40% 감소한 것으로 알려졌습니다. 연구에 따르면 2017년에는 1990년대에 비하여 얼음 녹는 속도가 약 60% 이상 빨라져 1994~2017년 23년간 지구 전체에서 녹은 얼음의 무게는 약 28조 톤으로 추산되며 최근 들어 얼음 손실 규모가 증가되고 있습니다.[3] 이러한 추세가 지속된다면 북극 해빙의 대부분이 20년 안에 사라질 것으로 예상됩니다. 이는 연관된 야생 동물의 생존에 위협을 가하게 될 것이고, 해빙의 감소는 알베도의 감소를 동반하여 훨씬 빠르게 온난화로 연결될 수도 있을 것입니다.

2) 해수면 상승

극지방과 고산지대의 빙산, 만년설의 소멸은 필연적으로 해수면 상승으로 연결될 수

3 Slater, T., Lawrence, I. R., Otosaka, I. N., Shepherd, A., Gourmelen, N., Jakob, L., Tepes, P., Gilbert, L., and Nienow, P.: Review article: Earth's ice imbalance, The Cryosphere, 15, 233–246, https://doi.org/10.5194/tc-15-233-2021, 2021.

있습니다. 이것은 수온의 증가에 따른 부피 상승과 더불어 육지를 덮고 있는 얼음이 녹아 바다로 유입되기 때문입니다. 조수계tide gauges에 따르면 1897년에서 1997년까지 해수면이 18 cm 상승했다고 합니다. 더구나 위상 레이더 측정 결과는 1993년에서 2017년까지 7.5 cm 증가하여 증가 추세가 가속화되고 있는 사실을 보여주고 있습니다. IPCC는 2100년까지 전 세계 해수면이 1 m 이상 상승할 것으로 예상하고 있습니다. 물론 전 세계적으로 균일하게 상승하는 것은 아니며 지역 날씨 패턴에 영향을 받습니다.

3) 악화된 날씨

지구 평균 기온이 서서히 상승하는 와중에 세계 각국에서 과거에 보지 못하였던 악화된 날씨를 목격하고 있습니다. 대표적으로 중국과 일본에 밀어닥친, 예년에 비하여 훨씬 많아진 태풍과 홍수는 근래에 보기 어려운 위력을 보이고 있으며, 이외 지역에서도 허리케인 등 자연재해에 의해 많은 피해를 입고 있습니다. 미국 국립해양대기관리국(NOAA) 산하 국립환경예측센터(NCEP)에 따르면, 2023년 지구의 평균 기온이 처음으로 17도가 넘어 관측 사상 가장 높은 평균 기온을 기록했습니다.[4] 우리나라도 한 달가량 지속되었던 고온과 열대야로 많은 사람들이 고통을 겪었습니다. 이러한 자연재해의 원인으로 바다의 상승된 수온이 언급되고 있으며, 매년 악화될 가능성이 큰 것으로 우려되고 있습니다.

4) 변화된 해양 화학

밖에서 보기에는 변화가 없어 보이지만 바다는 대기 중 엄청난 양의 이산화 탄소를 흡수하고 있습니다. 바다는 1시간마다 백만 톤의 이산화 탄소를 흡수한다고 추정하고 있으며, 미국 국립 태평양 해양 환경 연구소의 R.A. Feely는, "지난 200년간 대양은 대기 중 약 5,500억 톤의 이산화 탄소를 흡수하였으며, 이는 이 기간 인위적 배출량의 약 1/3에 해당한다"라고 하였습니다. 세계의 대양은 이렇게 많은 양의 이산화 탄소를 흡수함으로써 온난화를 방지하는 데 큰 기여를 하고 있습니다. 그러나 이러한 흡수는 대양 내부의 커다란 변화를 필연적으로 초래합니다. 흡수된 이산화 탄소

4 "지금이 지구 관측사상 가장 덥다"(조선일보, 2023.07.07.)

는 물에 약간 용해되어 약산인 탄산이 생성되고, 생성된 탄산에 의해 탄산, 탄산 이온, 탄산수소 이온이 참여하는 중요한 평형 반응에 의하여 각 화학종의 농도가 변화하게 됩니다. 이 결과, 탄산염을 활용하여 껍데기를 합성하는 어패류 등의 생존이 위협받고 있습니다. 그 외에도 약염기성인 대양의 pH가 점점 산성으로 바뀌면서 많은 해양 생물의 생존도 불확실성 아래 놓이게 되었습니다.

5) 소멸된 생물 다양성

기후 변화는 필연적으로 전 세계 생태계에 영향을 미칩니다. 기후 변화는 서식처 변화를 유도하며 이에 적응하지 못하는 종들은 멸종에 이를 수도 있습니다. 현재 전 세계 멸종의 정도는 지난 6,500만 년 동안 발생하였던 것에 비하여 거의 1,000배나 빠르다고 보고되고 있습니다. 2004년 네이처에 실린 연구에 따르면,[5] 가장 낙관적인 기후 예상에서도 2050년까지 동식물의 약 20% 정도가 멸종될 것으로 예상되며, 대량 멸종은 인간에 의한 환경 개발과 기후 변화에 따른 효과로 나타날 것으로 추정하고 있습니다.

6) 취약한 담수 자원

극지방과 고산 지대의 빙하 및 해빙은 지구 평균 기온의 상승에 따라 녹고 있으며, 이에 따라 얼음과 만년설이 줄어들고 있습니다. 고산 지대 밑에 거주하는 수억 명의 주민들의 생존은 빙하가 녹은 물에 의존하고 있기 때문에 지구 평균 기온이 1℃ 오를 때마다 5억 명의 인구가 식수 부족 등으로 고통을 받을 것으로 예상하고 있습니다 (IPCC 2007년 보고서). 또한 온도 상승은 증발 속도를 높이므로, 담수호의 크기가 감소하는 사례도 보고되고 있습니다. 예를 들어 아프리카 차드호는 1963년 25,000 km^{2}였지만 2007년에는 2,600 km^{2}로 줄어들었습니다. 담수의 확보는 식량 생산과 직접적으로 관련이 있기 때문에 그 예상은 매우 중요하지만 한 지역의 담수 확보의 변화가 다른 지역에 미치는 복잡한 변화를 예측하는 것은 쉽지 않습니다.

---

5 Thomas, C., Cameron, A., Green, R. et al. Extinction risk from climate change. *Nature* 427, 145–148 (2004). https://doi.org/10.1038/nature02121

7) 인간 건강에 해로운 효과

지구 온난화는 인간의 건강에도 좋지 않은 결과를 초래할 수 있습니다. 2018년 세계보건기구 WHO는 기후 변화의 결과로 미래(2030~2050년)에 매년 약 250,000명의 조기 사망자 발생을 경고하기도 하였습니다. 이것의 원인으로 지속적인 폭염, 홍수 등 피해 지역에서의 전염병 창궐, 이를 매개하는 해충들의 확산 등이 지적되고 있습니다.

이상과 같이 지구 온난화에 따른 여러 가지 예상되는 결과를 간단히 살펴보았습니다. 이러한 현상이 그대로 실현된다면 인류의 생존을 비롯하여 생태계에 커다란 피해가 예상됩니다. 피해를 최소화하기 위하여 우리는 현시점에서 무엇을 할 수 있을까요?

논의의 시작은 다양한 방식의 생활을 영위하고 있는 지구상의 인류가 다양한 자원을 활용하여 생존 활동을 하고 있는 것입니다. 이미 우리는 최근 인위적 활동에 의해 생성된 온실 기체의 영향으로 지구 평균 기온의 상승이 이루어지고 있는 정황을 인식하고 있습니다만 실질적으로 이러한 상황을 뒷받침할 수 있는 정량적 증거가 필요합니다. 여기서 1.2절에서 언급한 탄소 발자국을 활용하는 방안을 떠올릴 수 있습니다. 생태학적 탄소 발자국은 앞에서 정의하였듯이 특정 생활 수준 또는 생활 양식을 지원하는 데 필요한 생산 공간(토지 및 물)의 양을 추정하는 수단입니다. 2014년 자료에 따르면 평균 미국인의 경우 생태학적 탄소 발자국은 약 8.4헥타르(21에이커)로 알려졌습니다. 그림 4.9에 나타낸 바와 같이 지구 평균은 1.7헥타르로 추정됩니다. 지구의 생산 가능한 총 토지 및 물은 약 120억헥타르(약 300억에이커)로 1970년대 이후 이미 지구 인구가 평균 수준의 생활을 영위할 수 있는 요구 수준을 넘어섰습니다.

모든 인간 활동에는 에너지가 필수적입니다. 따라서 생체 대사 또는 화석 연료와 같은 에너지 응집체의 연소를 통하여 필요한 에너지를 얻습니다. 특히 화석 연료의 연소는 이산화 탄소와 같은 온실 기체를 포함하여 다양한 폐기물을 생산하게 되며, 인구가 많고 고도로 산업화한 나라들이 당연히 이산화 탄소 배출량이 많아지게 됩니다. 자료에 의하면 2015년 이산화 탄소 배출량 순위는 중국, 미국, 유럽연합, 인도, 러시아, 일본 순으로 알려져 있고[6], 2023년에는 역대 최고를 기록하며 순위는 중국,

6 국제 에너지 기구의 참여 과학자 연대(Union of Concerned Scientists)

그림 4.9 국립 발자국 계정(National Footprint Accounts, 2018년 판) (2014년 자료 기준)

미국, 인도, 러시아, 일본, 이란, 인도네시아, 사우디아라비아, 독일, 한국 등입니다.[7] 상당한 시간 차이에도 불구하고 약간의 순서 변동은 있지만 큰 차이가 없는 것을 볼 수 있습니다.

이와 같이 에너지 소비에 의한 이산화 탄소 배출량은 경제 발전 더 나아가 국민의 생활 수준 향상이라는 민감한 주제와도 연결되어 있기 때문에 배출량 감소는 매우 어려운 과제일 수밖에 없습니다. 따라서 2009년에서 2017년까지 미국 Obama 대통령의 과학기술 문제 수석 보좌관인 John Holdren은 기후 변화에 대처하는 우리의 선택은 완화mitigation, 적응adaptation, 고통suffering으로 요약된다고 하였습니다. 당연히 기후 변화에 대한 원인물질의 절감에 의한 완화와 이러한 추세에 대한 적응이 낮을수록 기후 변화에 따른 고통은 증가하게 될 것이라고 예상되며, 누가 얼마만큼의 고통을 감내해야 할 것인가라는 질문에는 쉽게 결론을 내릴 수 없을 것입니다. 세계적으로 다양한 방면의 상황을 고려한 해결책이 도출되어야 할 것입니다.

여기서 기후 완화climate mitigation는 인간의 생명, 재산 또는 환경에 대한 기후 변화와 장기적인 위해risk와 위험hazard을 영구히 제거하거나 감소시키기 위하여 취하는 모든 조치를 말합니다. 그러나 실제로 얼마를 축소하여야 할지는 상상하기 어렵고 실행에 옮기는 것도 쉬운 일이 아닙니다. 화학자들이 주장하는 녹색 화학의 아이디어인 에너지 효율을 높이는 것이 가장 단순하고 비용이 적게 드는 방법이지만, 단순히 기후

7 https://yearbook.enerdata.co.kr/co2/emissions-co2-data-from-fuel-combustion.html

친화적 상품을 구입하고, 기후 친화적인 방법을 채택하기 위하여 전 세계 소비자에게 의존하는 것으로는 이산화 탄소 배출량을 유해 수준 아래로 낮추기에 역부족인 것으로 전망됩니다.

미래 배출량을 일정 수준 이하로 감소시키는 것과는 별개로 기후 변화의 일부 영향은 회피하기 어렵습니다. 왜냐하면 과거와 오늘날 배출되는 많은 양의 이산화 탄소는 오랫동안 대기 중에 머무르면서 지속적 영향을 주게 될 것이기 때문입니다. 따라서 기후 적응climate adaptation은 기후 변화에 적응하여 잠재적 손상에 적응하고, 기회를 이용하거나 결과에 대처할 수 있는 능력을 필요로 합니다. 예를 들어, 새로운 농작물 품종 개발, 저지대 국가와 섬을 위한 새로운 해안선 방어 시스템 구축 등을 들 수 있습니다. 또한 전염병 확산은 공공 의료 시스템의 강화에 의해 최소화될 수 있을 것입니다.

온실 기체가 기후 변화의 주요 원인임을 인류가 인식하였지만 이것의 배출을 제한하기 위한 국제적 합의는 꾸준한 노력에도 불구하고 거의 이루어지지 못하고 있습니다. 1992년 리우데자네이루에서 개최된 지구정상회의의 결과 중 하나는 기후 변화에 관한 기본적 합의였습니다. 이 국제 조약에서는 "기후 체계를 교란시키는 위험한 인위적인 간섭을 방치함으로써 대기 중 온실 기체 농도를 낮은 수준으로 안정화시키는 것"을 목표로 하였습니다. 그러나 이 조약은 구속력이 없었고, 위험한 간섭의 의미, 이를 피하기 위해 필요한 온실 기체 배출량에 대한 합의는 이루어지지 않은 아쉬움이 있었습니다.

이를 보완하기 위하여 1997년 161개국 1만여 명이 참가한 일본 교토 협약을 통해 법적 온실 기체 배출량의 한계를 구속하는 최초의 국제 조약이 맺어지게 됩니다. 이 결과물은 교토 의정서kyoto protocol라 하며, 6개 온실 기체(이산화 탄소, 메테인, 아산화 질소, 하이드로플루오로탄소(HFC), 과플루오로탄소(PFC), 헥사플루오린화 황(SF_6))의 배출량을 줄이기 위하여 38개 선진국에 대해 1990년 수준을 기준으로 구속력 있는 배출량 목표가 설정되었습니다. 2012년까지 1990년 수준에서 미국은 7%, 유럽연합(EU) 국가들은 8%, 캐나다와 일본은 6%의 배출량 감소를 기대하였습니다. 그러나 2005년 조약이 발효되었지만 주요 배출국인 미국의 참여가 이루어지지 않고 있어, 앞으로의 기후 변화 완화를 추진함에 상당한 난관이 예상됩니다. 미국이 참여하지 않은 이유로는 다음 몇 가지가 알려져 있습니다.

첫째, 중국과 인도와 같은 개발도상국은 배출 제한이 없다는 것입니다. 이 국가들은 추후 이산화 탄소 배출의 상위권을 차지할 것이 확실하기에 미국 정부는 선진국과 개발도상국 사이의 불평등이 미국에 경제적으로 재앙이 될 것으로 우려하였습니다.

둘째, 미국이 2000년대 초에 시행한 자발적 감축 프로그램이 배출량 감축에 충분하지 않다는 것이 확인되었기 때문입니다. 그러면서 화석 연료의 싼 가격과 기존 에너지 기반 구조 개발 등에 막대한 투자가 필요하다는 것입니다. 추가적으로 대기 중의 이산화 탄소 체류 기간이 상당히 길기 때문에 향후 수십 년 동안 배출량 감축 효과를 실감할 수 없는 것이 지적되고 있습니다.

2007년 유엔 기후 회의UN Climate Conference에 참여하였던 과학자들은 2020년까지 온실 기체 배출량이 최고점을 기록한 뒤 2050년에는 현재 수준의 절반 이하, 약 90억 톤으로 줄여야 할 것을 제안하였습니다. 이 목표는 그러나 달성하기가 쉽지 않습니다. 단 10억 톤을 줄이는 데도 다음 중 하나를 달성하여야 하기 때문입니다.

- 전 세계 건물의 현재 평상시 에너지 사용량의 20~25% 감소
- 전 세계 자동차의 연비를 30 mile/gallon (mpg)에서 60 mpg로 개선
- 석탄 화력 발전소 800개소에서 이산화 탄소의 포집 및 격리
- 대형 석탄 화력 발전소 700기를 원전, 풍력, 태양광 발전기로 교체

목표는 그 9배인 90억 톤이기에 자발적으로 달성하기는 매우 어려운 것은 명백합니다. 따라서 온실 기체 배출을 감축하기 위하여는 강제적인 법과 규제가 필요합니다. 미국에서도 '상한설정-거래cap-and-trade' 프로그램으로 황과 질소 산화물 배출을 줄이는 데 성공하였습니다. 이는 California 기후 계획의 핵심 프로그램으로, 2013년부터 시작하여 2020년까지 온실 기체 배출량을 1990년 수준으로 되돌리기 위한 프로그램입니다(그림 4.10). 이 프로그램에서 거래 부분은 할당량allowance 시스템을 통하여 작동하는데, 참여 기업들에게 현재 또는 미래의 특정 시점까지 일정량의 이산화 탄소 배출을 보장하는 할당량을 제시하며, 매해 말 각 기업은 실제 배출량을 감당할 수 있는 충분한 할당량을 확보할 것을 요구합니다. 만약 기업이 잉여의 할당량을 가지고

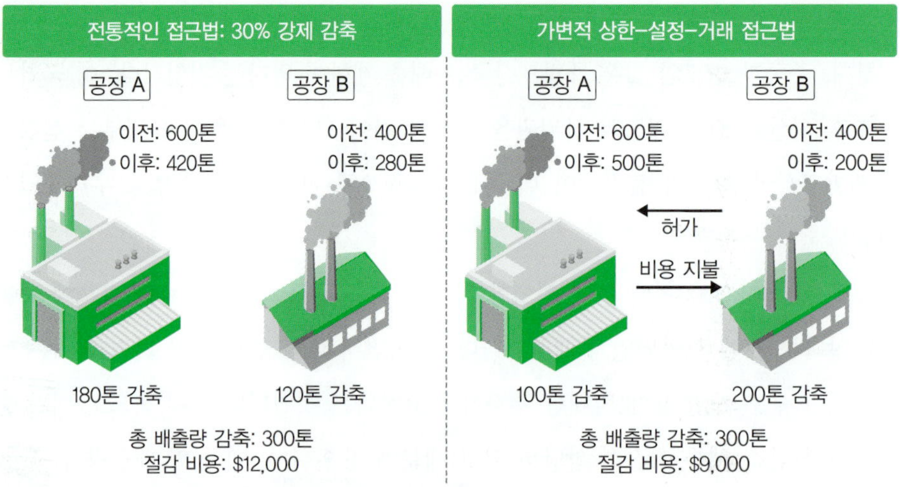

그림 4.10 배출 상한설정-거래 개념

(출처: EPA, Clearing the Air, The Facts About Capping and Trading Emissions, 2002, p. 3)

있으면 배출량 한도를 초과한 다른 기업에 교환 또는 팔 수 있습니다. 반면에 할당량이 부족하면 사서 보충을 하여야만 합니다. '상한설정'은 매년 특정한 양의 할당량을 설정함으로써 강제하게 됩니다.

이 시스템은 변동성이 큰 시장이 포함되면 몇 가지 예상 가능한 단점이 있습니다. 가끔 에너지 비용에서 예측할 수 없는 큰 변동이 있을 수 있고, 이 변동은 소비자 비용의 큰 변동으로 연결될 수 있어 할당량 거래에서 혼란이 초래될 가능성이 있습니다. 따라서 일부에서는 이 프로그램보다 탄소세carbon tax을 선호합니다. 탄소세는 일정 품질의 연료에 포함된 탄소 양에 기반하여 추가적 비용을 부과하는 것으로, 미래 대체 에너지원의 경쟁력을 높여 대체를 촉진하지만, 소비자에게도 비용을 부과되는 단점이 있습니다.

미국 연방 정부는 비록 국제 기후 협약에 참여하지 않고 있지만 오랜 세월에 걸쳐 기후 변화를 완화할 수 있는 구속력이 있는 법률을 제정하는 등 나름의 노력을 하고 있으며, 개별 주도 나름대로 해결책을 찾고자 노력하고 있습니다. 2005년 북동부 10개 주에서는 지역 온실 기체 구상Regional Greenhouse Gas Initiative, RGGI을 구성하고 이산화탄소를 대상으로 미국 최초의 상한설정-거래 프로그램을 서명, 도입하였습니다. 이 프로그램은 2014년 현재 수준에서 새로운 배출 한도를 설정하여 2015년부터 2020년까지 매년 2.5%씩 줄이도록 하였습니다. 또한 California와 캐나다의 세 주(British, Nova Scotia, Quebec)는 서부 기후 구상Western Climate Initiative을 통해 재생 에너지 기술 개발을 가속화하기 위하여 지역의 노력과 강제 배출 보고에 동의하기도 하였습니다.

한편, 2015년 12월 프랑스 파리에서 열린 제21차 기후변화협약 당사국 총회(COP21)에 참석한 195개국은 산업화 이전 대비 지구 평균 기온 상승을 2℃보다 훨씬 작게, 즉 1.5℃ 이하로 제한하기로 합의하였습니다. 국가별로 온실 기체 감축 기여방안을 정하고 5년마다 상향된 목표를 제출, 이해 여부를 점검하는 방안도 만들어졌습니다. 파리 협정은 2020년 만료 예정인 기존의 교토 의정서 체제를 대체하게 되며, 협정이 발효되면 지구의 모든 국가가 전 지구적인 기후 변화 대응에 참여하는 성과를 거두게 됩니다.

미국 기후 동맹US Climate Alliance는 2017년 6월 파리 협정에서 미국이 철수한 후 22개 주들이 연합하여 설립되었으며, 2025년까지 온실 기체 배출량을 2005년 수준에서 26~28% 줄이고, 2030년까지 전력 생산으로 인한 이산화 탄소 배출량도 32% 줄이기 위하여 노력하고 있습니다.

또한 2014년 지역적으로 '시장들의 국가 기후 행동 의제'가 설립되었으며, 기후 변화에 관한 파리 협약에서 확립된 배출 목표를 유지하는 데 중점을 두고 있습니다. 이 그룹은 407개 도시를 포함하며, 총인구는 약 6,600만 명으로 미국 인구의 약 20%에 해당합니다.

이상에서 살펴본 바와 같이 기후 변화를 완화하기 위한 다양한 국제적 노력이 꾸준히 진행되고 있지만, 국가들의 이해가 충돌하는 경우가 많기 때문에 효율적으로 진행되기는 쉽지 않은 상태입니다. 그러나 인류를 비롯한 다양한 생물종이 서식하는 유일한 행성, 지구의 쾌적한 환경 조성을 위한 노력을 꾸준히 진행할 가치는 충분합니다.

5장

가장 소중한 자원, 물

서론

지구 생명체의 지속가능성을 살펴볼 때 필수적인 자원 중의 하나는 물이라는 점에 동의하지 않는 사람은 없을 것입니다. 최초의 생명이 물속에서 탄생하였다는 것이 여러 연구 자료에 의해 증빙되고 있으며, 지구상의 많은 물로 인해 수많은 생명체가 진화할 수 있었고, 실제 대부분 생명체의 많은 부분이 물로 구성되어 있습니다. 인체의 경우에도 60% 이상이 물이며, 지구 전체로 보아도 액상의 물이 약 70%, 빙하가 약 10%라고 하니 지구의 80%가 물로 덮여 있는 셈입니다.

그렇기 때문에 우주에서 생명체의 증거를 찾는 첫 단계가 물의 존재 확인입니다. 최근 달, 화성 등을 비롯하여 태양계 안에서도 물의 존재가 확인되어 생명체의 존재 가능성의 기대를 높이고 있습니다. 그러나 지구상의 물의 양은 지름 1,384 km의 구슬로 나타낼 수 있습니다. 이는 대략 이탈리아 남북 길이만큼을 지름으로 하는 구슬이며, 거대한 대양을 상상하면 믿기지 않을 정도로 적은 양이지만 인간 기준으로 보면 엄청난 양입니다. 그리고 이 중 97%가 바닷물입니다. 생존에 중요하며 농경 및 산업용수와 음용수로 활용할 수 있는 담수는 3%에 불과하고, 그나마도 2%는 극지방의 얼음으로 묶여 있습니다. 가용한 담수도 호수와 강의 물이 0.03%, 지하수가 0.62%에 불과합니다.

세계 인구가 점점 증가함에 따라 물의 수요도 역시 늘어나고 있습니다. 이를 만족시키기 위해서는 많은 문제와 기술적, 경제적 문턱이 높은 상황입니다. 담수는 생존에 필수불가결 자원이지만 무한하지는 않고, 빠르게 재생되지 않습니다. 지금도 물이 부족한 지역이 상당수 존재합니다. 기후 변화가 심해지고 세계 인구가 증가할 것으로 예상되는 미래에는 과연 어떠한 상황이 될까요?

한편, 인간은 건강을 유지하기 위하여 매일 적정량(2~3L)의 물을 섭취하여야 합니다. 물만 섭취하여도 상당 기간 생명을 유지할 수 있지만 물을 마시지 않으면 겨우 3일 이내에 생명을 잃을 수 있다고 합니다. 예상되는 물 부족 상황에서 우리 인류를 비롯한 생태계는 지속가능할 수 있을까요?

이렇게 지구 생명체에 중요한 자원인 물은 어떠한 성질을 가지고 있으며, 이러한 성질이 생명체 생존에 어떠한 영향을 주는지, 수자원 이용의 문제점은 무엇인지, 수

자원의 지속가능성을 위하여 어떠한 일을 하여야 할지를 좀 더 자세히 살펴보기로 합시다.

1. 물의 고유한 특성

생명의 근원 물질인 물은 다른 물질과는 달리 독특한 성질을 가지고 있습니다. 일반적으로 물질의 분자량이 증가할수록, 기체에서 액체를 거쳐 고체 상태로 존재하게 됩니다. 따라서 비슷한 분자량을 가진 물질들은 비슷한 상태를 가지지만 물은 예외입니다. 예를 들어, 분자량이 대략 28, 32, 44 g/mol인 N_2, O_2, CO_2는 표준 온도와 압력인 25℃, 1 atm하에서 기체입니다. 일반적 추세에 따르면 분자량이 18 g/mol에 불과한 물은 당연히 기체이어야 하지만 잘 알려진 바와 같이 액체입니다. 또한 끓는점boiling point은 비슷한 분자량의 CH_4(16 g/mol), NH_3(17 g/mol), H_2S(34 g/mol)의 끓는점인 −161.58℃, −33.34℃, −60.33℃에 비하여 훨씬 높습니다(100℃). 왜 이러한 현상이 나타날까요?

원인은 수소 결합hydrogen bonding이라는 독특한 분자 사이 인력의 존재 때문입니다. 원자 사이 결합은 크게 공유된 전자와 원자핵 사이의 인력에 기인한 공유 결합covalent bond과 이온 사이의 결합인 이온 결합ionic bond으로 분류할 수 있습니다. 물은 공유 결합으로 형성된 분자이며, 분자의 모양은 그림 5.1에 표현했듯이 굽은형입니다. 공유된 전자는 결합에 참여한 산소(3.5)와 수소(2.1)의 전기음성도[1]electronegativity 차이 때문에 산소 쪽으로 치우치게 됩니다(그림 5.2). 따라서 산소는 전자가 많아져 부분 음전하를 띠며, 수소는 부분 양전하를 띠게 됩니다. 이렇게 생성된 부분 전하 사이에서 추가적

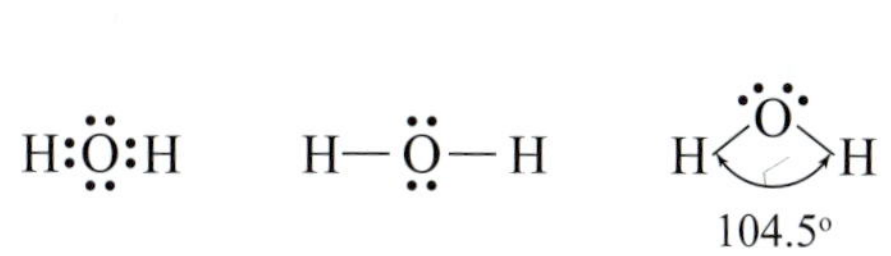

그림 5.1 H_2O의 분자 표현(Lewis 구조식)

---

1 화학 결합에서 한 원자가 공유된 전자를 잡아당기는 정도

인 정전기적 인력, 수소 결합으로 분자 사이의 결합이 강화됩니다(그림 5.3). 강화된 분자 사이 결합으로 인해 물은 STP[2] 상태에서도 액체 상태를 유지하며, 높은 끓는점을 나타낼 수 있습니다.

알아보기

끓는점은 액체의 증기압이 대기압과 같아지는 온도를 말하며, 대기압이 1 atm일 때를 특히 정상 끓는점normal boiling point이라고 합니다. 증기압은 액체와 기체가 동적 평형을 이룰 때, 즉 액체에서 기체로 변화하는 기화gasification 속도와 기체에서 액체로 변화하는 응축condensation 속도가 같아질 때의 기체상 압력을 의미합니다.

알아보기

수소 결합은 전기음성도가 큰 원자(O, N, F)에 결합된 H 원자와 인접한 O, N, F 원자 사이의 정전기적 인력입니다.

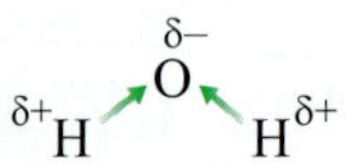

그림 5.2 물의 극성 결합(분자 구조상 상쇄되지 않아 극성 분자 특성)

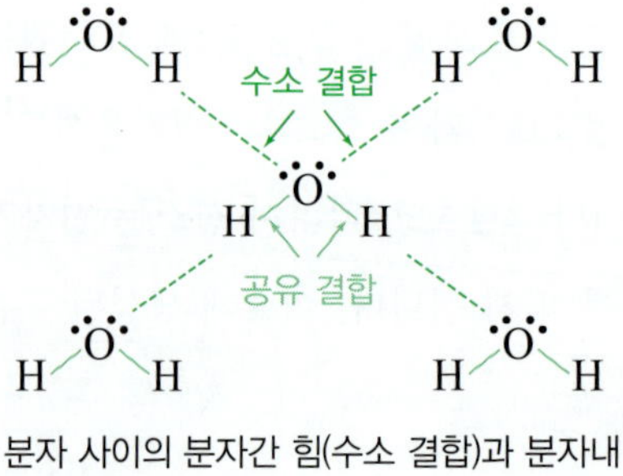

그림 5.3 물 분자 사이의 분자간 힘(수소 결합)과 분자내 힘(공유 결합)

분자 사이 결합이 강하기에 각각 분자의 자유로운 운동은 저해됩니다. 분자를 가진 계의 분자 운동 속도, 즉 자유로운 운동의 속도는 온도에 비례하는데, 분자간 힘

2 표준 온도 및 압력으로 0℃, 1 atm의 조건을 의미한다.

이 강하면 온도, 즉 운동 속도를 올리는 데 필요한 에너지도 상당히 증가합니다. 따라서 물의 비열[3] specific heat 역시 상당히 큰 값을 가지게 됩니다. 강, 호수 또는 바다 부근이 덜 덥고 덜 추운 현상이 나타나는 이유입니다.

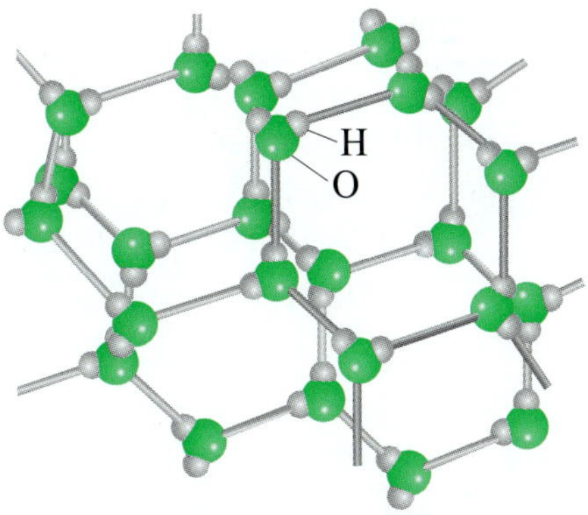

그림 5.4 얼음에서 수소 결합을 하는 격자 구조

이러한 분자간 수소 결합의 존재 때문에 물이 얼음이 될 때는 특징적인 빈 공간이 존재하게 됩니다. 이로 인해 얼음의 밀도가 낮아지는 결과가 나타납니다(그림 5.4). 대부분의 물질은 기체에서 액체, 액체에서 고체로 변할수록 밀도가 증가하는데, 물은 얼음으로 변할 때 밀도가 감소하므로 물 위에 얼음이 뜹니다. 그 결과 겨울에 얼음은 물 위 표면에 위치하고, 많은 수생 생명체들이 얼음 밑의 물에서 안전하게 겨울을 날 수 있습니다. 이때 얼음은 빈 공간이 많은 우수한 단열재로 작용하여 추가적인 온도 저하를 방지하는 역할도 수행합니다. 즉, 정도 이상의 결빙을 막아주기도 하는 것입니다.

물에는 극성 결합이 존재하고, 굽은 분자 구조로 인하여 극성이 상쇄되지 않기 때문에 극성 분자의 성질을 가집니다. 이로 인해 다양한 분야에서 많은 물질을 녹이는 용매로도 물은 널리 채택되고 있습니다. 이 특성이 물을 곧 생명체 탄생의 배경이 되었을 것으로 추정하는 이유이며, 우주 탐사에서 생명체의 전제 조건으로 물의 존재를 내세우는 이유입니다.

알아보기

용매solvent는 어떤 물질을 녹이는 물질이며 녹는 물질을 용질solute이라고 합니다. 용매와 용질을 합하면 용액solution입니다. 용액은 모든 부분에 있어서 동일한 조성을 가지는 균일 혼합물homogeneous mixture입니다. 용매는 대부분 액체이지만 용질은 기체, 액체, 고체 모두가 가능합니다. 다만 합금alloy과 같이 고체 물질들만으로 이루어진 것을 고체 용액이라고도 합니다.

---

3 단위 질량당 1℃ 올리는 데 필요한 에너지

알아보기

얼음은 왜 미끄러울까요?[4]

얼음이 미끄럽지 않다면 동계 올림픽에서 세계적인 선수들이 펼치는 다양한 묘기와 흥분을 제공할 수 없을 것입니다. 얼음이 미끄러운 이유로는 얼음 표면에 존재하는 액체 물이 윤활 작용을 하기 때문입니다. 그렇다면 왜 얼음 표면에 물이 생기게 될까요?

간단하지만 이에 대한 타당한 이유를 찾기 위하여 과학자들은 많은 고심을 했습니다. 1849년 영국의 William Kelvin은 압력이 증가하면 어는점이 낮아지는 현상을 보고하였습니다. 비록 134 atm이 증가할 때 1℃ 정도 낮아지는 미미한 효과였지만, 물이 생성되는 과정을 이해할 수 있었습니다. 그림 5.5에서 보듯이 얼음 덩어리에 무거운 추를 달은 실 또는 철사를 올려놓으면 시간이 지남에 따라 실 또는 철사가 얼음을 통과하여 떨어지는 현상도 이 주장으로 설명할 수 있습니다. 그러나 2005년 미국의 Robert Rogenberg가 몸무게 68 kg 스케이터의 압력에 의한 녹는점이 −0.017℃에 불과하여 영하 2~3도만 되어도 스케이트를 즐기는 것이 불가능하며, 몸무게가 가벼운 아이가 평평한 운동화를 신어도 미끄러운 현상을 설명하기 어렵다고 하였기 때문에 다른 설명이 필요하게 되었습니다.

1939년 영국의 Max Born과 David E. Hughes는 물체 사이의 마찰로 생성되는 마찰열이 얼음 표면에 물이 생성되는 원인으로 주장하였지만, 얼음 위에 가만히 서 있는 경우에도 물이 생기는 현상을 체계적으로 설명하기가 어려웠습니다.

최근에는 애초에 얼음 표면에 필름처럼 얇은 물 층이 있다는 주장이 이목을 끌고 있습니다. 1987년 얼음 표면 물 층 촬영에 성공하여 영하 1도에서 1~94 nm의 물 층이 존재함을 증명하였고, 1996년 미국 로렌스 버클리 연구소에서 전자를 이용한 표면 조사를 통하여 영하 148℃까지 얼음에 물 층이 존재함을 확인하기도 하였습니다.

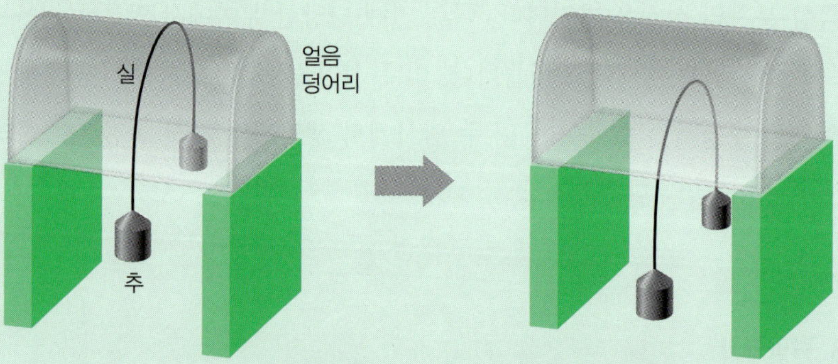

그림 5.5 무거운 추를 달은 실이 얼음을 통과하는 실험

4 "[재미있는 과학] 컬링 선수가 빙판 닦는 이유… 마찰열로 얼음 녹이기 위해서죠"(조선멤버스 2018. 02. 28)

2. 물은 어디에 있는가?

물은 모든 생명체의 생명 유지에 필수적인 물질입니다. 지구의 모든 생명체의 지속 가능성을 유지하기 위해서는 다양한 용도로 사용될 수 있는 안전한 물의 중요성은 아무리 강조하여도 지나치지 않을 것입니다. 음용수potable water뿐 아니라, 다양한 독성 물질, 미생물 등의 오염물질을 포함한 비음용수도 그냥 버려지지는 않습니다. 비음용수는 일부 시설을 청소하는 것처럼 제한된 용도로 사용할 수 있을 뿐 아니라 물 처리 시설에서 적절한 처리를 통해 일부 오염물질을 제거하면 재생수recycled water로 변환되어 추가적인 용도로 사용될 수 있습니다. 이렇게 최근 발전된 물관리 시스템은 용도에 맞은 경제적인 물의 형태를 결정하고 있습니다.

우리가 편리하게 접근하고 사용하는 대부분의 물은 바닷물이 아니라 담수이지만 지구상의 물의 3%만을 차지하고 있음은 앞에서도 지적한 바가 있습니다(그림 5.6). 담수원은 주로 지표수surface water, 즉 호수, 강, 하천의 담수이며, 담수의 약 30%를 차지하고 있는 지하수원인 대수층aquifier도 최근 많이 활용되고 있지만 과도한 사용은 지하 지층의 공동화를 유발하여 지반 침하와 같은 변형으로 시민의 안전을 위협합니다. 이러한 상황을 비유적으로 표현하면 생수병(2 L)의 물을 지구상의 물이라 할 때, 이 중 60 mL만이 담수이고 쉽게 접근할 수 있는 호수와 강의 물은 약 4방울 정도에 불과합니다.

당연하게도, 물은 채취된 지역의 특성에 따라 그 이용의 차이가 나타납니다. 미국 지질조사국US Geological Survey, USGS의 추산에 의하면, 미국의 경우 매일 채취한 3,220갤런의 물 중 86%는 담수이고 14%는 바닷물입니다(그림 5.7). 자료에 의하면 물의 주요

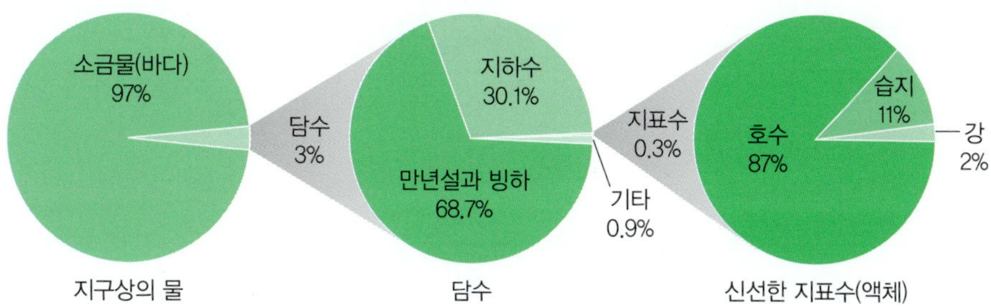

그림 5.6 지구상 담수의 분포

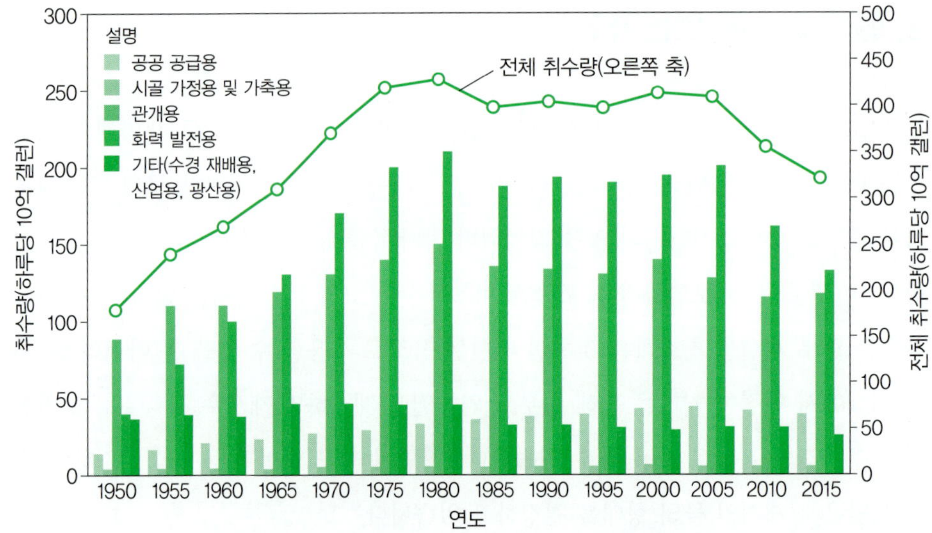

그림 5.7 2015년까지의 미국의 총 담수 및 염수 취수량

(출처: Estimated Use of Water in the U.S. in 2015, June 2018, USGS)

사용 용도 중 가장 많은 용도는 발전 영역이고, 전체 취수량의 41%가 석탄, 천연가스 및 핵 발전소 냉각수로 사용되고 있습니다. 다음으로 많이 사용되는 영역들은 농작물 재배의 관개용(14%) 및 가정과 학교의 업무용(12%) 등입니다.

세계적으로는 농업이 세계 물 소비량의 약 30%를 차지하는 것으로 추산됩니다. 여기서 물 발자국water footprint의 개념이 활용되는데 이는 특정 제품을 생산하거나 서비

표 5.1 육류와 곡물의 물 발자국

식품(1 kg)	물 발자국(L, 세계 평균)
옥수수	1,200
밀	1,800
콩	2,100
쌀	2,500
닭고기	4,300
돼지고기	6,000
양고기	8,700
소고기	12,400

표 5.2 여러 가지 제품의 물 발자국

제품	물 발자국(L, 세계 평균)
커피 1컵(250 mL)	260
차 1컵(250 mL)	27
바나나 1개(200 g)	160
오렌지 1개(150 g)	80
오렌지 주스 1컵(200 mL)	200
달걀 1개(60 g)	200
초콜릿 바 1개(100 g)	1,700
면 티셔츠 1장(250 g)	2,500

스를 제공하기 위해 사용된 담수 부피의 추정치를 말합니다. 다음의 표 5.1, 표 5.2에 주어진 다양한 농산품과 제품의 물 발자국 값은 세계 평균치입니다. 비록 이 물 발자국 값은 정확하지 않아 논란의 소지가 있기는 하지만, 모든 식품과 제품 생산에 물이 필요함과 물 사용에 대한 전반적 상황을 제공하므로, 효과적인 물 사용을 촉진하자는 목적으로 자료를 살펴보면 좋을 것입니다.

3. 물의 활용과 관련된 주요 문제

물은 과거에는 거의 무료로 마실 수 있었습니다. 하지만 이제는 비용을 지불해야 생수 한 병을 얻을 수 있으며, 수돗물이나 정수기의 물 역시 비용이 발생합니다. 어느 지역은 물이 풍부하게 존재하지만 일부 지역은 생존을 위한 물을 얻기 위하여 상당한 거리를 이동하여야만 합니다. 역사상 인류의 주거지역은 물이 있는 지역 부근에서 형성되었지만 다양한 기술이 개발, 활용 가능한 현재에는 물의 위치를 특정 지역의 수요에 따라 변경하기도 합니다. 그러나 이러한 조치에는 많은 노력과 시간, 비용이 소요되며, 이 외에도 세계 기후 변화, 각국의 정책, 물의 과소비, 비효율적인 사용 및 오염 등에 영향을 받게 됩니다. 이러한 요인들이 물의 활용성에 어떠한 영향이 있는지를 살펴보도록 하겠습니다.

1) 지구 기후 변화

물은 지구 생태계 내에서 순환합니다. 대기 중의 수분은 비 또는 눈 등으로 지표면에 떨어져서 호수, 강 등을 이루고 지표면에 스며들어 대수층에 추가됩니다. 또한 이 물 중의 일부는 바다로 흘러 들어가거나 눈 또는 빙하의 형태로 고산지대와 극지방에서 저장되기도 합니다. 지표면의 물은 증발하여 다시 대기 중의 수증기가 되는 등 자연 현상을 통해 지속적으로 재생되어 순환 과정을 완성하고 있습니다.

이 과정에서 지구 기후는 중요한 역할을 하여, 지구상 물의 분포에 커다란 영향을 줍니다. 예를 들어, 고산지대의 눈은 한동안 얼음의 형태로 저장되었다가 온도가 상승하면 일부가 녹아 주변의 시내 및 강에 수자원을 공급하여 생태계를 유지시킵니다. 대표적으로 지구의 지붕이라고 일컫는 히말라야산맥의 빙하는 아시아 7대 강의 수원으로서 세계 인구의 거의 1/4에 해당하는 20억 명의 생명수가 되고 있습니다.

수자원을 두고 관계국들 사이에 분쟁이 벌어지기도 합니다. 중국이 메콩강 상류에 11개의 댐을 건설하고 추가 댐 건설을 계획하여 메콩강 하류의 생태계가 피폐하게 되는 사태가 벌어지고 있습니다. 또한 중국은 최근 티베트 자치구 내 야를룽창포강 유역의 초거대 수력발전소 건설 계획을 승인하였는데, 이는 세계 최대 규모인 싼샤 댐의 3배가 넘는 규모로, 인도와 방글라데시로 흘러드는 강을 막아 추가적인 분쟁이 염려됩니다.

한편, 홍수를 통해서 엄청난 양의 물이 공급되며, 가뭄은 심한 물 부족 사태를 일으킵니다. 최근 지구 온난화 현상이 심화되면서 일부 지역에는 태풍, 허리케인 등에 동반되는 집중 호우에 의한 엄청난 홍수로 큰 피해가 발생하였습니다. 반면 일부 유럽 지역에는 큰 가뭄이 들어 고통을 받기도 했습니다. 이처럼 물 순환의 시기는 생태계에 큰 영향을 끼치며, 적정한 주기로 물이 순환해야 생태계의 균형이 유지됩니다.

2) 과소비와 비효율적 사용

최근에 세계 곳곳에서 지하수 과다 사용이 문제가 되고 있습니다. 특히 중국의 경우 각 지역의 지하수 과다 사용으로 인하여 지층이 침하하고 갑작스런 대규모 공동 생성 등으로 많은 피해가 발생하고 있습니다. 또한 미국 중부지방의 풍부한 농작물 수

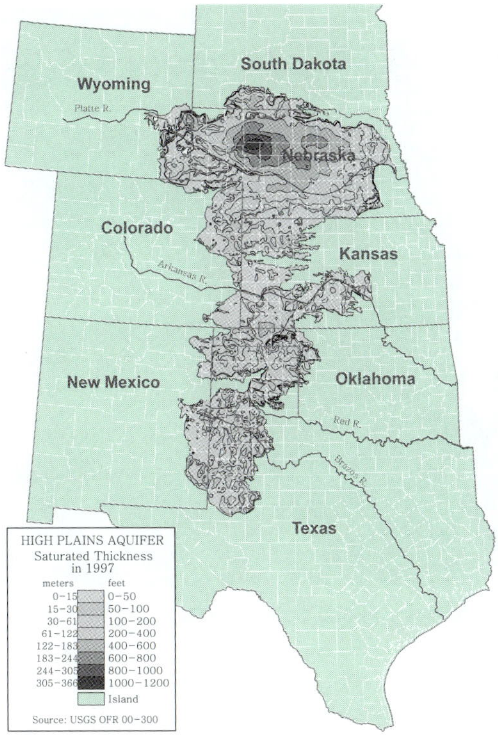

그림 5.8 미국의 고원 대수층 (출처: Kbh3rd, CC BY-SA 3.0, Wikimedia Commons)

확은 전적으로 이 지역의 고원 대수층High Plains Aquifer(그림 5.8)에서 공급되는 지하수에 의존하고 있지만 과도한 취수로 인하여 불안한 미래가 예상됩니다. 특히 해안 근처의 지질학적으로 불안정한 지역에서는 물 고갈로 인해 염수가 대수층에 유입될 염려가 제기되고 있는데, 이는 자연적 보충 속도보다 더 빠르게 대수층의 물을 퍼 쓰기 때문으로 분석되고 있습니다.

지표수의 과도한 이용도 문제를 일으키고 있습니다. 카자흐스탄과 우즈베키스탄과 인접한 아랄해(그림 5.9)가 대표적 예입니다. 아랄해는 한때 세계에서 4번째로 큰 내륙의 담수호였습니다. 그러나 건조한 기후에서 면화를 재배하기 위하여 아랄해에 물을 공급하는 강으로부터 물길을 변경한 운하망을 건설하였습니다. 그 결과 아랄해 유입 담수의 양이 감소하였고, 개방된 운하로부터 증가된 증발로 물이 낭비되었으며, 호수 면적이 크게 줄어들었습니다. 유엔은 이를 20세기 최대의 환경 재앙이라 하며, 현재는 독성 물질, 소금 등이 가득한 지역이 되었습니다.

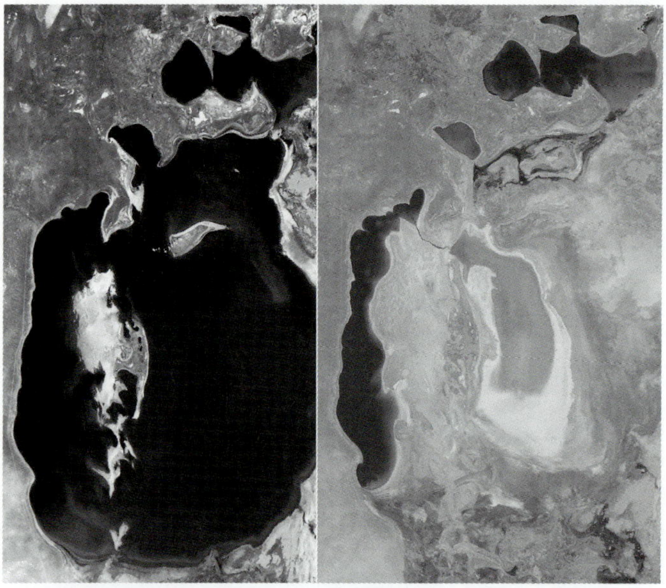

그림 5.9 1989년(왼쪽)과 2008년(오른쪽)의 아랄해의 크기 변화

이러한 사례는 대표적인 '공유지의 비극'의 예로, 공동으로 사용하는 수원이지만 관리 책임을 지는 사람이 없어 과도하게 사용되어 이 수원을 사용하는 모든 사람에게 피해를 주게 되었습니다.

3) 오염

생태계에 필요한 물은 유해한 화학물질과 질병을 유발하는 미생물이 없는 물이지만, 세계보건기구(WHO)와 유엔어린이기금(UNICEF)이 발간한 2017년 합동 보고서에 따르면 개발도상국에 사는 약 21억 명의 사람들에게는 안전한 식수가 부족한 실정입니다. 매일 약 3,000명 이상의 유아와 어린이가 오염된 물로 인하여 사망하고 있습니다.

오염되지 않은 안전한 물이 곧 순수한 물을 의미하는 것은 아닙니다. 앞에서 언급한 바와 같이 물은 다양한 물질을 녹이는 성질이 있기에 자연의 많은 물질을 녹이고 있습니다. 이 중 일부 물질은 건강에 유해할 수 있습니다. 미국 환경보호국Environmental Protection Agency, EPA은 물의 오염물질을 인간 건강에 유해하거나 물의 맛이나 물의 색을 감소하게 하는 물리적, 화학적, 생물학적 또는 방사성의 물질로 정의하며 90개 이상의 물질을 규제하고 있습니다.

미국 미시간주의 Flint에서 2014년 발생한 물 위기는 물 오염에 주의할 것을 촉구하고 있습니다. 식수에서 납의 EPA 지침 기준은 15 ppm이지만 Flint 지역의 식수 시료에는 100 ppm 이상의 납이 함유되어 있었습니다. 납 오염은 지능 저하 현상을 비롯해 수명에도 영향을 줄 수 있을 정도로 위험합니다. 로마 문명의 몰락 배경에 로마에서 사용하였던 납 수도관이 일부 기여하였다는 이야기가 있듯이, 장기적인 문제를 일으킬 가능성이 있습니다. 따라서 정기적으로 물의 품질을 감시하고, 정확히 물의 조성을 검사하는 것의 중요성을 이 사례를 통해 배우게 되었습니다.

당연히 물에 포함된 오염물질 모두를 검사하고 규제할 수는 없습니다. 더구나 우리가 매일 사용하는 화장품, 의약품 등 다양한 물질이 천연물질 이외에 첨가될 수 있습니다. 아쉽게도 우리는 이러한 첨가 물질의 효과를 완전히 이해하지는 못하고 있습니다. 화학과 공학 뉴스(Chemcal & Engineering News, 2019)의 한 기사에 따르면 환경물질의 효과를 이해하는 초기 단계에 있다고 할 만큼 이 물질들을 이해하는 데 미흡한 실정입니다. 다만 이러한 물질의 오염 경로 및 효과 등을 이해하고자 하는 대중의 의지가 점차 증가하고 있기 때문에 전반적인 환경 오염에 대한 인식 수준이 향상되고 있습니다.

4. 안전한 물과 성분 표시법

물은 다양한 물질을 녹일 수 있지만, 물에 녹을 수 있는 물질의 양은 물질의 특성에 따라 다양합니다. 이미 언급한 바와 같이 극성 물질은 보다 많이 녹고, 비극성 물질과 기체는 상대적으로 적은 양이 녹습니다.

물은 매우 좋은 용매로 작용하기 때문에 많은 물질을 녹이며, 따라서 자연에서는 순수한 물만 존재하는 경우는 없습니다. 물에 녹은 물질 중에는 독성을 나타낼 수 있어 음용수로 사용하기에는 적절하지 않은 경우도 있습니다. 물이 대기와 접촉하게 되면 대기 중 성분이 일부 녹게 되는데, 질소, 산소, 이산화 탄소 등은 상당히 적은 양이 녹지만 대기 중의 NO_x, SO_x는 상대적으로 잘 녹아 산성비acid rain가 되어 환경에 심각한 결과를 초래하기도 합니다.

알아보기

NO_x는 다양한 산소와 질소 비를 가지는 질소 산화물을 총괄적으로 지칭하며, SO_x는 다양한 황 산화물을 지칭합니다. 이 물질들은 물에 녹으면 산성 물질들이 생성되어 액성이 산성으로 바뀌게 됩니다. 한편, 천연 비는 공기 중의 이산화 탄소가 녹아 탄산(H_2CO_3)이 생성되어 약간의 산성을 가집니다. 따라서 산성비는 단순히 액성이 산성인 것을 지적하는 것이 아니라 천연 비에 비하여 산성이 더 심한 상태를 나타내는 비를 의미합니다.

물에 특정 물질이 얼마나 녹아 있는지를 확인하는 것은 매우 유용하고 중요한 정보입니다. 1.7절에서 설명한 바와 같이 용매 또는 용액의 양에 대한 녹아 있는 용질의 양을 표시하는 비율인 농도concentration를 통하여 정량적으로 접근할 수 있습니다. 경우에 따라 백분율(%), 백만분율(ppm), 십억분율(ppb), 몰농도(molarity)의 네 가지 농도가 주로 사용됩니다.

생활에서 많이 사용하고 있는 제품에서도 많이 사용되는 백분율의 예는 다음과 같습니다. 정상 식염수normal saline는 질량 백분율 0.9%의 NaCl 농도를 의미하며, 정맥에 투여하는 의약품을 녹이는 데 사용됩니다. '소독용 아이소프로필 알코올(70%)'이라는 표현은 전체 수용액 100 mL 중에 70 mL가 아이소프로필 알코올이라는 뜻입니다.

보다 작은 양의 용질을 가지고 있는 경우, 특히 환경 오염물질의 양을 표시하는 데는 백만분율이나 십억분율을 광범위하게 사용하고 있습니다. ppm 또는 ppb가 유용하기는 하지만 10^6 g의 질량 기준을 사용하는 것보다는 용액 1 L를 기준하는 경우가 편리하기 때문에 보통 ppm은 (mg 용질/L 물) 단위를 사용하며, 식수에 용해된 무기물을 비롯한 다양한 물질의 농도를 표현합니다. 일부 오염물질은 훨씬 적은 양으로도 건강에 영향을 미치기 때문에 ppb 단위를 사용하며, (μg 용질/L 물) 단위를 이용하여 미량 물질을 표현하고 있습니다. 더 적은 양을 표현하기 위하여 1조분율(ppt: part per trillion) 단위도 사용하고 있습니다.

몰농도(M)는 다양한 화학 분야에서 광범위하게 사용하고 있는 유용한 농도 단위로, 용액 1 L에 녹아 있는 용질의 몰수로 정의하고 있습니다. 몰농도가 같다는 것은, 녹아 있는 용질의 종류와 질량도 다르지만 같은 수의 용질 입자가 존재한다는 뜻입니다. 경우에 따라 용질의 녹는 정도를 비교하는 데 유용하게 활용할 수 있습니다.

5. 용해도란?

물은 극성으로 인해 극성 물실을 잘 녹입니다. 그리고 비극성 용매는 비극성 용질을 잘 녹입니다. 화학에서는 이러한 현상을 "같은 것은 같은 것을 녹인다(like dissolves like)"라는 문구로 표현하고 있습니다. 녹는 물질, 용질은 구성 입자의 특성에 따라 이온성ionic과 분자성molecular으로 구분하며, 이온성 물질은 구성 입자가 전하를 띤 입자, 즉 이온으로 구성되고 분자성 물질은 구성 입자가 전하를 띠지 않는 입자, 즉 분자로 구성되어 있습니다. 다만 분자는 부분적으로 전하를 띨 수 있습니다.

이온 화합물인 소금(NaCl)은 Na^+ 이온과 Cl^- 이온 사이의 인력인 이온 결합으로 뭉쳐져 있습니다. 소금을 물에 넣으면 각 이온은 극성인 물 분자로 둘러싸입니다.

$$NaCl(s) \xrightarrow{H_2O} Na^+(aq) + Cl^-(aq)$$

이 외의 다른 이온 화합물도 유사하게 물에 녹으며, 자유롭게 움직일 수 있는 이온의 존재 때문에 이 용액들은 전기를 통하게 되고, 이온성 용질을 전해질electrolyte이라고 부릅니다. 다만 순수한 물은 이온이 거의 존재하지 않기 때문에 전기를 거의 통하지 못합니다. 그러면 모든 이온 화합물은 물에 잘 녹을까요? 그렇지는 않습니다. 이온 화합물을 구성하는 이온의 크기와 전하에 따라 이온 사이의 결합력, 이온과 물 분자 사이의 결합력의 차이 등의 이유로 용해도의 차이가 나타납니다. 이온 화합물의 용해도 지침은 표 5.3을 참조하기 바랍니다.

표 5.3 이온 화합물의 용해도 지침

용해되는 이온 화합물	예외
Na^+, K^+, NH_4^+를 포함하는 대부분 염 질산 이온 NO_3^-를 포함하는 염 염소산 이온 ClO_3^-를 포함하는 염 과염소산 이온 ClO_4^-를 포함하는 염 아세트산 이온 $CH_3CO_2^-$를 포함하는 염	
Cl^-, Br^-, I^-의 대부분의 염	Ag^+, Hg_2^{2+}, Pb^{2+}의 할로젠화물
F^-를 포함하는 대부분의 염	Mg^{2+}, Ca^{2+}, Sr^{2+}, Ba^{2+}, Pb^{2+}의 플루오린화물
황산 이온 SO_4^{2-}를 포함하는 염	Ag^+, Ca^{2+}, Sr^{2+}, Ba^{2+}, Pb^{2+}의 황산염

용해되지 않는 이온 화합물	예외
탄산 이온 CO_3^{2-}를 포함하는 염 인산 이온 PO_4^{3-}를 포함하는 염 옥살산 이온 $C_2O_4^{2-}$를 포함하는 염 크로뮴산 이온 CrO_4^{2-}를 포함하는 염 황화 이온 S^{2-}를 포함하는 염	NH_4^+와 알칼리 금속 양이온의 염
수산화 이온 OH^- 또는 산화 이온 O^{2-}를 포함하는 염	알칼리 금속 수산화물과 $M(OH)_2$ (M = Ba, Sr)

이온 화합물의 용해도를 살펴보았으니, 이제 분자 화합물의 용해도에 대한 추세도 살펴보겠습니다. 잘 아는 바와 같이 설탕(수크로스sucrose)은 물에 잘 녹습니다. 물에 녹으면 설탕 분자는 원래 형태를 그대로 유지한 채로 물 분자 사이에 균일하게 분산되지만, 이온은 생성되지 않습니다. 즉, 전기가 통하지 않으며, 따라서 설탕 분자를 비전해질nonelectrolyte이라고 합니다. 물 분자 사이에 분산되는 이유는 물과 설탕 분자 모두 극성이어서 서로 강하게 끌리기 때문입니다. 용매 분자와 용질 분자 사이의 끄는 힘이 강해질수록 용해도는 보다 커집니다. 그림 5.10의 분자 구조에서 볼 수 있듯이, 설탕과 마찬가지로 에틸렌 글라이콜이나 에탄올은 극성인 −OH를 가지고 있기 때문에 수소 결합이 가능하고 물과의 친화성이 커 용해도가 증가합니다.

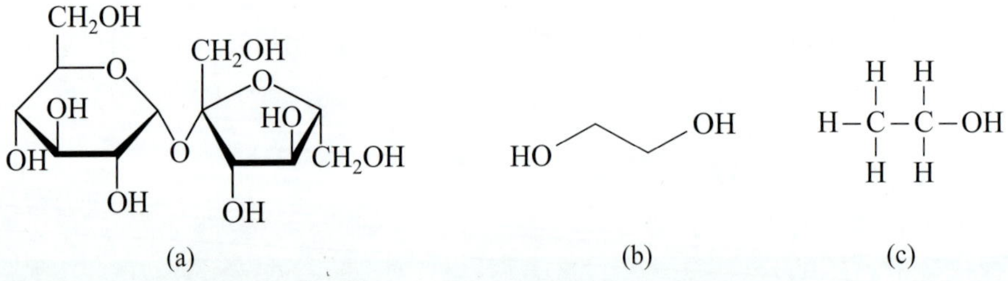

그림 5.10 설탕(수크로스)(a), 에틸렌 글라이콜(b), 에탄올(c)의 분자 구조

반면 "물과 기름은 섞이지 않는다" 말처럼 기름과 같은 비극성 물질은 물에 거의 녹지 않습니다. 물 분자들 또는 기름 분자들 사이의 인력은 물과 기름 분자 사이의 인력보다 크기 때문에 녹지 않게 되는 결과가 얻어지는 것입니다.

비극성 용질을 녹이는 방법은 2가지가 가능합니다. 첫 번째는 용해도 규칙에 따라 비극성 용매를 사용하는 것입니다. 이 방법은 드라이클리닝에서 테트라클로로에틸렌이라는 비극성 용매를 사용하여 의복의 기름 오염물질을 제거하는 것과 동일합니다. 또 한 가지는 계면활성제surfactant라는 분자 내에 극성과 비극성 부분이 동시에 존재하는 물질을 사용하는 것입니다. 비누(그림 5.11)와 세제가 대표적인 예가 되겠습니다.

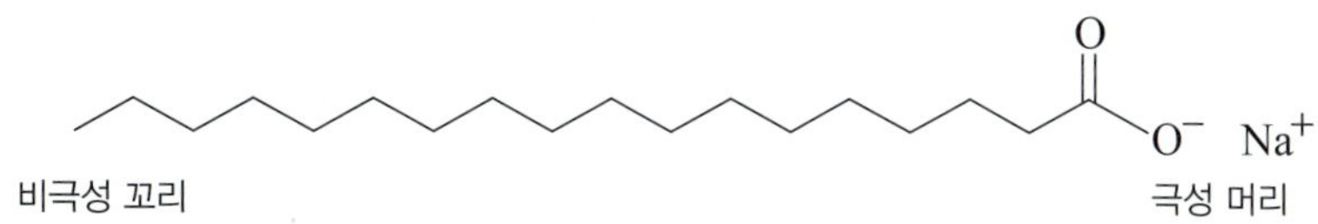

그림 5.11 비누의 분자 구조

여기서 퍼크와 같은 염소 함유 탄화수소는 발암물질의 가능성이 있어 환경 및 건강상의 문제가 대두되고 있습니다. 따라서 화학자들은 이를 대체하거나 아예 사용하지 않는 시스템을 고안하고자 하였습니다. 퍼크를 사용하는 대체 공정의 비극성 용매로 액체 이산화 탄소가 제안되고 있습니다. 기체 CO_2에 고압을 가하게 되면 응축되어 액체가 됩니다. 액체 CO_2는 무독성, 불연성, 화학적 낮은 반응성, 오존 파괴 효과가 없고 스모그를 형성하지 않는 장점이 있어 주목됩니다. 다만 드라이클리닝 용매로 사용하기에는 비극성 오염물질을 잘 녹이지 못합니다. 이를 개선하기 위하여 미국 North Carolina 대 Chapel Hill 캠퍼스의 Joe DeSimone는 액체 CO_2와 같이 사용할 수 있는 계면활성제를 개발하였고, 이를 활용하는 Hangers Cleaners라는 드라이클리닝 체인점을 운영하고 있습니다.

비극성 물질이 비극성 용매에 잘 녹는다는 사실은 또 다른 환경적 문제를 이해하는 데 도움이 됩니다. 물고기와 동물의 지방 조직에 PCB나 살충제 중의 하나인 DDT가 축적되어 식품의 안전성과 개체의 번식에 문제를 일으키고 있음이 일부 매체를 통하여 보도되었습니다. 이러한 현상은 1962년 Rachel Carson의 저서 『침묵의 봄』에서 주목했던, 살충제에 노출되면서 맹금류의 개체 수가 감소한 것과도 연결됩니다.

알아보기

PCB(polychlorinated biphenyl, 여러 개의 염소가 결합된 바이페닐)는 과거 전기 장치의 냉매로 널리 사용되었지만 낮은 농도(1 ppb 이하)에서도 인간 포함 다양한 동물들의 정상적 성장과 발달을 방해하는 것으로 알려져 규제를 받고 있는 물질입니다.
DDT(dichlorodiphenyltrichloroethane)는 분해가 잘 되지 않는 비극성 화합물입니다. 먹이 사슬의 정상으로 갈수록 농도가 증가하는 현상인 생물 증폭biomagnification으로 인하여 송골매 등 맹금류의 번식에 영향을 주기 때문에 사용이 제한되고 있습니다.
이러한 물질들은 섭취할 경우 혈액(극성)보다는 체지방(비극성)에 저장되어 먹이 사슬 위로 갈수록 농도가 증가하게 됩니다. 예를 들어, 물속의 DDT 농도가 약 0.00003 ppm만 되어도, 그 물속의 사는 동물성 플랑크톤에는 0.04 ppm의 DDT가 축적됩니다. 이후 이 동물성 플라크톤을 먹는 작은 물고기에는 0.5 ppm, 작은 물고기를 먹는 큰 물고기에는 2 ppm, 물고기를 먹는 새에는 25 ppm의 DDT가 축적됩니다.

6. 부식성 물질: 산과 염기

지구는 물이 풍부한 행성입니다. 많은 물질들이 물에 녹아 있고 녹은 물질들 사이에는 많은 반응들이 진행되어 자연에서 관찰되는 다양한 현상들이 나타나게 합니다. 이러한 다양하고 중요한 반응 중에서 특히 친숙한 것들이 있는데 바로 산-염기 반응입니다.

우리 주변에는 다양한 산과 염기 물질들이 존재하며, 보건, 환경, 산업적 등 다양한 방면에서 매우 중요한 위치를 차지하고 있습니다. 산과 염기는 매우 친숙한 물질이지만 이들을 규정하려는 노력은 상당히 오랜 역사를 가지고 있습니다. 산을 의미하는 영어 단어 acid가 '시다'라는 의미의 라틴어 *acidus*에서 유래한 것에서 보듯이 산은 신맛을 가집니다. 그러나 이것만으로 일반화하기에는 미흡합니다. 1887년 스웨덴 화학자 Svante Arrhenius는 산을 물에 녹을 때 수소 이온(H^+)을 생성하는 물질로 정의하며, 염기는 물에 녹을 때 수산화 이온(OH^-)을 생성하는 물질로 정의했습니다. 다음과 같이 화학식에서 H 또는 OH를 가지고 있는 화합물들을 산 또는 염기로 분류할 수 있습니다.

- Arrhenius 정의에 의한 산의 예: HCl, HNO_3, H_2SO_4, $HClO_4$, H_2CO_3, CH_3COOH 등
- Arrhenius 정의에 의한 염기의 예: $NaOH$, KOH, $LiOH$, $Ca(OH)_2$ 등

수소 이온(H^+)은 산이 신맛이 나게 하며 푸른색 리트머스 지시약을 붉은색으로 변화하게 하면서 일부 금속을 부식하는 성질을 나타냅니다. 반면에 염기의 수산화 이온(OH^-)은 쓴맛을 나타내며 붉은색 리트머스 지시약을 푸른색으로 변화하게 합니다. 이러한 정의는 물질의 화학식만으로도 산과 염기를 구별할 수 있는 장점이 있지만 수산화 이온을 포함하지 않은 염기인 암모니아(NH_3), 수소 원자를 가지고 있지 않은 이산화 탄소(CO_2)와 같은 일부 화합물의 경우에는 분류의 오류가 발생할 여지도 있습니다.

알아보기

물속에서 수소 이온은 단독으로 존재할 수 없고 다수의 물 분자들로 둘러싸여 있습니다. 따라서 $H^+(H_2O)_n$으로 표시하는 것이 정확하지만 편의상 H_3O^+(하이드로늄 이온)으로 표시하고 있습니다. 또한 1개의 양성자와 1개의 전자로 구성된 수소 원자에서 전자가 제거되면 수소 이온이 되는데, 이는 곧 양성자를 의미하므로 아예 양성자라고 부르기도 합니다.

따라서 좀 더 많은 물질을 정확히 분류하기 위하여 1923년 덴마크의 J.N. Brønsted와 영국의 T.M. Lowry는 산과 염기의 범위를 확장하였습니다. 이 정의에 따르면 산은 수소 이온(H^+)을 제공하는 물질로, 염기는 수소 이온을 받는 물질이 됩니다. 이 정의는 화합물 단독의 형태로 산과 염기를 파악하는 Arrhenius 정의와는 달리, 반응에 따른 수소 이온의 이동 상황을 통하여 산과 염기를 파악하게 됩니다. 이 결과 Arrhenius의 정의에서 산과 염기로 분류되지 않았던 물(H_2O)이 포함될 수 있으며, 또한 경우에 따라 산 또는 염기로 분류될 수 있는 양쪽성 물질이라는 새로운 분류가 대두되는 등 산과 염기로 분류될 수 있는 물질의 범위가 확대되었습니다.

$$\underset{\text{산}}{HCl} + \underset{\text{염기}}{H_2O} \rightarrow H_3O^+ + Cl^-$$

$NaOH \rightarrow Na^+ + OH^-$

$OH^- + H_2O \rightarrow H_2O + OH^-$
염기　　산

$NH_3 + H_2O \rightarrow NH_4^+ + OH^-$
염기　　산

$CO_2 + H_2O \rightleftharpoons H_2CO_3 + H_2O \rightleftharpoons H_3O^+ + HCO_3^-$
산　　염기

위의 경우에서 볼수 있듯이 Arrhenius의 정의에 의한 산 또는 염기는 Brønsted-Lowry의 정의에 의하여도 산 또는 염기로 동일하게 분류되고 있으며, Arrhenius의 정의에서 산으로 분류될 수 있었던 NH_3에서 염기의 성질이 관찰되는 상황을 설명할 수 있습니다. 또한 CO_2는 자체적으로 수소 이온을 주거나 받지 못하지만 물에 녹아 수소 이온을 내는 형태(H_2CO_3)로 변화되고 수소 이온을 내게 되어 산으로 분류됩니다. NO_2, SO_2 등도 마찬가지로 물에 녹아(CO_2보다 잘 녹음) 산의 형태(HNO_3, H_2SO_4)로 변하게 되며, 이러한 물질을 산성 산화물이라고 부르고 있고, 질소와 황의 산화물인 환경오염물질들이 산성비를 형성하게 되는 경로를 설명하고 있습니다. 따라서 Brønsted-Lowry 정의는 Arrhenius 정의의 범위를 확장시키고 있는 것입니다. 한편, H_2O는 경우에 따라 산 또는 염기로 작용하고 있는 것을 확인할 수 있고, 이러한 물질을 양쪽성 물질이라고 부르고 있습니다.

산과 염기는 이온화의 정도에 따라 강산strong acid, 강염기strong base 또는 약산weak acid, 약염기weak base라 부르고 있습니다. 일반적으로 강산, 강염기의 경우는 거의 100% 이온화가 진행되며, 아세트산(CH_3COOH) 또는 암모니아(NH_3)와 같은 약산, 약염기는 매우 적은 이온화가 나타나게 되어 많은 양이 원래 모습을 그대로 유지하게 됩니다.

HCl/Cl^- 또는 NH_3/NH_4^+와 같이 수소 이온 또는 양성자의 이동에 따라 변화 전과 후의 형태가 단지 양성자의 추가 존재에 따른 관계를 표시할 때 짝산conjugate acid, 짝염기conjugate base라는 용어를 사용합니다. 즉, HCl, NH_4^+와 같은 상대보다 양성자가 추가된 화합물은 짝산, Cl^-, NH_3와 같이 상대보다 양성자가 부족한 화합물을 짝염기라고 부르고 있습니다.

7. 산-염기 중화 반응

산과 염기의 가장 중요한 반응 중 하나는 바로 중화 반응neutralization reaction입니다. 보통 중화 반응을 산과 염기가 반응하여 염과 물이 생성되는 반응이라고 하지만 본질은 좀 더 살펴볼 필요가 있습니다. 중화 반응의 대표적인 반응은 다음과 같은 염산(HCl)과 수산화 소듐(NaOH)의 반응입니다.

$$HCl + NaOH \rightarrow NaCl + H_2O$$

이 반응이 물속에서 반응이 진행되는 것을 표시하기 위하여 (aq)라는 표현을 사용하고, 물속에서는 이온화가 진행되어 참여한 이온들을 모두 표시하면(이를 전체 이온 반응식이라 함) 이 반응의 본질을 확인할 수 있습니다.

$$\begin{aligned} HCl(aq) + NaOH(aq) &\rightarrow H^+(aq) + Cl^-(aq) + Na^+(aq) + OH^-(aq) \\ &\rightarrow Na^+(aq) + Cl^-(aq) + H_2O(l) \end{aligned}$$

여기서 반응 전후에 변화가 없는 이온을 구경꾼 이온spectator ion이라 하며, 이들을 제외한 이온 사이의 반응식이 알짜 이온 반응식net ionic equation입니다.

$$H^+(aq) + OH^-(aq) \rightarrow H_2O(l)$$

위의 식에서 확인할 수 있듯이, 산의 수소 이온과 염기의 수산기 이온이 결합하여 물이 생성되는 것이 중화 반응의 본질입니다. 일반적으로 중화 반응의 결과 중성인 물이 생성되기 때문에 액성이 중성, 즉 산성도 염기성도 아닌 상태가 될 것으로 생각하지만 실제로는 강산과 강염기의 반응에만 적용되고 다른 경우에는 생성된 염의 특성에 따라 액성이 결정됩니다.

순수한 물도 다음과 같이 비록 작은 양이지만 이온화가 진행되며 이를 자동 이온화autoionization라고 하고 모든 수용액에서 이온 농도의 곱은 일정한 값을 유지합니다.

$$H_2O \rightleftharpoons H^+ + OH^-$$

$$[H^+][OH^-] = 1 \times 10^{-14}$$

$[H^+]$는 몰농도로 표시된 수소 이온 농도, $[OH^-]$는 몰농도로 표시된 수산화 이온 농도를 의미합니다. 이 값은 일정하며 이온 농도들이 서로 의존하는 상황을 표현합니다. 이 식은 용액의 액성을 정량적으로 기술하는 데 중요한 식이며, 대상이 되는 용액의 액성을 판단할 수 있는 간단한 방법을 도출하는 데 중요한 역할을 합니다. 다음 절에서 이에 대하여 자세히 살펴보도록 하겠습니다.

8. 산도와 염기도의 정량화: pH 척도

용액의 액성을 정량적으로 표현하는 방법은 pH 척도를 사용하는 것입니다. pH는 "power of hydrogen(수소의 지수)"을 뜻하며, 항상 소문자와 대문자를 섞어 쓰는 것이 관례입니다. pH는 다음과 같이 정의되며, 0에서 14 사이의 값으로 용액의 산도 또는 염기도를 나타냅니다.

$$pH = -\log[H^+]$$

pH와 H^+ 농도와의 관계는 그림 5.12에 나타나 있습니다. pH가 7 밑이면 산성, 7 위이면 염기성이고, 7일 때 중성이 됩니다.

순수한 물의 액성은 중성이지만, 지구상의 물은 그들이 위치한 지역에 따라 액성 즉 pH가 달라집니다. 앞에서도 언급한 바와 같이, 일반적인 또는 '정상적인' 비는 pH가 5~6 사이인 약한 산성이고, 이것은 물에 용해된 이산화 탄소 때문입니다. 반면에

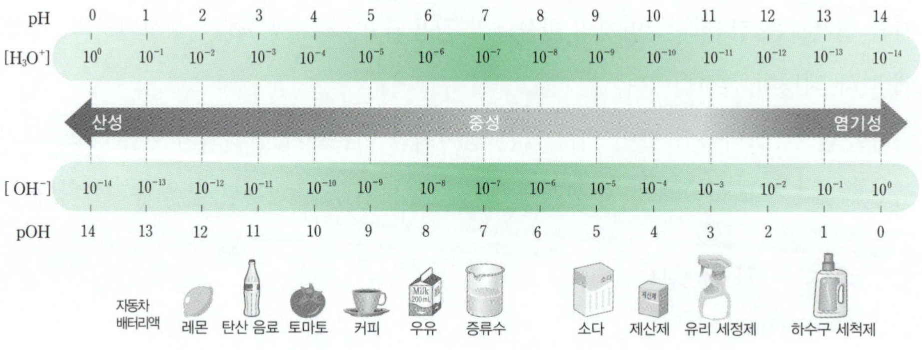

그림 5.12 pH와 $[H^+]$와의 관계 및 액성 그리고 몇 가지 일반적인 물질의 pH

바닷물은 pH가 약 8.2인 약 염기성을 띠게 됩니다. 다만 대기 중의 이산화 탄소 농도의 증가는 바닷물에 용해된 이산화 탄소의 농도가 증가하고, 생성된 H_2CO_3의 농도가 증가하면서 산성도가 증가하게 됩니다. 실제로 1800년대 이후 바닷물의 pH는 0.1만큼 감소하였다고 합니다. 이 수치는 매우 작은 것처럼 보이지만 H^+의 양이 26% 증가한 것으로 해석되며 이러한 현상을 해양 산성화라고 말하고 있습니다. 해양 산성화가 진행되면 탄산 이온의 감소하고, 해양 생명체의 껍질의 탄산 칼슘이 용해되기 시작할 것으로 예상되며, 멀지 않은 장래에 이러한 현상이 실제로 일어날 것으로 우려하고 있습니다. 한 예로, 바다가 산성화되면서 산호초가 약해지고 파도가 해안을 침식하는 것을 막을 수 없고, 생명체의 서식지를 훼손함으로써 해양 생명체의 감소가 예상되고 있습니다.

9. 산성비

산성비라는 용어는 단순히 산성을 나타내는 비를 지적하는 것이 아니라, 이산화 탄소가 녹아 약산성을 띠는 천연 비보다 더 강한 산성을 띠는 비를 의미한다고 하였습니다. 그림 5.13에서 볼 수 있듯이 미국 본토에 내리는 비 시료의 pH는 동부 지역, 특히 오하이오강 계곡 지역에서 상당히 낮음을 알 수 있습니다. 이 현상의 원인으로 우선 생각되는 것은 대기 중의 이산화 탄소에 의한 수소 이온 농도의 증가이지만 빗물의 화학 분석을 통해 이산화 탄소 이외에 수소 이온을 생성하는 다른 원천이 있음을 확인하였습니다. 여기에 포함되는 물질들은 황 산화물(SO_x; SO_2, SO_3 등)과 질소 산화물(NO_x; NO, NO_2 등)입니다. 이 물질들은 물에 용해되어 다양한 단계를 거쳐 황산 또는 질산과 같은 잘 알려진 산 물질을 생성하여 산성비 형성합니다.

산성비는 부식성이 있기 때문에 건물, 다리 등 구조물의 수명을 줄이고, 수목 등 환경에 좋지 않은 영향을 주어 황폐화의 원인으로 지목되고 있습니다. 바닷물이 pH가 8.4 정도로 유지되는 것은 바닷물에 녹아 있는 탄산(H_2CO_3), 탄산수소 이온(HCO_3^-), 탄산 이온(CO_3^{2-})이라는 3가지 화학종 사이의 평형 때문입니다. 이러한 평형은 혈액의 pH가 약 7.4로 유지하는 데도 큰 역할을 하고 있습니다.

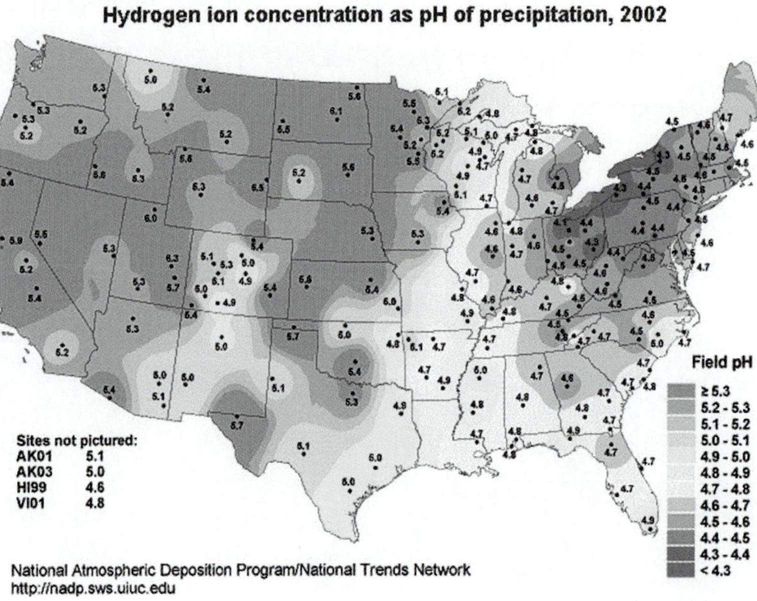

그림 5.13 2002년 미국의 비 시료의 pH.
(출처: USGS, https://www.usgs.gov/media/images/ph-rainfall-usa-2002)

산성비는 생태계의 많은 생명체에 많은 영향을 줄 수 있습니다. 특히 조개, 게, 산호와 같이 껍질의 주성분이 탄산 칼슘($CaCO_3$)인 생명체의 경우 위의 3가지 화학종의 평형이 중요합니다. 앞에서 살펴본 바와 같이 최근 대기의 이산화 탄소의 양이 급격히 증가함에 따라 바닷물에 녹은 탄산의 양이 증가하고, 탄산의 해리에 의한 증가된 수소 이온의 탄산 이온과의 반응에 의해 바닷물에 녹아 있는 탄산 이온의 농도가 감소합니다. 이것은 바다 생명체의 탄산 칼슘 껍질이 용해되게 하여 생존에 영향을 줍니다. 해양 과학자들은 향후 40년 안에 탄산 이온의 농도가 바다 생명체의 껍질이 용해되기 시작할 정도로 낮아질 것으로 예상하고 있습니다. 물론 산성비 외에도 지구 온난화 등이 일부 영향을 줄 수는 있겠지만 분명 산성비에 의한 산성화가 이러한 현상을 촉진할 수 있을 것은 분명합니다.

또한 바다 밑바닥에 침전된 막대한 양의 탄산 칼슘은 이러한 현상을 느리게 진행시켜 자연적 치유를 가능하게 할 수도 있겠지만 관측된 바다의 pH 변화는 과거에 보지 못한 속도로 급격히 진행되고 있습니다. 약 200년 만에 바다의 pH는 지난 4억 년 동안 경험하지 못하였던 수준으로 떨어지고 있다는 사실은 생태계가 과거의 수준으

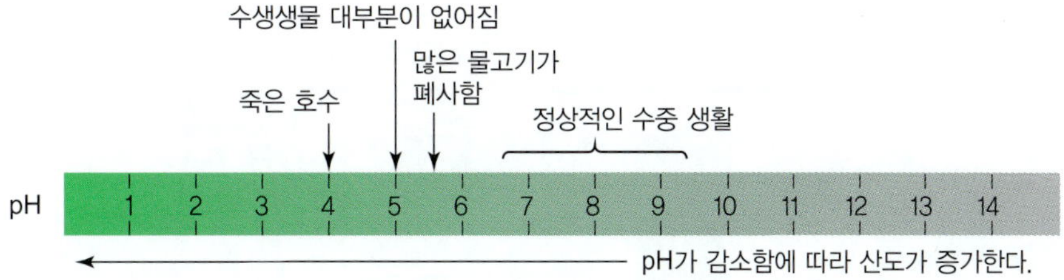

그림 5.14 물의 pH에 따른 수생 생물의 생존 가능성

로 회복하는 것이 매우 어렵다는 것을 시사하고 있습니다.

산성비는 바다에만 영향을 미치는 것이 아니라 지상에 존재하는 강, 호수와 같은 담수계에도 영향을 미쳐 최근 점진적 산성화와 더불어 많은 수생 생명체의 감소를 초래하고 있다는 보고가 있습니다. 그림 5.14에서 볼 수 있듯이 건강한 호수의 pH는 6.5 이상이지만 전 세계의 많은 강, 특히 캐나다 온타리오 남동부 호수의 평균 pH가 5.0으로서 많은 생명체의 존재가 위협을 받고 있는 상황입니다. 이는 물론 산성비의 영향도 크지만 지질학적 특성은 이러한 추세를 지연시킬 수 있습니다. 특히 토양에 석회석($CaCO_3$)가 많은, 산 중화 능력이 큰 경우에는 산성화가 지연될 수 있습니다. 그러나 토양이 단단하고 물이 스며들지 않으며, 반응성이 작은 화강암으로 이루어진 경우는 쉽게 산성화가 진행될 수가 있음도 고려할 필요가 있습니다.

이상과 같이 산성비 등 환경 변화에 의한 지구상 물의 pH 변화가 생명체의 다양성, 서식지 등 환경에 큰 영향을 미치게 됨을 논의하였습니다. 다음 절에서는 사람의 생명 유지에 매우 중요한 위치를 차지하는 깨끗한 물을 확보하는 노력과 과정을 살펴보도록 하겠습니다.

10. 물의 정수 처리

이 절에서는 인간이 생존하는데 필요한 깨끗한 물을 만드는데 필요한 조치와 과정을 살펴보도록 하겠고 대략적인 과정은 그림 5.15에 요약하였습니다.

대부분의 정수장에서 하는 첫 번째 작업은 정수가 필요한 물을 자연에서 채취하는 것입니다. 자연에 존재하는 물은 정수장이 위치한 지역의 환경에 따라 강, 호수 또는

그림 5.15 전형적인 물의 정수과정

지하수가 될 수 있습니다. 이때 자연수에는 잡초 등의 불순물과 같은 커다란 물체들을 물리적으로 적절한 체를 이용하여 걸러 내게 됩니다. 다음은 보다 작은 크기의 불순물을 제거하는 공정입니다. 이 과정은 황산 알루미늄($Al_2(SO_4)_3$)과 수산화 칼슘($Ca(OH)_2$)을 첨가하여 진행됩니다. 여기서 사용되는 화학물질을 응집제flocculating agent라고 하며, 물에서 반응하여 수산화 알루미늄($Al(OH)_3$)과 같은 끈끈한 응집물floc 또는 gel을 형성하게 됩니다.

$$Al_2(SO_4)_3(aq) + 3Ca(OH)_2(s) \rightarrow 2Al(OH)_3(s) + 3CaSO_4(aq)$$

이 응집물 젤은 취수한 물에 존재하는 진흙 및 먼지 입자를 젤의 표면에 붙여 서서히 물에 가라앉습니다(침전). 남아 있는 입자들은 다음 단계에 존재하는 활성탄과 자갈/모래 여과 장치를 지나면서 걸러지면서 없어집니다. 이 과정을 거치면서도 질병을 일으키는 미생물은 물에 존재할 수 있기에 살균과정은 매우 중요하며, 보통 염소가 포함된 화합물을 이용하여 진행합니다. 여기에서 사용하는 염소 함유 화합물은 염소 기체(Cl_2), 하이포염소산 소듐(NaClO) 또는 하이포염소산 칼슘($Ca(ClO)_2$) 등을 포함하고, 이 물질들은 항박테리아 물질인 하이포염소산(HClO)을 생성합니다. 그러나 정수된 물이 소비자에게 흘러가는 동안 추가적인 박테리아 오염을 방지하기 위하여 0.075~0.600 ppm 정도의 매우 낮은 HClO 농도가 유지되며, 이와 같은 염소 처리 단계 이후에 물에 남아 있는 염소를 함유한 화학 물질을 잔류 염소residual chlorine라고 합니다.

이 살균 단계는 매우 중요한 단계로 이러한 처리를 하지 않았던 경우, 오염된 물로 인한 전염병 전파 때문에 많은 사람이 희생되었던 사례가 있습니다. 영국의 의사인 John Snow(1813~1858)는 1800년대 중반 런던에서 발생한 콜레라 전파 과정을 추적하여 콜레라 환자의 배설물에 의해 오염된 물이 콜레라 전파의 주요 원인임을 밝혔습니다. 2007년 전쟁에 의해 파괴된 이라크에서 염소 탱크가 부착된 폭탄 트럭을 이용한 극단주의자를 방지하기 하기 위하여 엄격히 통제되기도 했습니다. 이 결과 10만 톤의 염소가 요르단 국경에서 1주일간 선적 보류되었고, 정수 시설의 파괴 및 부실한 살균 과정으로 인하여 수천 명의 이라크 국민들이 콜레라에 감염되기도 하였습니다.

이렇게 염소 화합물을 이용한 중요한 살균 과정에도 단점이 있습니다. 잔류 염소가 맛과 냄새에 영향을 줄 수 있어 불쾌감을 느낄 수 있습니다. 이를 제거하기 위하여 적절한 필터를 사용하거나 아예 생수를 마시기도 합니다. 보다 중요한 문제는 잔류 염소가 물의 다른 물질과 반응하여 독성을 발현할 수 있을 정도의 농도로 부산물인 트라이할로메테인trihalomethane, THM이 생성될 수 있다는 것입니다. THM에는 클로로폼($CHCl_3$), 브로모폼($CHBr_3$), 브로모다이클로로메테인($CHBrCl_2$), 다이브로모클로로메테인($CHBr_2Cl$) 등이 포함되며, 이 물질들은 염소나 브로민이 식수 속의 유기 물질과 반응하여 형성됩니다. 온천의 욕조를 살균하는 데 사용되는 하이포브로민산($HBrO$)도 THM을 생성할 수 있습니다.

유럽 및 미국의 몇몇 도시들은 살균 단계에서 오존을 사용하는데, 염소보다 더 낮은 농도에서 박테리아를 살균할 수 있기 때문에 수인성 바이러스 등을 제거하는 데 더 효과적이지만 더 많은 비용이 필요합니다. 따라서 대규모 정수 처리장에서만 경제적입니다. 또한 중요한 단점은 오존이 빨리 분해되기 때문에 소비자에 이동하면서 발생하는 오염으로부터 보호가 어렵습니다. 그렇기 때문에 오존 처리 정수된 물은 정수장을 떠날 때 소량의 염소를 첨가하게 됩니다.

또 다른 방법으로 자외선(UV), 특히 파장이 짧은 UVC를 이용하여 살균하기도 합니다. 고에너지 UVC는 박테리아를 포함한 미생물 DNA를 파괴하여 살균 효과를 발휘합니다. 이것은 빠르고 잔류부산물도 생성하지 않기 때문에 소규모 정수시설에서는 경제적입니다. 그러나 오존과 마찬가지로 소비자로 운반하는 과정에서 있을 수 있는 추가적인 오염을 방지할 수 없기 때문에 역시 소량의 염소를 첨가할 필요가 있습니다.

지역에 따라서는 살균 단계 이후에 하나 이상의 정수 단계가 추가되기도 합니다. 일부 정수장에서는 불쾌한 맛과 냄새를 발생하는 휘발성 화학물질을 제거하기 위하여 대기 중에 뿌리기도 하며, 일부에서는 플루오린화 이온(~1 ppm NaF)을 첨가하여 치아 보호에 도움을 주기도 합니다.

정수된 물이 소비자의 수도꼭지를 통과하면 다양한 오염물질이 첨가되기 시작합니다. 오염물질이 첨가된 물을 우리는 하수라고 하며, 하수를 생성된 상태로 그대로 자연에 방출하게 되면 환경을 오염하게 되기 때문에 최근 세계 각국에서는 염소 처리 단계를 제외하고 상수 정수와 유사한 방법으로 처리한 후 자연에 되돌려 주게 됩니다.

하수에는 유기 화합물과 질소 및 인 포함 물질들이 상당량 포함되어 있기 때문에 하수 정수는 보다 더 복잡합니다. 오염물질은 하수 처리에 사용되는 미생물의 먹이가 되지만 동시에 하수에 녹아 있는 산소를 소모합니다. 따라서 소모된 산소량으로부터 하수에 포함된 유기 화합물과 질소 포함 물질들의 양을 추산할 수 있습니다. 미생물이 물속의 유기 화합물을 분해하면서 소모하는 용존 산소량의 값을 생물학적 산소 요구량Biological oxygen demand, BOD이라 규정합니다. 당연한 일이지만 오염물질의 양이 많아지면 BOD는 증가하게 되기 때문에 좋은 수질은 낮은 BOD를 가지게 됩니다.

알아보기

물의 수질을 표현하는 용어로 생물학적 산소 요구량(BOD)과 함께 화학적 산소 요구량Chemical Oxygen Demand, COD도 사용합니다. 화학적 산소 요구량은 유기물 등의 오염물질을 미생물이 아닌 $KMnO_4$와 같은 산화제로 산화할 때 필요한 산소량으로 정의되며, BOD/COD 비가 높을 때는 생물처리가 쉽고 낮을 때는 처리가 곤란한 상황을 말합니다. 양호하게 처리된 처리수에서의 비율은 대체로 1.0 이하가 됩니다.
일부 하수 처리 시설은 습지를 이용하여 물이 자연으로 돌려보내기 전에 질소 및 인 함유 영양물질을 제거하게 되는데, 습지 내 식물과 미생물이 영양물질을 재활용, 소모하여 이를 처리할 부담이 감소합니다. 최근 상수원이 부족한 경우 하수를 정수하여 음용수로 사용할 수 있는지가 이슈되기도 합니다. 인구 증가로 인하여 상수원 확보에 어려움을 겪고 있는 싱가포르의 경우는 폐수를 정제한 물을 NEWater로 부르며 필요한 물의 40%까지 충족시키는 실례도 존재하고 있습니다. 앞으로 물 부족 현상이 심화될 경우 이러한 논란은 더욱 격화될 수 있을 것으로 예상되고 있습니다.

질소 및 인 포함 물질은 수생 생물의 중요한 영양분이기 때문에 과잉으로 존재하면 영양분의 정상적인 흐름을 교란할 수 있고, 조류의 과잉 발생으로 인하여 물길을 막게 되며 물속의 산소를 고갈시켜 수생 생물의 폐사로 이어질 수 있습니다.

11. 물 문제를 해결하기 위한 세계적 과제

최근 기후 변화가 심화됨에 따라 가용한 물 자원의 부족이 점차 심화되고 있습니다. 그렇기 때문에 유엔에서도 "물은 자연 환경을 보존하고 가난과 기아의 해소를 비롯하여 지속가능한 발전에 매우 중요하다. 물은 인간 건강과 복지에 필수 불가결한 요소다."라고 언급하고 있습니다. 또한 국가 간 물 자원 확보에도 경쟁과 분란이 점차 증가하고 있습니다.

이러한 물 문제를 해결하기 위한 각국의 노력을 간단히 살펴보도록 하겠습니다.

1) 바닷물의 담수화

바닷물은 담수와는 달리 소금 함량이 높아(3.5%) 인류가 활용하기는 제한이 많습니다. 바닷물을 마시고는 생존할 수 없기 때문에 사고로 표류할 경우 생존을 위해 구명정에 비치된 담수화 키트를 활용하여야 합니다. 수자원의 활용은 크게 2가지로 나뉘어지는데 지표수 활용의 최적화 및 바닷물의 담수화입니다. 담수화desalination는 바닷물에서 염화 소듐과 다른 무기 염류를 제거하여 음용수를 만드는 공정을 의미합니다. 다만 지표수 활용은 경제적으로 비용이 점차 증가하지만 바닷물의 담수화는 기술의 발전에 따라 비용이 절감되기 때문에 장기적으로는 바닷물의 담수화를 통한 물 확보로 의견이 모이고 있습니다. 실제로 한 기술 보고서에 따르면,[5] 2016년 이전 건설된 해수 담수화 플랜트의 물 생산단가는 평균 1~1.3 US$/$m^3$ 수준이었으나 최근 0.5 US$/$m^3$ 수준으로 대폭 하락하였다고 합니다. 더구나 중동지역의 해수 담수화 설비 개발을 시작한 이래 세계 시장을 선도하고 있는 한국의 D 중공업의 기술은 세계

5 이현경, KISTEP 기술동향브리프, 2021-07호

적으로 인정받고 있습니다. 세계 담수화 기술 시장 규모는 2024년 256.8억 불, 2025년에는 278.8억 불, 2032년 498.8억 불, 연평균 성장률은 8.68%로 예상되고 있습니다.[6] 2015년 국제 담수화 협회International Desalination Association에 따르면 아랍 에미리트 연방의 담수화 시설을 비롯하여 전 세계적으로 거의 18,000개의 담수화 공장이 매일 860억 L 이상의 담수를 생산하고 있으며, 지속적으로 더 많은 담수화 시설이 건설되고 있습니다. 워터 저널(2024. 9. 9)에 따르면 한국에서도 포스코 광양제철소 해수담수화 플랜트(3만 m^3/일), 부산 플랜트(4만5천 m^3/일, 가동 중지), 서산 플랜트(10만 m^3/일, 건설 중) 이외에 소규모 플랜트 109개소가 가동되고 있다고 합니다.

담수화의 한 방법으로 증류distillation 또는 증발evaporation이 있습니다. 이는 액체 용액에 열을 가하고 증기를 응축시켜 모으는 분리 공정을 말합니다. 이 공정은 간단하기는 하지만 에너지가 필요하기 때문에 경제적으로 값싼 에너지가 가용한 지역에서 많이 활용됩니다. 대규모 증류 공정에는 다단계 순간 증발Multi Stage Flash evaporation, MSF 기술이 활용됩니다. 이 기술은 바닷물을 가열하여 수증기를 만들고 응축하는 과정을 반복하여 물을 생산하는 기술입니다. 다중 효율 증발법Multi Effect Distillation, MED은 높은 온도의 증기가 통과하는 튜브 위로 바닷물을 뿌려 증기를 발생시키고 응축하는 기술입니다. 최근 각광 받는 기술은 역삼투Reverse Osmosis 기술로 반투막을 이용하여 농도가 진한 용액에 압력을 가하여 해수로부터 물을 기타 물질과 분리하는 기술이 활용되고 있습니다. 이외에도 CDI(Capacitive Deionization) 공정도 개발되었습니다.

알아보기

삼투압osmotic pressure은 농도가 낮은 용액에서 진한 용액으로 반투막을 통하여 이동하여 증가된 높이의 용액에 의하여 생성된 압력입니다. 이보다 더 높은 압력을 진한 용액 쪽에 가하게 되면 반대로 진한 용액에서 낮은 농도의 용액 쪽으로 용매가 이동하게 되는데 이를 역삼투라 합니다.

6 Fortune Business Insights, 2025. 1. 13

2) 생명빨대

상대적으로 위생과 질병 관리의 사각지대였던 많은 개발도상국이 각 분야의 발전에 따라 과거에 비하여 높은 수준의 표준에 맞는 양질의 식수를 이용하게 되었습니다. 그러나 콜레라, 장티푸스 등 수인성 질병의 세균에 의하여 아직도 전 세계적으로 20억 명 이상의 사람이 매년 감염되어 병들거나 죽음에 이르고 있습니다. 이를 방지하기 위하여 유럽의 Vestergaard Frandsen사는 물에서 거의 모든 박테리아와 원생 기생충을 제거할 수 있는 생명빨대LifeStraw를 개발하였습니다(그림 5.16). 이 제품은 자연재해 후 비상시를 포함하여 세계 여러 나라에서 널리 사용되어 오염된 식수로 인한 인명 손실을 방지하고 있습니다. 빨대형 제품은 3년간 4,000 L를 정수할 수 있고, 대형 제품은 3년간 18,000 L를 정수하는 것으로 알려져 있습니다. 그러나 이 제품은 영구적이지 않고 비소나 수은 같은 금속이나 바이러스성 세균은 제거하지 못하여 임시적인 해결책으로 활용되고 있습니다.

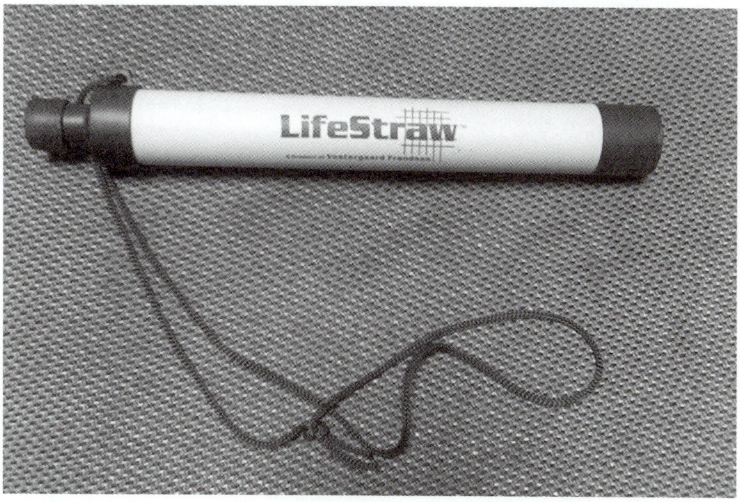

그림 5.16 생명 빨대

6장

연소 에너지

서론

모든 변화에는 에너지가 필요합니다. 다시 말하자면 에너지를 투입하면 다양한 변화를 일으킬 수 있습니다. 인류가 탄생한 이후, 다양한 물질로부터 얻어진 에너지는 생존에 도움을 주었을 뿐만 아니라 다양한 목적을 위해 필요한 물질 및 제품을 얻어내는 데 커다란 기여를 했습니다. 목재와 석탄은 추위로부터 인류를 지켜주었으며, 특히 석탄은 최근에 다양한 국가에서 전기를 생산하는 중요한 역할을 담당하고 있습니다. 사용 편의성 때문에 채택된 석유 제품과 천연가스는 난방용 수요를 대부분 담당하기도 하였고, 운송 기기에 있어서 주요한 동력원으로 사용되며, 인류의 생활에 유용한 물질로 변환되어 편리한 생활을 영위하는 데 기여하고 있습니다. 이 과정에서 연료로 다양한 물질을 사용하는 것은, 연료보다는 연소하는 과정이 중요함을 의미합니다.

이 장에서는 지금까지 사용해 왔고, 현재 사용하고 있는 다양한 연료를 포함하여 미래 연료가 가지는 특성을 살펴보고, 이들이 미래 에너지 요구를 충족할 수 있는지 조사하고자 합니다. 또한 연료의 연소과정에서 일어나는 생성물과 변화, 발전소에서 연료 연소가 전기로 변환되는 과정, 미래의 지속가능한 물질로서 유망한 연료의 특성들을 차례로 살펴보고자 합니다.

1. 화석 연료

연료fuel란 변화를 유발하는 열을 포함한 에너지를 제공하기 위하여 연소할 수 있는 고체, 액체 또는 기체 물질을 포함합니다. 인류 역사를 통하여 연료로 채택된 물질의 변화 흐름을 살펴보면, 풀 또는 짚, 나무와 같은 고체 물질로부터 석탄, 석유, 천연가스 등이 차례대로 등장하여 사용되었습니다. 기원전 1000년 전에 중국에서 구리 제련을 위하여 석탄을 사용하였고, 18세기 후반의 산업 혁명에서는 증기 기관을 움직이고 철을 얻기 위해 석탄을 대량으로 사용하였습니다. 19세기 중반 유정 시추 기술 발달로 석유가 저렴한 가격으로 가용하게 되자, 석유 산업 및 운송, 전기, 난방 및 플라스틱 제조에 대규모로 석유가 활용되기 시작합니다. 그 결과 현재 세계 에너지 수요는 석탄과 석유, 천연가스를 포함하는 화석 연료를 연소하여 충당되고 있습니다. 이렇게 시대를 달리하면서 연료의 종류가 달라진 이유, 연료의 바람직한 특성이 무엇인지를 살펴보도록 하겠습니다.

바람직한 연료는 다양한 특성을 요구합니다. 먼저 연소하는 동안 많은 열을 방출하여야 하며, 안전하고 효율적인 저장 및 운송이 가능해야 합니다. 또한 연소 후 잔류물이 적을수록 좋으며, 인체나 환경에 해롭지 않은 부산물이 없거나 매우 작아야 합니다. 여기에 경제적으로 연료를 확보할 수 있다면 금상첨화일 것입니다. 이러한 특성을 모두 가지고 있는 연료가 있을까요? 아쉽게도 이러한 조건을 모두 만족하는 연료는 없습니다.

현재 인류가 사용하는 연료는 석탄, 석유 제품(휘발유, 경유, 등유 등), 천연가스가 주를 이루고 있습니다. 미래의 연료로는 수소, 암모니아, 알코올 등이 언급되고 있습니다. 여기에서 석탄, 석유, 천연가스를 보통 화석 연료fossil fuel라고 하는데 이는 선사시대의 많은 양의 식물과 동물이 퇴적층 아래에 묻힌 다음 오랜 시간에 걸쳐 위에 쌓인 암석 등에 의한 지질학적 변화에 따라 변형된 것으로 추정되기 때문입니다. 이는 한때 태양 에너지를 고정시켰던 식물 화석이 고체, 액체 및 기체 상태로 저장된 것이라 해석할 수 있습니다.

식물에서 화석 연료로 변화되는 시간은 엄청났지만, 이것을 소비하는 기간은 많아야 몇 세기에 불과할 것이기 때문에 화석 연료는 지속가능하지 않습니다. 지속적으로 새로운 광상이 발견되어 마치 필요한 수요를 영원히 공급할 것처럼 보이지만 근본적으로 지속가능성의 기준을 충족하기가 어렵습니다. 첫째, 화석 연료는 일단 소모되면 유용한 시간 내에 다시 얻을 수 없기 때문에 재생 불가능합니다. 둘째, 연소 과정의 폐기물은 시대를 막론하고 환경에 악영향을 미칩니다. 앞에서 언급한 바와 같이 대기의 질을 떨어뜨리고, 산성비를 생성하여 구조물을 부식하며 생명체의 건강에 악영향을 미치며, 기후 변화를 가속화하고 있습니다.

화석 연료가 연소될 때 일어나는 현상에는 어떤 것이 있으며, 이러한 지속 불가능에도 불구하고 현재의 에너지 수요를 대부분 화석 연료로 채우고 있는 이유를 살펴보도록 하겠습니다.

2. 연소의 본질

연소의 3요소는 점화원, 연료, 산화제입니다. 이들이 결합하면 연소 반응이라는 화학 반응이 일어나 다양한 부산물과 상당한 열이 방출됩니다. 이 요소는 소화, 즉 불을 끄는 데도 중요합니다. 3요소 중 하나만 제거하여도 소화가 되며 실제로 다양한 방법으로 3요소 중의 하나인 산화제(산소)의 유입을 차단 또는 고갈되도록 함으로써 소화를 실현하고 있습니다.

산화제에는 대표적으로 대기의 산소(O_2)가 있으며, 오존(O_3), 과산화수소(H_2O_2), 아산화 질소(N_2O), 플루오린(F_2), 염소(Cl_2)와 브로민(Br_2) 등도 산화제로 작용할 수 있습니다. 연소 반응은 연료나 산화제와 상관없이 다음과 같은 일반적인 변화를 보여주고, 생성물은 사용한 연료와 산화제에 따라 달라집니다.

연료 + 산화제 → 생성물 + 열

대부분의 연료는 수소와 탄소만으로 구성된 탄화수소hydrocarbon로, 대부분 화석 연료의 성분이며, 이들이 완전 연소하면 이산화 탄소와 물이 생성물입니다. 산소 결핍 조건에서는 불완전 연소되어 일부 일산화 탄소와 탄소 그을음도 생성됩니다. 일부 연료에는 황이 포함되어 황 산화물이 발생하고, 고온에서는 대기 중의 질소(N_2)가 산화되어 질소 산화물이 생성되기도 합니다.

3. 에너지

모든 변화는 에너지가 필요하기에 인류가 현대 문명을 이룩하는 데 많은 에너지가 필요함은 당연합니다. 또한 일상에서도 에너지라는 용어가 다양한 상황에서도 사용되고 있습니다. 그러면 '에너지'는 과연 무엇을 말하고 어디에서 오는 것일까요?

에너지energy는 변화를 일으키는 데 필요한 일의 능력으로 정의되며 다양한 형태로 나타납니다. 에너지는 크게 운동 에너지kinetic energy와 퍼텐셜 에너지potential energy로 나

뉩니다. 운동 에너지는 물체의 운동에 따른 에너지로 원자 또는 분자의 움직임과 거시적인 활동을 포함하며 퍼텐셜 에너지는 저장된 에너지 또는 다른 물체에 대한 물질의 위치에 따른 에너지를 말합니다. 서로 다른 연료는 다른 조성과 다른 원자 배열 때문에 서로 다른 양의 퍼텐셜 에너지를 가지며, 연료 분자에 존재하는 결합의 유형에 따라 달라집니다. 연소 반응이라는 화학 반응이 일어나면, 연료 내의 원자 상태, 상대적 위치가 변화하기 때문에 퍼텐셜 에너지가 변화합니다. 이 반응이 일어나는 동안 연료 분자에 저장된 에너지는 대부분 열로 변환됩니다. 이 과정에서는 에너지 보존 법칙인 열역학 제1법칙first law of thermodynamics이 적용되어 에너지가 창조되지도 소멸되지도 않습니다. 다시 말해서 에너지의 형태는 변화하지만 변환 전후의 에너지 총량은 그대로 유지됩니다.

열heat은 온도가 높은 물체에서 낮은 물체로 흐르는 운동 에너지이며, 두 물체가 접촉하면 열은 항상 온도가 높은 물체에서 낮은 물체로 흐릅니다. 온도temperature는 물질에 존재하는 원자 또는 분자의 평균 운동 에너지의 척도로, 입자들이 빠르게 움직이면 온도가 높고, 느리게 움직이면 온도가 낮은 상태가 됩니다. 온도가 오르면 입자의 운동 에너지가 증가함에 주목하기 바랍니다.

4. 변화 과정 중 에너지 변화는 어떻게 측정하는가?

연소 반응에서 발생하는 열의 양은 좋은 연료를 판단하는 중요한 항목이지만, 열을 직접 측정할 수는 없고 단지 열 변화를 온도 변화로 감지하게 됩니다. 에너지의 변화를 측정하는 단위로는 보통 칼로리calorie, cal 또는 줄joule, J을 사용하고 있습니다. 칼로리는 18세기 후반 도입되었고, 물 1 g의 온도를 1℃ 올리는 데 필요한 열량으로 정의되었습니다. 영양학 등에서는 큰 칼로리Calorie가 사용되는데 이는 kcal와 같은 의미입니다. 현대에는 줄이 사용되며 0.239 cal와 같고, 100 g 물체를 중력에 거슬러 1 m 높이까지 올리는 데 필요한 에너지입니다. 따라서 1 cal = 4.184 J이 됩니다. 그림 6.1에 다양한 상황에서 필요한 에너지의 크기를 나타내었습니다.

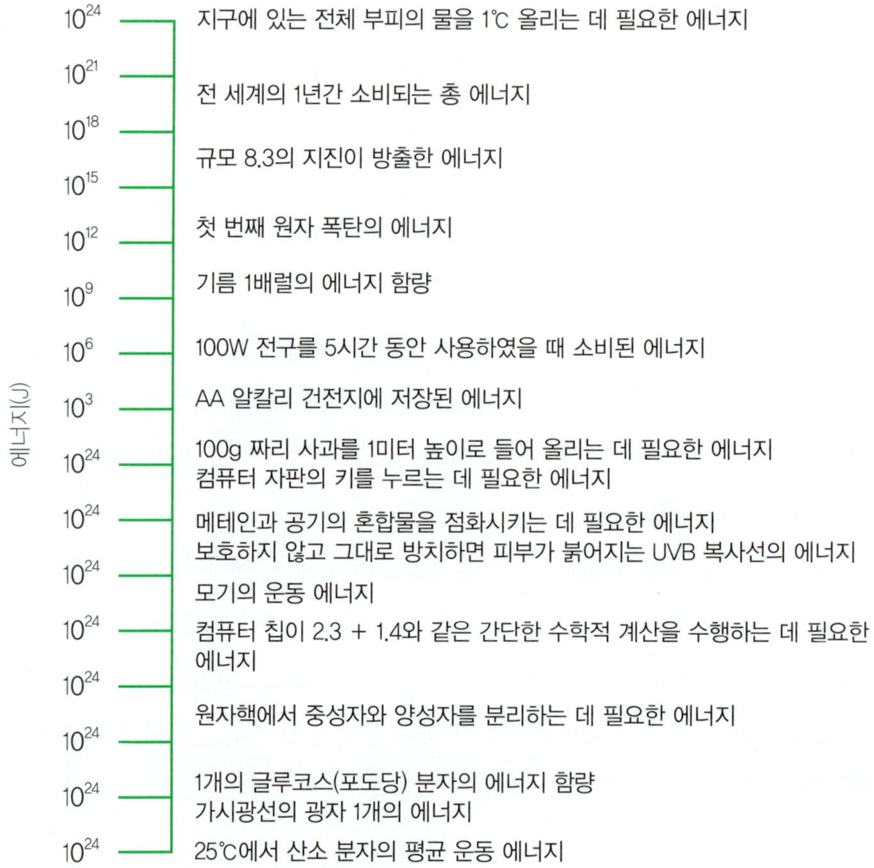

그림 6.1 다양한 에너지가 필요한 상황

그림 6.2에 나타낸 열량계calorimeter는 연소 반응에서 방출되는 열에너지의 양을 실험적으로 측정하는 장치입니다. 일정량의 연료를 물로 채워진 외부 용기에 위치한 내부 용기에 넣고 과량의 산소를 공급한 상태에서 전기불꽃으로 연소를 시작합니다. 연소되면서 방출한 열은 내부와 외부 용기 사이의 물의 온도를 높이는 데 사용되며, 열량계의 특성값과 물의 양을 이용하면 연소 반응에 의해 방출되는 열의 양을 계산할 수 있습니다. 이때 얻어진 값을 연소열heat of combustion이라 하고, 일정량의 연료당 방출하는 열량으로 표시됩니다. 단위는 kJ/mol, kJ/g, kcal/mol 또는 kcal/g을 이용합니다.

예를 들어, 천연가스의 주성분인 메테인(CH_4)의 연소열은 802.3 kJ/mol이며, 이는 다음 반응이 진행될 때 방출되는 열이 802.3 kJ/mol이라는 뜻입니다.

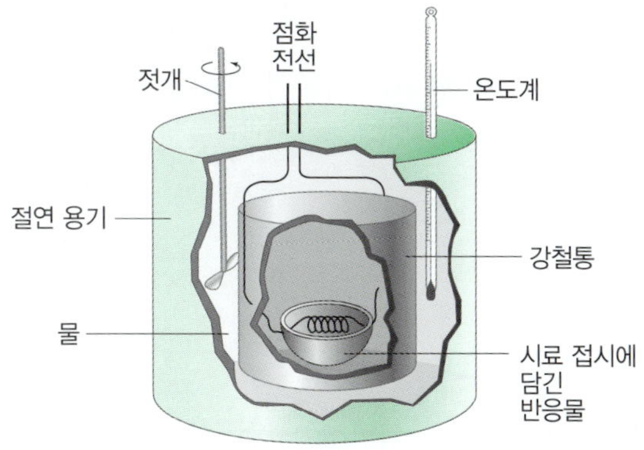

그림 6.2 열량계의 개략도

$$CH_4(g) + 2\ O_2(g) \rightarrow CO_2(g) + 2\ H_2O(g) + 802.3\ kJ$$

이 반응은 폭포에서 물이 떨어지는 것과 비슷합니다(그림 6.3). 물이 떨어지면서 높은 퍼텐셜 에너지 상태에서 낮은 퍼텐셜 에너지 상태로 변하고, 이때 소리 에너지와 열에너지 등의 다른 에너지 형태로 변환됩니다. 이처럼 연소 반응에서도 반응물의 에너지 상태는 생성물의 에너지 상태보다 크며 그 차이는 열에너지로 변환됩니다. 따라서 이 반응을 열의 방출이 동반되는 발열 반응exothermic reaction이라고 합니다.

연료의 효율을 비교하기 위하여 경우에 따라 연료 1 g당 열에너지로 표시합니다. 일반적으로 연료의 퍼텐셜 에너지가 높을수록 높은 연소열을 가지며, 따라서 좋은

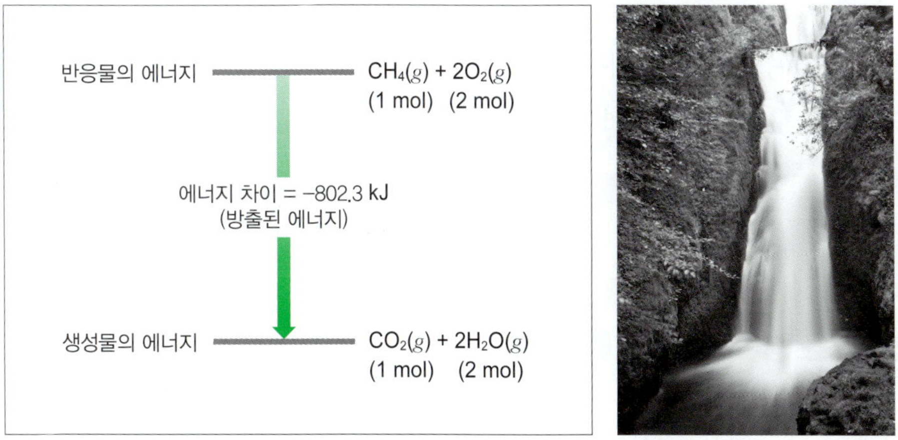

그림 6.3 폭포와 메테인 연소 에너지 비교(발열 반응)

연료가 됩니다. 또한 그림 6.4에 나타낸 바와 같이 여러 가지 연료를 비교하면 탄화수소가 연소열이 높고, 수소 대 탄소의 비율이 감소할수록 연소열은 감소하며, 연료 분자 내 산소의 양이 증가할수록 연소열은 감소하는 경향이 있습니다.

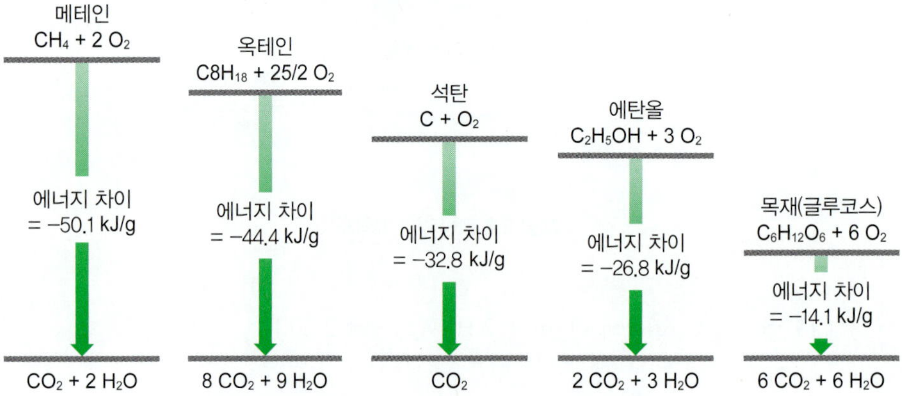

그림 6.4 여러 가지 연료의 연소열

발열 반응이 반대로 일어나면, 즉 에너지가 낮은 상태에서 에너지가 높은 상태로 진행되는 경우에는 열을 방출하는 것이 아닌 흡수를 합니다. 대표적인 흡열 반응으로는 광합성 반응이 있습니다.

$$2800\ \text{kJ} + 6\ CO_2(g) + 6\ H_2O(l) \xrightarrow{\text{클로로필}} \underset{\text{글루코스}}{C_6H_{12}O_6(s)} + 6\ O_2(g)$$

녹색 식물은 지구에 공급되는 태양의 에너지를 고정(흡열 반응)하여 다양한 생명체들이 생명을 유지하는 데 기여하기 때문에 광합성은 매우 중요한 반응이라고 할 수 있습니다.

5. 연소 중 에너지 방출 방식

앞에서 본 바와 같이 다양한 연료는 서로 다른 열에너지를 방출합니다. 이 과정을 살펴보면, 화학 결합이 끊어지고 다시 결합하는 과정이 일어나고 있음을 알 수 있습니다. 좀 더 유심히 살펴보면 결합이 끊어지면서 열을 흡수(열이 필요)하고 결합이 생성되면 열이 방출됩니다. 화학 반응에서 전체 에너지 변화는 결합을 끊는 데 필요한 에너지와 결합이 형성될 때 방출되는 에너지의 알짜 차이에 의존하고 있습니다.

따라서 임의의 화학 반응에서 반응물과 생성물의 결합 구조를 알고 있다면, 대체적인 반응 에너지를 계산하는 것이 가능합니다. 예를 들어, 수소의 연소 반응을 살펴봅시다.

$$2\,H_2(g) + O_2(g) \rightarrow 2\,H_2O(g) \quad 249\ \text{kJ/mol 또는 } 125\ \text{kJ/g}$$

반응 에너지를 확인하기 위하여 반응물과 생성물에서의 결합 구조를 알아야 하며, 추가적으로 특정 화학 결합을 끊기 위해 흡수하여야 할 에너지인 결합 에너지bond energy 값이 필요합니다. 결합 에너지는 흡열이므로 양의 값을 가지게 되고 표 6.1에 수록된 것처럼 대부분의 결합은 환경에 따라 약간의 값이 차이가 나기 때문에 평균값을 수록하고 있습니다.

표 6.1 결합 에너지(kJ/mol)

	H	C	N	O	S	F	Cl	Br	I
단일 결합									
H	436								
C	416	356							
N	391	285	160						
O	467	336	201	146					
S	347	272	–	–	226				
F	566	485	272	190	326	158			
Cl	431	327	193	205	255	255	242		
Br	366	285	–	234	213	–	217	193	
I	299	213	–	201	–	–	209	180	151
다중 결합									
C=C	598			C=N	616		C=O*	803	
C≡C	813			C≡N	866		C=O	1073	
N=N	418			O=O	498				
N≡N	946								

*CO_2에서

이 반응의 결합 구조를 살펴보면 다음과 같습니다.

$$2\ H\text{-}H + O{=}O \rightarrow 2\ H\text{-}O\text{-}H$$

따라서 이 반응에서 끊어지고 생성되는 결합을 고려하면 그림 6.5의 결과가 도출됩니다.

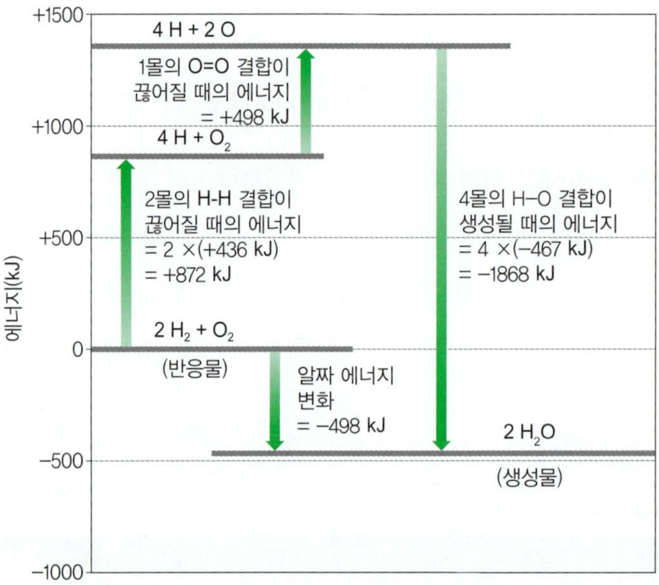

그림 6.5 수소 연소 반응의 에너지 변화

모든 계산과 실험값이 일치하는 것은 아닙니다. 오류 원인 중 하나는 결합 에너지가 기체에만 적용된다는 것이며, 이 값들은 다양한 구조를 고려한 평균값이라는 한계가 있지만 여러 반응에서의 에너지 변화를 추정하는 데 유용한 방법은 변함없습니다.

6. 화석 연료와 전기

화석 연료를 연소하여 얻어지는 에너지는 운송과 난방 및 전기 생산에 사용됩니다.

미국에서는 전기 생산의 약 70%가 석탄 연소에서 얻어지고, 우리나라는 2023년 석탄 31.4%, 천연가스 26.8%, 유류 0.3%로 화석 연료 연소를 모두 합쳐서 58.5%가 생산되고 있습니다. 이외에도 원자력 30.7% 및 신재생 에너지 9.6%로 필요한 전기를 공급하고 있습니다.[1]

그러면 화석 연료의 연소에 의한 발전은 어떠한 방법으로 진행되고 있으며, 이 과정에서 에너지 변환은 어떻게 될까요? 화석 연료의 종류에 따라 약간씩 과정과 설비가 차이가 있기는 하지만 기본적인 과정은 거의 대동소이하기 때문에 석탄을 기준으로 먼저 살펴보고자 합니다.

발전의 첫 단계는 석탄을 태우는 것으로 보일러에서 석탄층의 온도는 650℃에 이릅니다. 막대한 양의 석탄을 소비하는데, 최대 용량의 대형 발전소는 최대 10,000톤의 석탄을 태우기도 합니다. 두 번째 단계는 연소에서 방출된 열을 이용하여 밀폐된 고압 보일러에서 물을 끓이는 것으로, 끓는점을 100℃ 이상으로 높이고 생성된 수증기를 압축시켜 고온 고압 증기를 증기 터빈으로 이동시킵니다. 세 번째 단계는 고온 고압의 증기를 이용하여 발전기의 터빈을 돌려 전기를 생성하며, 터빈을 떠난 증기는 응축기로 들어가 물로 변환되고 다시 보일러로 들어가 지속적으로 순환하게 됩니다(그림 6.6).

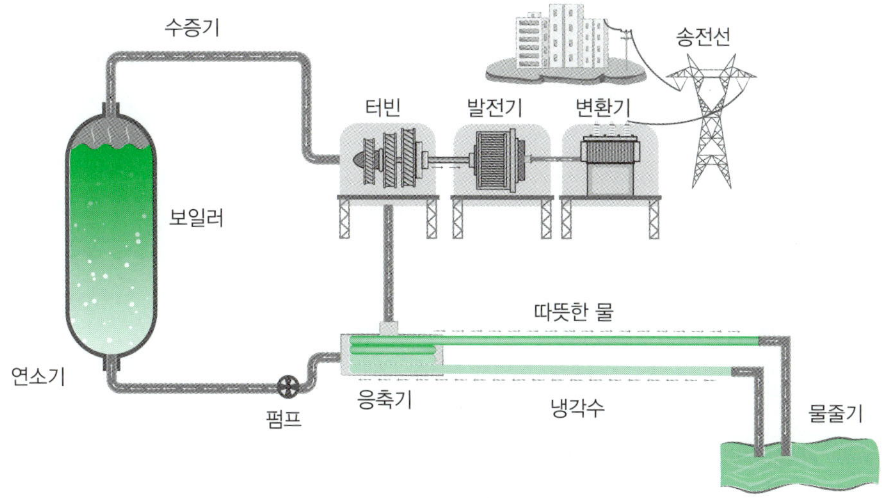

그림 6.6 화석 연료 연소에 의한 전기 발전소 개략도

1 https://www.index.go.kr/unity/potal/main/EachDtlPage Detail.do? idx_cd=1339

이 과정에서 일어나는 에너지 변환의 형태를 추적하여 보면, 연료 분자의 연소 과정에서 연료의 퍼텐셜 에너지는 열로 변환되어 보일러의 물에 흡수되고 온도가 올라가면서 운동 에너지가 증가합니다. 엄청난 운동 에너지를 가진 수증기는 터빈의 회전 운동, 즉 역학적 에너지mechanical energy로 변환되고 이것은 발전기에서 전기 에너지electrical energy로 변환되어 다양한 소비처에서 소비됩니다(그림 6.7)

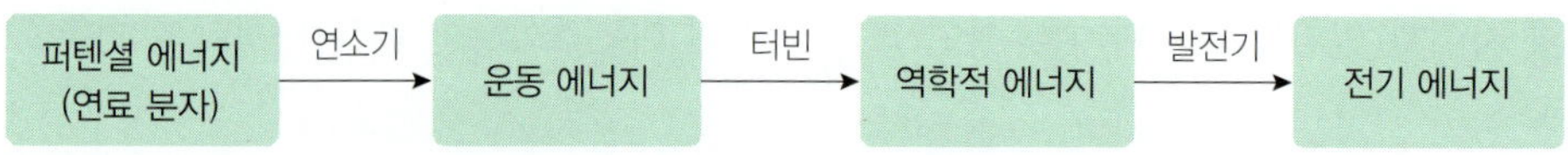

그림 6.7 화석 연료 연소로 진행되는 발전소의 에너지 변환 과정

7. 발전소의 효율

열역학 제1법칙, "우주의 총 에너지는 보존되기 때문에 에너지의 형태는 변화하지만 총량은 일정하다."라는 내용을 고려하면 에너지 위기란 있을 수 있을까요? 우리는 이 법칙뿐만 아니라 또 한 가지 사실을 고려할 필요가 있습니다. 화석 연료의 에너지 중 일부는 쉽게 사용하거나 회수할 수 없는 형태로 변환됩니다. 즉, 한 유형의 에너지를 다른 유형으로 완전히 변환시킬 수 없으며 일부가 쓸 수 없는 열로 변환되는 과정을 피할 수 없습니다.

이제 발전소의 알짜 효율은 다음과 같은 식으로 표시할 수 있습니다.
생성된 전기 에너지

$$\text{알짜 \% 효율} = \frac{\text{생성된 전기 에너지}}{\text{연료에서 생성된 열}} \times 100$$

그동안 기술의 발전에 따라 보일러와 터빈의 효율이 크게 증가하였지만 발전소의 알짜 효율은 35~50% 사이에 위치하고 있습니다. 왜 이렇게 효율이 낮을 수밖에 없는 것일까요?

발전소의 효율에 문제가 되는 단계는 보일러에서 연료 연소로 생성된 열에너지가 모두 전기로 변환되지 않는 것입니다. 증기의 운동 에너지 중 일부는 터빈을 회전시키지 못함에도 불구하고 증기로 변환하기 위해 연료의 연소 에너지가 사용되기 때문에 효율이 저하됩니다. 일반적으로 발전소의 효율은 증기 온도와 외부 온도의 차가 클수록 증가하게 되지만 터빈과 보일러를 구성하는 물질이 고온 고압에서 견딜 수 있어야 하기 때문에 효율을 증진하는 데 한계가 있습니다.

마찬가지로 내연기관을 사용하는 많은 운송 기관에서도 자체 손실 60% 포함 대부분 에너지가 폐열로 소모되기 때문에 효율이 15% 내외에 불과합닏.

8. 석탄

중국에서는 4세기 이후부터 석탄이 사용되기 시작하였고 북송대에 이르러 사용이 보편화되었다고 하며, 용광로나 도자기 공업에 목재를 대신하여 사용하였습니다. 이후 18세기 산업혁명이 본격적으로 시작되면서 화석 연료 특히 석탄의 대대적인 개발과 활용이 시작되었습니다. 석탄은 목재에 비하여 단위 무게당 더 많은 열을 생성하였기 때문에 더 좋은 연료로 인정되었으며 산림의 황폐화와 맞물려 널리 사용되기 시작하였습니다.

석탄은 흔히 탄소만으로 구성되어 있다고 생각하지만 실제로는 적은 양의 다른 원소들을 포함하는 복잡한 혼합물이며, 이를 반영한 대략적인 화학식은 $C_{135}H_{96}O_{9}NS$로 표현됩니다. 질량으로 약 85% 탄소 함량을 가지고 있습니다. 소량의 산소, 질소, 황은 고대 식물을 구성하고 있던 물질들과 식물이 묻혔을 때 존재했던 다른 물질로부터 왔으며, 이외에도 미량의 금속 물질들을 함유하고 있습니다. 탄소 함량에 따라 이탄(또는 토탄; 60% 미만), 아탄(60~70%), 갈탄(70~80%), 역청탄(80~90%), 무연탄(90% 이상) 등과 같이 다양한 등급으로 분류하지만 탄소 함량이 높고 산소 함량은 낮기 때문에 모든 목재보다는 더 좋은 연료가 됩니다.

석탄은 전 세계에서 채굴되며 가장 널리 사용하는 연료이지만 몇 가지 단점이 있습니다. 첫째, 매장 위치가 대부분 지하이기 때문에 채굴이 어렵고 위험하며 비용이 많이 듭니다. 역사적으로 세계 각국에서 상당히 많은 광부들이 각종 사고로 사망하였고, 더 많은 사람들이 채굴 과정에서의 석탄 가루 등에 의해 호흡기 질환으로 고통을 받았습니다.

둘째, 석탄 채굴은 환경에 많은 피해를 줍니다. 특히 갱도를 통과하는 지하수는 황을 포함한 암석과 접촉하여 산성화가 진행되고, 이 광산 폐수는 철과 알루미늄을 녹여 주변의 수생생물을 위협하며, 식수원의 수질을 악화시킵니다. 산정 채굴mountain-top mining이라는 보다 안전한 채굴 방법의 경우도 지표면 훼손에 따른 환경 훼손을 피할 수 없습니다.

셋째, 석탄은 더러운 연료입니다. 검은 석탄 가루뿐만 아니라 연소 시 환경을 오염시키는 오염물이 배출됩니다. 19세기에서 20세기에 걸쳐 대도시에서 석탄에 의한 난방으로 인하여 많은 검댕 때문에 건물의 외관을 더럽게 하고, 인류의 호흡기를 오염시켰습니다. 실제로 1940년대 중반 석탄을 연소하는 미국 Pittsburgh 제철소 부근은 한낮에도 해를 가릴 정도의 대기 오염이 관찰되었다고 합니다. 이 현상은 배출 기체에 떠다니는 재fly ash라는 미세 입자가 주로 기여하기 때문입니다. 최근에는 엄격한 규제로 필터와 집진기로 포집하여 배출량이 줄어들고 있습니다. 또한 발전소에서는 더 쉽게 포집되는 바닥 재bottom ash라는 더 크고 무거운 입자가 발생하며, 미국에서 매년 9,200만 톤의 석탄재가 생성되는 것으로 추정되고 있습니다.

석탄은 원래 대부분 탄소이지만 재에는 탄소가 거의 없고 조성은 지각에서 발견되는 원소들과 비슷하여 규소, 알루미늄, 철 및 칼슘의 산화물과 적은 양의 금속과 황이 존재합니다. 이외에도 소량의 독성 원소(수은, 납, 카드뮴)가 존재하여 매립지나 저장 장소에서 환경으로 유출될 수 있으며, 저장소에 저장 시설의 파괴가 일어날 경우 엄청난 피해가 발생할 수 있습니다. 이러한 위험을 줄이기 위해 석탄재 폐기물을 재사용하여 콘크리트 강화제로 사용하는 등 다양한 방면에서의 재사용을 늘려가고 있습니다.

넷째, 가장 큰 단점이 될 수 있는 것으로 연소 생성물에 산성비의 원인 물질(NO_x와 SO_x)과 지구 온난화의 원인이 되는 CO_2가 포함되고 있다는 것입니다. 이 물질의 배출량은 중국과 인도에서의 폭발적 증가하면서 우려가 심화되고 있습니다(그림 6.8).

이런 다양한 단점에도 불구하고 전 세계의 매장량이 상대적으로 많기 때문에 석탄 이용 기술을 개선하기 위한 연구 노력을 하고 있습니다. 특히 청정 석탄clean coal은 석유 수입에 대한 의존도를 낮추고 대기 오염을 줄이기 위한 기술을 이용하여 석탄 화력 발

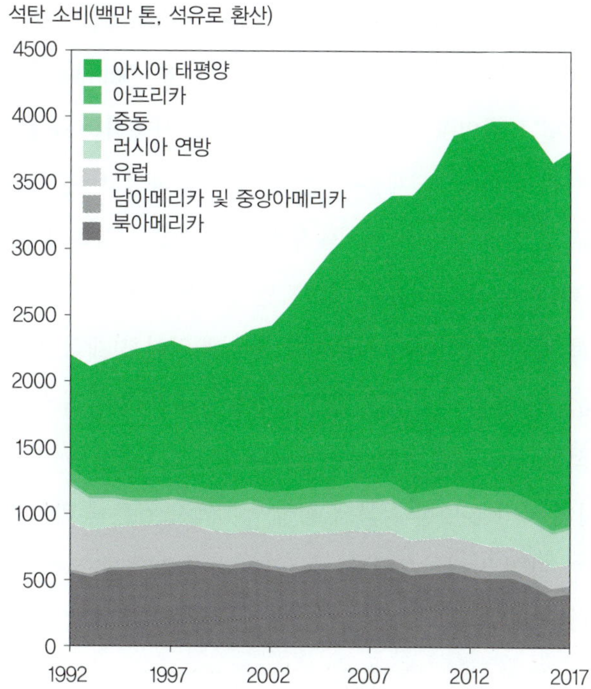

그림 6.8 지역별 석탄 소비량(1992~2017년)

전소의 효율성을 높여 유해한 배출량을 줄이고자 하는 노력을 대변하고 있습니다.

9. 석탄에서 석유로의 전환

19세기 후반까지 석탄은 미국을 비롯하여 세계 많은 나라에서 가장 많이 사용하는 에너지원이었지만 자동차의 급격한 증가와 더불어 증가한 석유 소비에 기인하여 미국에서는 1950년부터 석탄을 능가하는 주요 에너지원으로 등장하게 됩니다.

고대에는 역청으로 불리던 석유는, 성서에는 노아의 방주에 방수용으로 사용했으며 건축에서 접착제로 사용되기도 하였습니다. 이렇게 초기에는 단순한 용도로 사용되던 석유는, 등불의 연료로 사용되던 고래기름을 대체하면서 수면 위로 올라오기 시작합니다. 고래기름의 가격이 상승하면서 석유의 정제에 의해 얻어진 등유의 등장을 촉진하였고, 등유 램프의 사용이 세계적으로 보편화되면서 증류에 의해 등유를 생산하는 석유 정제산업과 석유 채굴이 폭발적으로 등장하였습니다.

이러한 추세를 촉진하였던 것은 1885년 독일의 G. W. Daimler의 휘발유로 구동되는 내연기관, 1897년 독일의 R. Diesel의 디젤 기관을 사용하는 운송기관의 발명이었습니다. 이와 더불어 값싼 석유 제품도 생산되기 시작하였고, 증가하는 수요를 충족시키기 위해 원유 및 파생 제품의 탐사, 정제 및 운송을 가능하게 하는 인프라 증대가 뒷받침하였습니다. 마침내 석유는 에너지원의 선두를 차지하였습니다.

석탄과 달리 석유는 액체이어서 채굴이나 수송에 있어 경제적이었고, 석탄에 비하여 g당 약 40~60% 더 많은 에너지를 생산합니다. 석유의 일반적 에너지 방출량은 48 kJ/g으로, 고급 석탄(30 kJ/g)에 비해 우수합니다.

원유는 생산지에 따라 투명한 황금색 점성 액체에서 검은색 타르 액체까지 다양하며, 원유의 독특한 악취는 대부분 황화 수소(H_2S)와 −SH기를 포함한 황 함유 화합물 때문으로 알려져 있습니다.

10. 채굴 방식의 효율화

석유가 전 세계 산업에서 차지하는 비중과 소비량, 석유의 매장량(표 6.2)을 고려할 때 석유는 제한적인 공급량을 가진 화석 연료로 수년 전부터 머지않은 미래에 고갈이 예상되고 있습니다. 하지만 지속적인 시추 및 채굴 증가에 따라 지속적인 비관적 전망과는 달리 매장량이 크게 변하고 있지는 않습니다(2017년 1조 7천억 배럴, 2022년 1조 6900억 배럴). 그림 6.9처럼 유가가 등락을 거듭하는 것은 매장량 문제가 아니라 전쟁이나 물가 등의 다양한 요인이 반영되기 때문입니다. 이 시점에서 주목할 것은 우리 사회의 석유 의존도에 대한 잠재적 위협은 남아 있는 매장량이 아니라 추출할 수 있는 속도입니다. 1950년대 중반 전 세계 평균 석유 소비량은 하루에 약 800만 배럴이었으며, 생산량은 1,500만 배럴이었지만 2024년 현재 하루에 1억 277만 배럴 이상을 사용하고 1억 284만 배럴 이상을 생산하고 있습니다.[2] 세계 석유 생산 대 소비

2 미국 Energy Information Administration

비율은 고정되어 있지는 않지만 여러 가지 요인에 의해 변동 가능성이 있습니다.

석유는 원유 웅덩이에서 채취되는 것이 아니라 타르 오일 샌드, 셰일과 같은 지질 암석층의 기공에서 발견되며, 다공성(빈 공간을 가진 정도)과 침투성(공간이 연결되어 있는 정도)이 높을수록 추출이 용이합니다.

표 6.2 2022년 기준 석유 매장량과 매장량 상위 10위 국

순위	국가	매장량(십억 BBL)	비중	가채년수
1	베네수엘라	303.8	18%	500년 이상
2	사우디아라비아	297.5	17%	73.6년
3	캐나다	168.1	10%	89.4년
4	이란	157.8	9%	139.8년
5	이라크	145.0	8%	96.3년
6	러시아	107.8	6%	27.6년
7	쿠웨이트	101.5	6%	103.2년
8	UAE	97.8	6%	73.1년
9	미국	68.8	4%	11.4년
10	리비아	48.4	35	339.2년

자료: GS 칼텍스

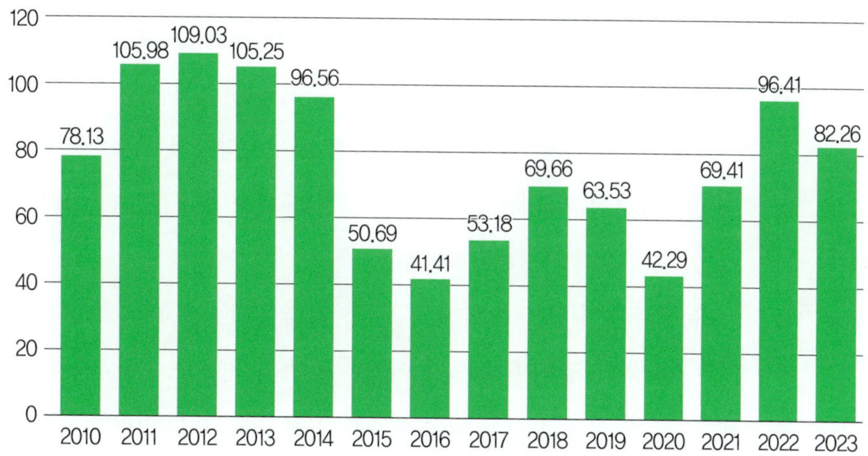

그림 6.9 연도별 두바이유 평균 가격 추이 (자료: 한국석유공사 페트로넷)

석유가 많이 포함된 암석, 즉 저장소reservoir는 지표면으로부터 다양한 깊이의 육지 또는 바다 밑에 위치하기 때문에 발견에도 많은 비용과 시간을 요구하며, 발견 후 실제 채취가 이뤄지기까지도 긴 시간이 소요됩니다. 예를 들어, 카스피해의 Kashagan에서는 2000년에 석유의 존재를 확인하였지만 실제 생산은 2013년에 시작되었습니다. 유정의 원유는 처음에는 저장소 위의 엄청난 양의 암석과 지구열로 인해 지표면으로 저절로 밀려 나오며, 후에는 펌프로 퍼올리거나 천연가스를 투입하여 추가 압력을 가함으로써 더 많은 원유를 생산할 수 있습니다. 이러한 방법으로도 효과적이지 않을 때는 물을 주입하여(수공채유법waterflooding) 추가로 원유를 생산합니다. 그러나 자연적 압력으로 생산되는 양은 20~25%, 2차적 방법을 통하여 추가로 5~10%가 생산되어 유정에 남아 있는 양이 65~70%에 달합니다. 따라서 미래의 자원 확보를 위해서는 이러한 잔류 원유를 효과적이고 경제적으로 확보하는 방법이 중요합니다.

이를 위해 제안된 전략 중 하나는 향상된 이산화 탄소에 의한 석유 회수 증진 방법(CO_2-EOR)입니다. 이는 원유 추가 생산뿐만 아니라 온실 기체를 지속가능하게 감소할 수 있기 때문에 현재 많은 관심을 끌고 있습니다. 이는 발전소 및 산업시설에서 생산된 CO_2를 재활용하는 방안으로, 이 CO_2를 석탄층에 주입하면 천연가스를, 원유층에 주입하면 석유를 밀어내어 이들의 회수를 촉진할 수 있습니다. 현재 미국에서는 EOR 방법으로 매년 약 4,800만 톤의 CO_2를 투입하고 있습니다.

CO_2-EOR에 의한 국제 사례는 캐나다 Saskatchewan의 Sask-Power입니다. 2014년 탄소 포집 및 격리Carbon Capture and Sequestration, CCS 기술을 적용하여 석탄 화력 발전소로 개조하였고, 그 결과 시작 이래로 280만 톤의 CO_2를 포집하였으며, 인근 지역의 유전에서 하루에 28,000배럴의 원유를 증산하였고 유전의 생산 수명을 25년 연장하였습니다.

전문가들은 석유 생산은 최고를 기록한 후 점차 감소할 것으로 예측하고 있습니다. 채굴하기 쉬운 석유가 고갈되면 회수가 어려운 장소의 원유를 채굴하여야 합니다. 예를 들면 세계 각국에서 발견되고 있는 셰일 오일이 있습니다. 이러한 원유들을 채굴 및 개발하기 위한 새로운 기법의 개발이 요구되고 있으며, 실제로도 석유 위기 완화에 기여하고 있습니다. 이러한 새로운 개발 기법에 대하여 좀 더 살펴봅니다.

11. 깨끗한 화석 연료, 천연가스

메테인(CH_4)을 주성분으로 하는 천연가스는 그대로, 또는 태워서 생산된 전기의 형태로 산업 시설과 가정에 공급되고 있습니다. 다른 화석 연료에 비해 오염물질(이산화황, 입자상 물질, 일산화 탄소, 질소 산화물, 독성 금속 포함 회분 잔류물 등)이 적어 여러 가지 규제가 강화된 현재 비교적 깨끗한 연료로 간주되고 있습니다.

원유가 분포된 저장소에는 보통 천연가스가 존재하는 공간이 있으며, 이를 회수하는 방법으로는 프래킹fracking이라고 하는 수압 파쇄 공법이 있습니다(그림 6.10). 1940년대에 처음 시도되었으며, 최근에는 규모를 키워 시행되고 있습니다. 2004년에 미국 펜실베이니아주, 웨스트버지니아주에 위치한 Marcellus 셰일 지대에 적용되어 2018년 현재 천연가스 생산량은 일일 190억ft^3에 달하고 있습니다.

다만 이 기술은 물 소비량이 많고, 수질 오염, 대기 배출 및 기후 변화 등을 통해 환경에 영향을 미칠 수 있으며, 인간에게 잠재적인 보건 위험을 초래할 수 있기 때문에 논쟁의 여지가 있습니다. 따라서 독일, 미국의 메릴랜드주, 버몬트주, 뉴욕주와 같은 일부 지역에서는 이 기술의 적용 금지하는 규정이 제정되기도 하였습니다.

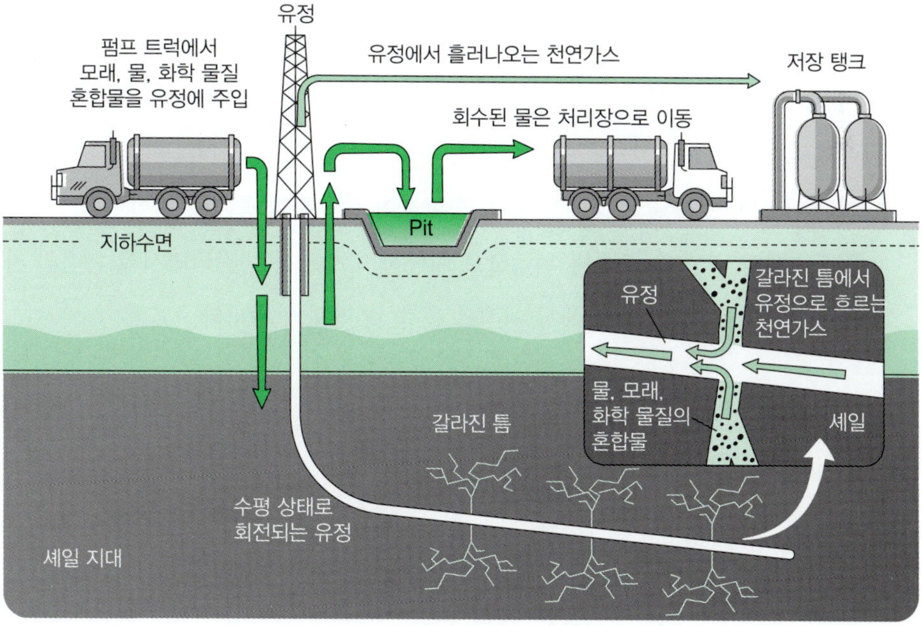

그림 6.10 프래킹 기법의 개략도

12. 석유 제품의 생산

석유는 단일 물질로 구성되는 것이 아니라 수천 가지의 다양한 화합물들의 혼합물입니다. 채굴되는 지역에 따라 조성이 다르지만 주성분은 분자당 5~12개의 탄소 원자로 구성된 탄화수소이며, 특히 단일 결합만으로 이루어진 알케인alkane입니다.

물리적 성질이 다양한 혼합물을 성분 물질로 분리, 정제하는 대표적 방법을 증류distillation라고 합니다. 끓는점 또는 휘발성volatility의 차이를 이용하여 성분 물질을 증기로 바꾸고 다시 응축하는 몇 번의 과정을 거치는 방법입니다. 액체의 휘발성은 액체에서 증기상으로 변화시키는 기화vaporization라는 과정이 얼마나 쉬운지를 말합니다. 분자간 힘이 클수록 서로를 강하게 붙잡고 있으므로 휘발성은 작아지는 경향이 있습니다.

탄화수소와 같은 비극성 분자에서 분자간 힘은 런던 분산력London dispersion force이라 하며 분자량이 크고 접촉 면적이 클수록 커지는 경향이 있습니다. 비록 런던 분산력(0.1~2 kJ/mol)은 C-H 공유 결합(400 kJ/mol)에 비하여 상당히 작지만 탄화수소의 휘발성 차이를 결정하는 데 중요한 역할을 하고 있습니다. 분자간 힘이 클수록 휘발성이 증가 또는 끓는점이 높아지게 됩니다.

원유를 증류하여 분리하는 원유 정제 공정은 다음과 같이 구성됩니다(그림 6.11).

1. 원유를 대용량의 보일러에 보내서 가열하여 증기상으로 바꾸어줍니다.
2. 이 과정에서 끓는점이 낮은(휘발성이 크고 분자량이 작은) 탄화수소가 먼저 기화되어 증류탑 위로 올라가게 됩니다.
3. 더 높은 온도에서 끓는점이 더 높은 화합물이 증발하여 증기로 변합니다.
4. 일단 기화되면 높은 증류탑 위쪽으로 이동하며 서서히 냉각되면서 끓는점의 차이에 따라 탑의 다른 높이에서 액체로 응축, 분리되게 됩니다.

그림 6.11은 이 과정에서 얻을 수 있는 생산제품을 구성하는 혼합물을 보여주며, 얻어지는 각 물질의 양은 원유의 생산지에 의존하게 됩니다. 생산된 가장 가벼운 분획fraction은 정유 가스refinery gas로 분자당 1~4개의 탄소 원자로 구성된 물질들을 포함합니다. 이 분획은 가연성으로 주로 연료로 사용하며, 일부는 다른 물질을 생산하기 위한 출발물질로 사용합니다.

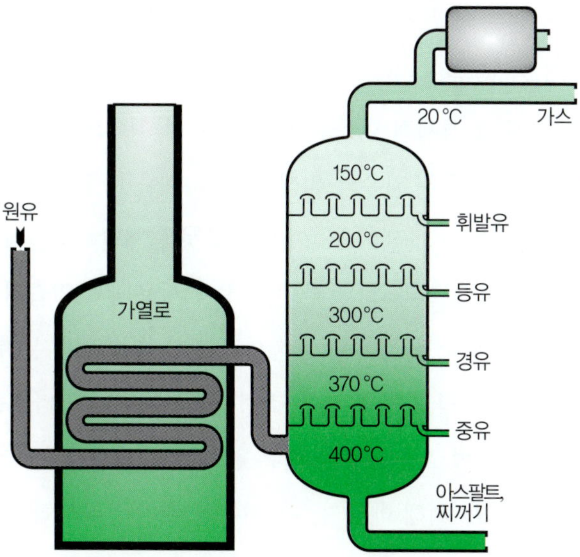

그림 6.11 원유 정제를 위한 보일러 및 증류탑

그림 6.11에서 볼 수 있듯이 원유는 정유 가스 이외에도 다양한 제품을 포함하며, 원유 1배럴당 약 45갤런의 석유 제품이 얻어집니다. 이 중 약 37갤런이 난방과 운송용, 1~2갤런은 플라스틱, 의약품, 직물 및 기타 탄소 기반 제품을 생산하는 원료로 사용됩니다(그림 6.12).

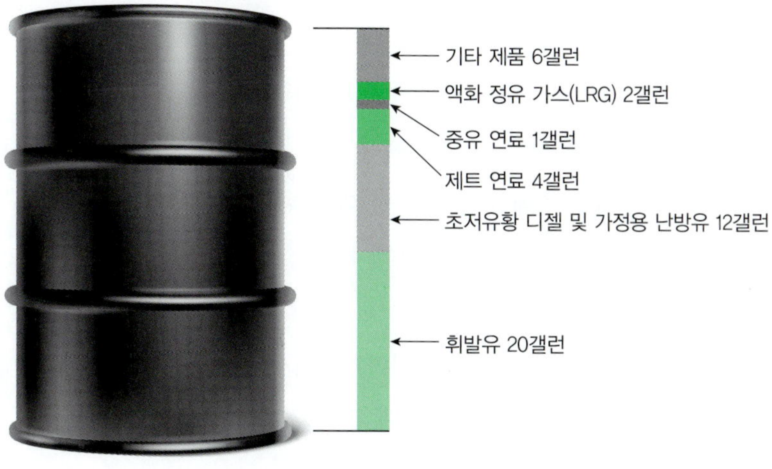

그림 6.12 원유 1배럴에서 정제 생산되는 제품(단위: 갤런)

원유를 정제하여 얻는 제품 중에서 휘발유는 전 세계의 많은 운송기기, 특히 승용차의 연료로 사용되기 때문에 단순한 분별 증류에 의하여 얻는 양이 수요에 미치지 못합니다. 따라서 최대의 경제적 이득을 얻기 위하여 최대의 휘발유를 생산할 필요가 있습니다. 이에 화학자들은 원유의 원래 조성 분포를 바꾸고 보다 많은 휘발유를 얻기 위하여 분해cracking 또는 개질reforming이라는 공정을 개발하였습니다.

분해 공정에는 열분해 공정과 촉매 분해 공정이 사용되고 있습니다. 열분해thermal cracking란 분자량이 큰 탄화수소 분자를 고온으로 가열하여 작은 분자로 분해하는 공정입니다. 예를 들어, 원유의 가장 무거운 조성 성분 중 하나인 타르를 400~450℃로 가열하면 휘발유와 디젤 연료에 유용한 작은 분자로 분해됩니다. 그러나 이 공정을 수행하기 위해서는 고온을 위해 에너지, 즉 비용을 추가로 투입해야 합니다. 따라서 경제성 제고를 위하여 더 낮은 온도에서 더 높은 효율로 진행될 필요가 있습니다. 이를 위하여 화학자들은 적절한 촉매를 개발하였고, 상대적으로 낮은 온도에서 큰 탄화수소 분자를 더 작은 분자로 분해할 수 있게 되었습니다. 이를 촉매 분해catalytic cracking 과정이라고 하며, 계속해서 더 효율적이며 선택적[3]인 촉매를 개발하기 위하여 노력하고 있습니다.

이외에도 촉매 개질catalytic reforming 공정이 생산 제품의 성질을 개선하는 데 기여합니다. 이 공정을 통하여 분자 내의 원자가 재배열됩니다. 일반적으로 직선형linear 분자에서 시작하여 더 많은 가지를 가진branched 분자를 만들게 됩니다. 이러한 분자의 모양은 연소의 부드러움에 중요한 역할을 합니다.

예를 들어, C_8H_{18}(옥테인)은 서로 다른 원자의 배열 방식이 18개가 되는데, 이처럼 분자식은 동일하지만 화학 구조(배열)와 특성이 다른 분자들을 이성질체isomer라고 합니다. 대표적으로 긴 사슬 형태를 가진 n-옥테인normal octane과 가지를 가진 형태인 아이소옥테인iso-octane은 서로 이성질체 관계이며(그림 6.13), 끓는점은 전자가 125℃, 후자는 99℃입니다.

이 두 물질은 연소열은 비슷하지만, 내연기관에서의 연소 방식이 다릅니다. 정상적인 연소 과정은, 내연기관에서 휘발유와 공기가 섞인 혼합물이 실린더로 들어가

3 선택적이라는 말은, 원하는 화합물만을 얻어내는 것을 말합니다.

피스톤에 의해 압축되고, 점화 플러그의 불꽃에 의하여 점화되어, 연소 생성물이 피스톤을 밀어내는 과정이 진행되면서 일어나게 됩니다. 이 과정에서 불꽃이 아니라 압축만으로 연료가 점화되기도 하는데, 이를 사전 점화pre-ignition라 하며 이러한 현상이 일어나면 엔진 효율이 낮아지고 연료 소비가 증가합니다. 이러한 통제되지 않는 반응을 노킹knocking이라 하며, 불쾌한 금속 소음, 효율 저하, 과열 심지어는 엔진 손상이 일어나기도 합니다.

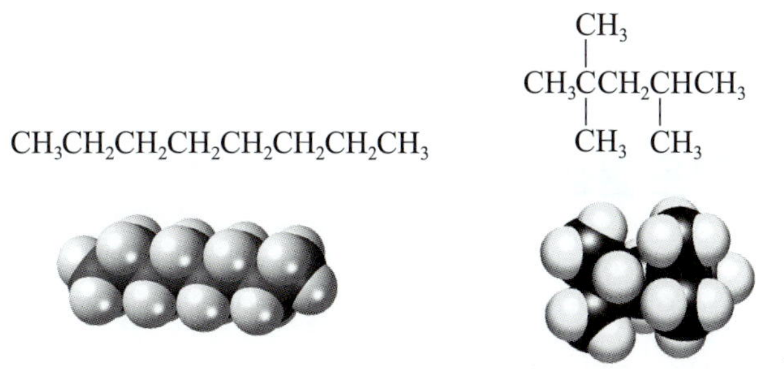

그림 6.13 노말옥테인과 아이소옥테인

이러한 현상을 줄이기 위하여 연구하던 중 1920년대에 노킹이 휘발유의 화학적 조성에 의존하는 것을 발견하였고, 노킹에 저항하는 정도를 정량화하는 옥테인값octane value을 개발하였습니다. 아이소옥테인의 옥테인값을 100으로, n−헵테인(C_7H_{16})의 옥테인값은 0으로 할당하였습니다. 판매되는 휘발유는 위의 두 물질의 혼합 조합이 나타내는 특성으로 옥테인값이 결정됩니다. 한때 옥테인값을 향상시키기 위하여 테트라에틸 납tetraethyl lead이 사용되었으나 대기 중 납 오염 문제가 제시됨에 따라 사용이 금지되었습니다.

이러한 조치의 대안으로 개질 공정이 주목받았습니다. 노말옥테인은 낮은 옥테인값을 가지지만 촉매를 이용하여 아이소옥테인으로 개질함으로써 연소 특성을 향상시킬 수 있습니다. 이와 함께 옥테인값을 향상시키기 위한 독성이 적은 첨가물 개발도 병행되었습니다. 이런 첨가물로는 메탄올, 에탄올, MTBE 등이 제안되었습니다. 이러한 첨가제를 포함하는 연료를 산소 함유 휘발유oxygenated gasoline라 하며, 산소를 포함하고 있기 때문에 좀 더 깨끗하게 연소되어 일산화 탄소를 적게 생성합니다.

휘발유의 휘발성 유기 화합물volatile organic compounds, VOC은 교통량이 많은 지역에서 대류권 오존 오염에 기여합니다. 따라서 이를 감소시킬 수 있는 성분 배합 변경 휘발유reformulated gasoline, RFG, 즉 산소 함유 휘발유 사용이 권장되었습니다. RFG는 암을 유발하는 벤젠을 1% 이상 포함할 수 없으며, 산소가 2% 이상이어야 하는 규제 조항도 있습니다. 1990년대에 이 규제 도입으로 MTBE에 의한 산소 공급이 선택되었지만 독성과 휘발유 저장 탱크에서 지하수로 침출되는 우려로 미국의 많은 주에서 금지되고 에탄올로 전환되었습니다.

13. 석탄의 새로운 활용

6.8절에서 살펴보았듯이 석탄은 인류의 문명을 이끌어 왔던 동력원이자 에너지원이었고, 아직도 많은 양이 소비되고 있습니다. 더구나 석탄의 매장량은 석유의 매장량에 비하여 훨씬 많은 것으로 추정되고 있기 때문에 석탄의 활용은 인류의 지속가능성을 지지하는 데 큰 도움이 될 것으로 기대하고 있습니다. 다만 석탄은 고체이기 때문에 자동차 연료를 비롯한 다양한 응용 분야에서 활용하기에는 여러 가지 불편한 점이 많이 있어 이를 개선할 연구가 계속되고 있습니다.

고체에 비하여 기체 또는 액체상의 연료는 연소가 용이하고, 저장 및 이송에 편리하며, 환경에 미치는 오염도가 상대적으로 적기 때문에 고체를 기체 또는 액체 상태로 변환시키는 시도가 지속되고 있습니다. 비교적 값싸고 대량으로 공급하기 시작한 천연가스가 사용되기 전에 많은 도시의 조명은 일산화 탄소와 수소의 혼합물인 수성 기체water gas가 상당 기간 담당하였고, 이 기체는 휘발성 성분이 제거된 불순한 탄소인 코크스에 수증기를 반응시켜 얻었습니다.

$$\underset{\text{코크스}}{C(s)} + H_2O(g) \rightarrow \underbrace{CO(g) + H_2(g)}_{\text{수성 가스}}$$

이와 비슷하게 석탄에서 합성 휘발유를 얻어내는 Fischer-Tropsch 공정이 제2차 세계대전 와중 독일에서 개발되었습니다. 제2차 세계대전이 진행되면서 연합군의 봉

그림 6.14 Sasol plant in Secunda, South Africa

쇄에 의하여 해외로부터 중요한 전쟁 물자인 석유의 도입이 제한되자 이를 타개하고자 독일의 풍부한 석탄으로부터 석유를 만들고자 한 노력의 결과였습니다. 이 공정은 독일의 화학자 Franz Fischer(1852~1919)와 Hans Tropsch(1889~1935)가 1925년에 개발하였고, 현재 남아프리카 공화국의 Secunda에서 상업적으로 합성 석유가 생산되고 있습니다(그림 6.14). 석탄이 풍부하고 석유 가격이 상승한다면 다른 에너지 부족 국가에서도 이 공정을 도입할 가능성이 있습니다. 중국에서는 상당한 수의 공장이 가동 중이며, 추가적인 공장도 계획되고 있습니다. 다만 미국을 비롯한 일부 국가에서는 환경적인 문제로 설립을 반대하고 있으며, 미국 국립 재생 에너지 연구소의 연구에 따르면 석탄을 기반으로 하는 액체 연료를 생산하는 경우, 전체 연료 주기에 걸쳐 온실 기체의 배출량이 석유를 기반으로 하는 연료의 2배에 이르기 때문에 지속 가능성의 관점에 있어서 바람직하지 않음이 지적되고 있습니다.

Fischer-Tropsch 공정에서의 주요 반응은 다음과 같이 기술할 수 있습니다.

$$n\,CO(g) + (2n+1)\,H_2(g) \xrightarrow{\text{촉매}} C_nH_{2n+2}(g,l) + n\,H_2O(g)$$

생성물은 메테인과 같은 탄소 1개를 가진 분자로부터 중간 크기 분자(n = 5~8)까지 다양하며 중간 크기 분자는 휘발유의 성분과 비슷합니다. 이 반응은 일산화 탄소와 수소가 철 또는 코발트를 포함하는 촉매에 의하여 진행됩니다.

이 공정에는 C≡O(일산화 탄소)의 강한 삼중 결합이 끊어지는 과정이 포함되어 이를 도와줄 촉매는 매우 중요합니다. 촉매는 자신은 소모되지 않으면서 반응속도를 증진시키는 물질을 말하며, 반응이 진행되는 데 넘어야 할 언덕이라고 할 수 있는 활성화 에너지activation energy를 감소시키는 새로운 반응 경로를 택하게 하여 반응 속도를 높입니다(그림 6.15).

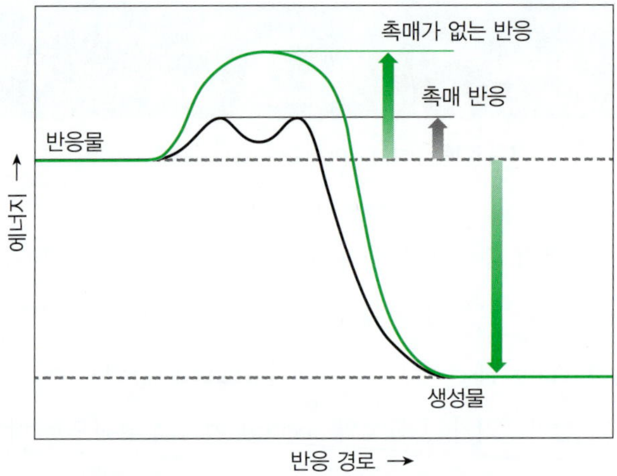

그림 6.15 촉매의 유무에 따른 반응 경로의 차이

14. 연료로서의 에탄올

화석 연료의 소모 속도는 저장량을 고려할 때 지속가능하지 않습니다. 이것은 지속가능성 연구소의 창립자인 Donella Meadows(1941~2001)의 "지속가능한 사회는 물리적 또는 사회적 지원 체계를 손상시키지 않을 만큼 충분히 멀리 내다보고, 충분히 유연하며, 충분히 현명하게 대처하는 사회이다"라는 말을 고려할 때 중요한 의미를 가지고 있습니다.

그렇다면 에너지의 지속가능성을 어떻게 근접할 수 있을까요? 일부 전문가들은 원유로부터 얻어진 연료를 대체할 수 있으며, 생물학적 공급원에서 얻어진 재생 가능한 바이오 연료biofuel의 사용량을 늘릴 것을 제안하고 있습니다.

화석 연료와 같이 모든 바이오 연료는 태우면 이산화 탄소를 방출하기는 하지만 훨씬 적은 양의 이산화 탄소를 대기로 방출합니다. 이 주장의 근거는 다음과 같습니다. 바이오 연료를 만드는 데 사용되는 식물은 생존하는 동안 성장하면서 대기에서 이산화 탄소를 흡수하며, 죽으면 흡수한 양과 같은 이산화 탄소를 생물권으로 배출하여 알짜 배출량은 0에 가깝게 됩니다. 반면에 화석 연료는 채굴하여 연소하지 않으면 지하에 고정된 상태, 배출량은 0이기 때문에 대기에 배출된 이산화 탄소는 상당하게 됩니다.

대표적인 바이오 연료인 목재의 주성분은 셀룰로스cellulose로, 화석 연료의 주요 성분인 탄화수소와 마찬가지로 구성 원소가 주로 탄소(C)와 수소(H)이지만 산소(O)를 추가로 포함하여 에너지 함량은 화석 연료에 비하여 낮습니다. 목재와 마찬가지로 다양한 바이오 연료는 일부 산소가 포함되어 있기 때문에 질량당 방출하는 에너지가 적습니다. 목재는 세계 여러 곳에서 쉽게 구할 수 있지만 목재의 공급은 에너지 수요를 감당할 수는 없습니다. 또한 목재를 얻기 위해 나무를 벌목하면 대기에서 이산화 탄소를 제거하는 산림도 파괴하기 때문에 목재의 대안으로 에탄올이 주목받고 있습니다.

에탄올(C_2H_5OH)은 술의 성분과 동일한 알코올류이며, 무색투명하고 인화성인 액체입니다. 잘 알려진 바와 같이 에탄올은 고대로부터 곡물 또는 과일을 발표하여 생산하였으며, 오늘날 대량 생산은 옥수수의 당분과 녹말을 발효하여 생산합니다. 알코올alcohol은 탄소 원자에 하나 이상의 −OH기(하이드록실기)가 결합하고 있는 탄화수소로, 연소하면 탄화수소와 마찬가지로 이산화 탄소와 물을 생성하면서 에너지를 방출합니다.

$$C_2H_5OH(l) + 3\ O_2(g) \rightarrow 2\ CO_2(g) + 3\ H_2O(g) + 1240\ kJ$$

참고로, −OH기는 작용기functional group의 한 종류로서, 작용기는 주 분자host molecule에 특징적인 특성을 부여하는 원자단를 뜻하는 말입니다.

옥수수에서 에탄올을 생산하려면 몇 단계 공정이 필요합니다. 첫 단계에서는 옥수수 알갱이와 물로 걸쭉한 죽 형태로 만들고, 두 번째 단계에서는 효소enzyme를 이용하여 반죽 냉의 녹말 분자의 분해를 촉진하여 글루코스를 생성합니다. 녹말starch은 많은 곡물에서 발견되는 글루코스의 천연 고분자로 우리 몸의 효소가 분해하여 작은 분자로 변화, 소화할 수 있습니다. 세 번째 단계는 다음과 같은 발효 과정으로 글루코스가 에탄올로 변환됩니다.

$$C_6H_{12}O_6(s) \xrightarrow{\text{효모 효소}} 2\ C_2H_5OH(l) + 2\ CO_2(g)$$

이 단계들을 거쳐 만들어진 양조 술은 알코올 함량이 대략 10% 정도이기 때문에 더 높은 함량을 얻기 위하여 증류를 통해 농축 또는 정제하여 술 또는 순수 에탄올을 얻게 됩니다.

실제로 이러한 과정을 통하여 미국은 2017년 연간 150억 갤런 이상의 에탄올을 생산하였고, 브라질은 약 80억 갤런을 생산하는 세계 2위 생산국입니다. 다만 원료에 따른 차이가 있어 미국은 옥수수, 브라질은 사탕수수를 사용합니다. 발효되는 물질은 원료 접근 용이성, 경제성 및 정치 제도에 따라 달라질 수 있지만 식량 생산을 위해 활용될 수 있는 토지를 이용하여 옥수수 또는 사탕수수를 얻었다는 것은 문제가 될 수 있습니다.

이러한 문제를 해결하기 위하여 에탄올 공급원으로써 다양한 식물, 나무에서 얻을 수 있는 셀룰로스를 채택하고 있습니다. 셀룰로스는 사람이 먹을 수 없는 기타 물질을 포함하여 모든 식물에서 생산될 수 있으며, 실제로 화학자들은 실험실에서 스위치그래스와 같은 식용 불가한 식물에서 추출한 셀룰로스를 이용하여 셀룰로스 에탄올을 성공적으로 생산했습니다. 다만 셀룰로스 분해 촉매 효소의 값이 비싸고 반응 속도가 느려 대량 생산에는 문제가 있는 것으로 알려져 있습니다.

알코올을 활용하는 여러 방안이 제안되고 있습니다. 아직은 자동차 내연기관의 설계상 문제로 직접 연료로 사용되지는 않고, 휘발유와 에탄올이 혼합된 가소홀gasohol이 사용되고 있습니다. 실제로 현재 30개국 이상에서 휘발유에 에탄올이 10%까지 포함되어 사용되고 있습니다. 이러한 연료는 옥테인값이 더 높고, 지표면에서 오존을 생성하는 자동차의 오염물질 배출량을 줄이는 추가 이점도 가지고 있습니다.

미국에서는 2007년 제정된 법안을 기초로 석유 수입에 대한 의존도를 줄이고 재생 가능한 연료 사용을 늘리기 위하여 노력하고 있으며, 그 일환으로 E15(에탄올 15%, 휘발유 85%)가 제안되고 있습니다. 그러나 에탄올 농도가 증가하면 연료 탱크의 부식성도 증가하고, 가축 사료 가격 상승에도 영향을 미치므로 아직 논쟁의 소지가 있습니다.

또한 옥테인값과 연비에 대한 오해는 확실히 할 필요가 있습니다. 휘발유의 옥테인값은 에탄올 함량이 증가할수록 늘어나지만, 연비는 약간 감소합니다. 이것은 에탄올이 포함된 혼합 휘발유는 휘발유에 포함된 탄화수소보다 방출하는 연소 에너지가 적기 때문에 g당 방출량이 적습니다(C_2H_5OH, 26.8 kJ/g; C_8H_{18}, 44.4 kJ/g).

$$C_2H_5OH(l) + 3\ O_2(g) \rightarrow 2\ CO_2(g) + 3\ H_2O(g) + 1240\ kJ$$

$$C_8H_{18}(l) + 25/2\ O_2(g) \rightarrow 8\ CO_2(g) + 9\ H_2O(g) + 5060\ kJ$$

에탄올은 산소를 포함하고 있기 때문에 에너지를 덜 방출하는데, 이는 부분적으로 산소와 이미 반응, 즉 일부 연소한 것이기 때문입니다.

그러나 에탄올은 지구상 유일한 바이오 연료인 것은 아닙니다. 바이오 디젤과 같은 다른 바이오 연료에 대하여도 살펴봅시다.

15. 바이오 연료의 본질과 지속가능성

바이오 연료 중에서 가장 간단히 만들 수 있는 것은 바이오 디젤이라고 할 수 있습니다. 바이오 디젤은 주로 식물성 기름으로 제조할 수 있으며, 동물성 지방으로도 쉽게 얻어집니다. 다양한 기름과 지방으로 바이오 디젤을 제조할 수 있고, 일반적으로는 콩, 유채 또는 야자 기름을 원료로 사용하며, 폐식용유를 활용할 수도 있습니다.

버터와 같은 지방fat은 실온에서 고체인 트라이글리세라이드triglyceride이고, 콩기름과 같은 기름oil은 실온에서 액체인 중성 지방으로 모두 바이오 디젤의 출발물질로 사용될 수 있습니다. 트라이글리세라이드는 1분자의 글리세롤에 3분자의 지방산이 에스터 결합으로 연결된 글리세라이드의 부류, 즉 트라이에스터를 말합니다.

$$HOCH_2CH(OH)CH_2OH + RCO_2H + R'CO_2H + R''CO_2H$$

$$\rightarrow RCO_2CH_2CH(O_2CR')CH_2CO_2R''$$

알아보기

에스터ester는 에스터기 –C(=O)O–를 가지고 있는 유기화합물의 한 부류를 말합니다. 보통 카복실산과 알코올의 반응(에스터화 반응esterification reaction)에 의하여 만들어집니다.

ROH + R'COOH → R'COOR + H_2O

또한 에스터는 다음과 같이 다른 알코올과 반응하여 구성 성분을 바꾸는 반응(에스터 교환 반응transesterification)도 수행합니다.

R'COOR + R"OH → R'COOR" + ROH

트라이글리세라이드 중 하나인 글리세릴 트라이스테아레이트(그림 6.16)는 말단 탄화수소 사슬을 잘라내면 탄소 원자수가 14~16개인 탄화수소 혼합물이 되어 디젤 연료 역할을 할 수 있습니다. 대두유와 트라이글리세라이드도 자동차 연료로 사용하는 것이 가능하지만 기체화를 용이하게 하기 위하여 트라이글리세라이드를 더 작은 조각으로 분해할 필요가 있습니다. 소량의 수산화 소듐(NaOH) 존재하에서 메탄올과 같은 알코올과의 에스터 교환 반응을 진행함으로써 얻을 수 있습니다.

$$C_{57}H_{110}O_6 + 3\,CH_3OH \xrightarrow{NaOH} 3\,CH_3(CH_2)_{16}C(=O)OCH_3 + C_3H_8O_3CO_2(g)$$

글리세릴 트라이스테아레이트 → 메틸 스테아레이트(바이오 디젤) + 글리세롤

출발 물질로 사용되는 지방 또는 기름의 종류에 따라 이중 결합을 가진 바이오 디젤이 생산될 수도 있습니다.

$CH_2 - OCOC_{17}H_{35}$
|
$CH - OCOC_{17}H_{35}$
|
$CH_2 - OCOC_{17}H_{35}$

그림 6.16 글리세린 트라이스테아레이트(glycerin tristearate)

이러한 방법으로 확보된 바이오 디젤은 일반적으로 탄소 원자가 16~20개인 탄화수소 사슬을 가지며, 많은 경우에 한 개 이상의 이중 결합을 포함하고, 산소 원자를 포함합니다. 예로 든 글리세릴 트라이스테아레이트는 단일 바이오 디젤 생성물이 얻어지지만, 대부분은 서로 다른 사슬을 가지는 바이오 디젤 분자가 생성됩니다.

바이오 디젤 생성 반응의 부산물인 글리세롤은 비누와 화장품의 원료로 사용되지만, 바이오 디젤 9파운드당 1파운드의 글리세롤이 생성되어 과잉 공급 문제가 발생하기도 합니다. 이러한 문제를 해결하기 위하여 글리세롤을 프로필렌 글라이콜propylene glycol로 변환하는 공정이 개발되어 화장품의 보습제, 부동액, 제빙제 등으로 사용하고 있습니다. 이렇게 제조된 프로필렌 글라이콜은 지속가능한 자원에서 생산되며, 글리세롤을 높은 부가가치 제품으로 전환할 수 있어 바이오 디젤 생산 비용 절감을 통한 경쟁력 증가에 기여하고 있습니다.

일반적으로 바이오 디젤도 단독으로 사용되기보다는 석유 기반 디젤 연료와 혼합하여 사용되는데, B20은 20% 바이오 디젤과 80% 디젤유의 혼합물입니다. 이 혼합유는 기존의 디젤 엔진에 문제없이 사용할 수 있으며, 2018년 현재 미국에서는 전국에 1,700개 이상의 주유소에서 구입이 가능한 것으로 알려져 있습니다.

이제 바이오 연료가 지속가능한지를 살펴보겠습니다. 이상적인 지속가능성은 단지 재배 가능한 출발 물질을 가지는 것으로 충분한 것은 아닙니다. 보다 이상적인 상황은 경제적, 사회적 및 환경을 고려할 때 충분한 이득을 줄 수 있을 때 달성될 수 있음을 고려해야 합니다. 바이오 연료는 현재 전 세계 최종 에너지 소비량의 일부분만을 담당하고 있으며, 최근 보고서(그림 6.17)에 따르면 전체 에너지 사용량의 20% 미만을 재생 가능한 에너지가 차지하고, 바이오 연료는 단지 0.9%를 기여하고 있습니다.

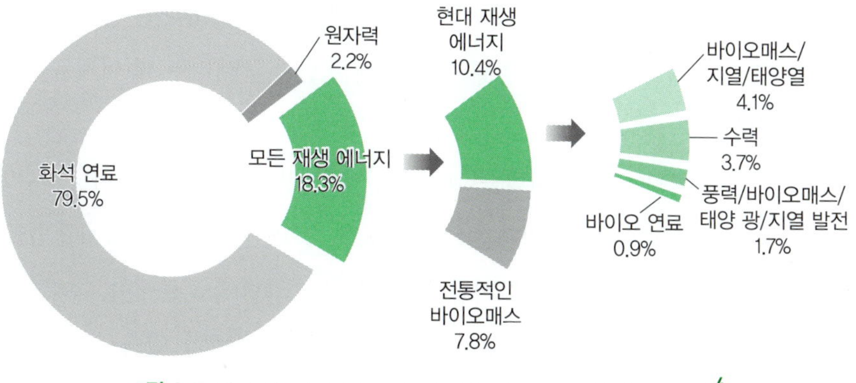

그림 6.17 세계 최종 에너지 소비 중 재생 가능 에너지 점유율(2018)[4]

---

4 Renewable Energy Policy Network for the 21st Century(2018), Renewables 2018: Global Status Report, Paris, REN21 Secretariat.

비록 총 에너지 소비에서 차지하는 비중은 크지 않지만 바이오 연료 생산량은 최근 증가하고 있으며, 이의 사용을 촉진하기 위하여 다양한 정치적, 경제적 지원이 이루어지고 있습니다. 최근 탄소 중립carbon neutralization이 중요시되고 있는데, 이는 연소에 의해 생성된 이산화 탄소가 광합성과 같은 자연적 과정이나 인간의 대응 시스템으로 상쇄되는지 여부이며, 화석 연료는 대기 중 이산화 탄소를 알짜로 증가시킵니다. 반면에 바이오 연료는 광합성을 통해 흡수된 이산화 탄소로 일부 상쇄되는 농작물, 초목, 나무에서 얻어지기 때문에 탄소 중립성이 훨씬 큽니다. 탄소 중립성을 확인하려면 특정 바이오 연료를 생산하는 데 필요한 에너지를 고려할 필요가 있습니다. 이 과정에는 식물을 심고 수확하는 데 필요한 에너지, 비료 생산 및 물을 공급하는 데 필요한 에너지 등을 고려해야 합니다. 이에 관한 일부 자료는 최근의 수명주기 평가 모형life-cycle assessment model에서 확인할 수 있는데, 에탄올은 휘발유에 비하여 19~48%의 배출량 감소가 있는 것으로 보고하고 있습니다. 그러나 이 과정에서 정확한 계산이 어렵기 때문에 논란의 여지는 있습니다.

각 연료에 대한 보다 정확한 계산은 특정 바이오 연료의 생산 위치와 방법에 따라 달라집니다. 보다 판단이 쉬운 바이오 디젤부터 분석하면, 합성이 쉽고 다양한 규모로 생산이 용이하며, 기존 디젤 연료와 혼합이 쉽고 기존 설비를 통하여 판매도 가능합니다. 분자 내에 산소가 존재하기 때문에 더 깨끗하게 연소되어 미세 입자, 일산화 탄소, 휘발성 유기물질을 포함한 유해물질 배출이 적기 때문에 사회적, 환경적으로 바람직하다고 볼 수 있습니다. 그러나 바이오 디젤의 원료의 하나인 야자유를 생산하는 농장 및 공장에서의 노동권, 인권 등의 문제는 판단을 내리는 데 어려움을 제공하기도 합니다.

에탄올의 경우는 평가가 더 어렵습니다. 에탄올의 원료는 옥수수와 사탕수수입니다. 이 작물들의 생산에서 지속가능성을 살펴보면, 2018년 현재 휘발유 1갤런을 생산하는 것보다 에탄올 1갤런의 생산비가 더 비쌉니다. 그럼에도 불구하고 에탄올 시장이 호황을 누리는 배경에는 정부가 제공하는 세제 혜택이 있습니다. 그러나 2011년에 보조금 지급이 종료되었습니다. 비록 식물의 성장에 필요한 에너지는 태양에 의해 무상으로 제공되지만 식물 재배에는 추가적인 에너지 투입이 필요함은 당연합니다. 이 과정에서 금전적 비용이 필요하고 다른 과정에서는 이산화 탄소를 배출하는 화석 연료를 사용하기도 합니다. 이러한 내용을 모두 고려한 총 에너지 비용은 정량화가 어려운 실정입니다. 따라서 생산에 투입된 에너지와 생산된 에너지에 대하여는 논란이 상당히 있는 것으로 알려지고 있습니다. 에탄올 수요가 증가함에 따라 농촌에 일자리를 제공할 뿐만 아니라 농작물 구입 등으로 경제적 이득을 제공하는 긍정적 효과도 있지만 식량 가격 상승의 부정적 효과도 있습니다. 환경적으로 살펴보면, 비료, 제초제 및 살충제 사용이 증가하고, 이 결과 이 제품들의 제조, 운송에 있어 화석 연료의 연소에 의한 이산화 탄소 배출이 증가하고 토양과 수질 저하가 예상됩니다.

이러한 점들을 고려할 때 과연 어떠한 결정이 지속가능성에 더 유리할 것일까요?

7장

화석 연료 대체 에너지원

서론

세상의 모든 활동은 에너지가 필요합니다. 현재 인류가 필요로 하는 에너지는 연간 500엑사줄(exajoule, EJ) 이상으로 추계하고 있고, 대부분 오래전에 고정된 태양 에너지인 화석 연료를 연소하여 충당하고 있습니다.

알아보기

미터법 접두사는 기본 측정 단위 앞에 붙어 단위의 배수 또는 분배를 나타내는 단위 접두사를 말합니다. 모든 미터법 접두사는 10진법으로 표시되며, 각 접두사는 아래 표와 같이 모든 단위 기호 앞에 붙는 고유한 기호로 표현합니다.

접두사	기호	인수	접두사	기호	인수
yotta(요타)	Y	10^{24}	deci(데시)	d	10^{-1}
zetta(제타)	Z	10^{21}	centi(센티)	c	10^{-2}
exa(엑사)	E	10^{18}	milli(밀리)	m	10^{-3}
peta(페타)	P	10^{15}	micro(마이크로)	μ	10^{-6}
tera(테라)	T	10^{12}	nano(나노)	n	10^{-9}
giga(기가)	G	10^{9}	pico(피코)	p	10^{-12}
mega(메가)	M	10^{6}	femto(펨토)	f	10^{-15}
kilo(킬로)	k	10^{3}	atto(아토)	a	10^{-18}
hecto(헥토)	h	10^{2}	zepto(젭토)	z	10^{-21}
deka(데카)	da	10^{1}	yocto(욕토)	y	10^{-24}

활동에 필요한 에너지는 다양한 형태로 제공되지만 많은 부분은 전기 에너지의 형태로 공급됩니다. 전기 에너지 생산은 관련 지역의 천연자원 보유에 따른 경제성 등에 영향을 받게 됩니다. 최근에는 환경에 대한 영향이 중시되면서 석탄, 석유에서 천연가스로 전환되는 추세에 있습니다. 그러나 여러 가지 요인에 따라 완전 전환은 쉽지 않은 상황입니다.

표 7.1 연도별 전 세계 에너지 소비 및 원천별 에너지[1]

	2018	2019	2020	2021	2022	2023	비고*
총소비(quad Btu)	561.653	568.368	543.36	569.279	578.24	590.865	
석탄	166.121	166.905	160.935	166.829	170.22	173.809	29.42%
천연가스	143.626	145.965	144.117	150.757	149.584	150.625	25.49
석유 및 액체 연료	195.675	196.881	179.189	189.69	194.922	201.035	34.02
핵, 재생 가능 에너지 등	57.567	59.968	60.288	63.321	64.828	66.814	11.31
핵에너지	26.778	27.879	26.931	27.996	26.932	27.675	
재생 가능 에너지 등	30.789	32.089	33.358	35.325	37.896	39.139	

* 총소비 중 원천별 에너지 비율(2023)

표 7.1에서 확인할 수 있듯이 약간의 고저가 있지만 에너지 소비는 지속적으로 증가하고 있습니다. 원천별 에너지 비율은 거의 변화가 없지만 화석 연료 비율은 감소하고 핵 및 재생 가능 에너지 비율은 약간 증가하고 있으며 이 추세는 미래에도 지속될 것으로 예상합니다. 화석 연료는 연소 과정에서 온실 기체green house gas, GHG를 발생시키지만 핵 및 재생 가능 에너지는 전기 생산 과정에서는 온실 기체를 발생시키지 않습니다. 그러나 발전 시설을 건설, 운영하는 과정에서는 온실 기체 배출이 수반되어 친환경 여부에 영향을 미칩니다.

알아보기

최근 지구 온난화에 따른 이상 기후 현상이 심화되자 일부 기업에서 RE100 등의 활동이 강화되고 있습니다. RE100은 'Renewable Electricity 100%'라는 뜻으로, 기업에서 필요한 전력량의 100%를 태양광, 풍력 등 친환경 재생 에너지원을 통해 생산된 전기에서 사용하겠다는 자발적인 글로벌 캠페인입니다. RE100은 탄소정보공개프로젝트CDP, carbon disclosure project, CDP와 파트너쉽을 맺은 다국적 비영리기구인 더 클라이밋 그룹The Climate Group 주도로 2014년에 시작되었습니다.

이 운동의 목적은 직면한 심각한 글로벌 위기인 기후 변화 방지에 있습니다. 온실 기체 배출이 없는 재생 가능 에너지원으로부터 생산된 전기를 기업활동에 사용하고자 하는 것입니다.

1 US Energy Administration, International Energy Outlook 2025

태양광, 풍력, 수력, 지열과 같은 에너지원은 고갈되지 않고, 에너지원으로부터 지속적이며 빠르게 에너지를 수집할 수 있습니다. 게다가 재충전도 가능하므로 재생 가능 에너지원renewable energy source이라고 합니다. 그러나 핵에너지는 재생 가능 에너지가 아닙니다. 핵에너지 생성에 필요한 우라늄 등의 핵물질이 한정되어 있기 때문입니다.

이 장을 통해서 대체 에너지원들에 대하여 자세히 살펴보도록 하겠습니다.

1. 핵에너지의 이용

핵에너지라고 하면 파괴적인 위력을 보여주었던 원자폭탄을 흔히 생각하게 됩니다. 어떻게 핵에너지가 이러한 엄청난 파괴력을 보여줄 수 있을까요? 핵에너지의 본질을 보여주는 다음과 같은 유명한 방정식이 있습니다.

$$E = mc^2$$

유명한 물리학자인 Albert Einstein이 제안한 이 식의 중요성은 질량과 에너지의 등가성입니다. 아무리 작은 질량 결손이라 할지라도 곱해지는 수가 광속이라는 매우 큰 상수(3.00×10^8 m/s)의 제곱이기 때문에 생성되는 에너지가 매우 클 수밖에 없습니다. 생성되는 엄청난 에너지는 원자탄뿐만 아니라 원자력 발전소에서도 얻어지기 때문에 소량의 연료로 큰 에너지가 얻어질 수 있습니다.

이러한 식의 정당성은 어떻게 증명되었을까요? 처음 이 식의 의미는 엄청난 양의 태양 에너지의 근원을 설명하는 것으로만 생각하였습니다. 그러다가 1938년 2명의 독일 과학자 Otto Hahn과 Fritz Strassmann에 의해 실행되었던 실험에 의하여 질량에서 에너지로 전환되는 사실이 처음으로 관찰되었습니다. 이들이 행한 실험에서는 U-238에 중성자 충돌이 있었을 때 생성되는 물질이 일련의 화학적 성질 조사 결과 Ba-137임을 확인하였습니다. 이러한 결과는 이론적으로 설명하기 어려웠기에 이들은 동료 과학자인 Lise Meitner에게 자문을 구하였고, 그녀는 다시 조카인 물리학자 Otto Frisch와 논의하였다고 합니다. 그러던 중 중성자의 충돌에 의하여 우라늄 원자핵이 더 작은 원자핵으로 분열될 가능성을 떠올리게 되었습니다. 이 결과는 1939년 2월 11일 과학 학술지 「Nature」에 "중성자에 의한 우라늄의 붕괴: 새로운 종류의 핵 반응(Disintegration of Uranium by Neutrons: a New Type of Nuclear Reaction)"이라는 제목으로 발표되었으며, 분열fission이라는 용어가 사용되기 시작하였습니다. 그 후 여러 과학자의 실험을 통해 우라늄 원자의 핵분열에 의한 에너지 방출도 확인되었습니다. 핵분열에 관한 발견에 기여한 Meitner의 업적을 기려 원자 번호 109번 원소의 이름을 마이트너륨Meitnerium, Mt이라 명명하였습니다.

핵분열nuclear fission은 큰 원자핵이 에너지를 방출하면서 작은 원자핵들로 쪼개지는 현상을 말합니다. 이 과정에서 반응물의 총 질량에서 생성물의 총 질량을 뺀 차이(질량 결손)가 Einstein 방정식에 따라 에너지로 변하여 방출됩니다. 즉 물질과 에너지의 총합은 보존되는 것입니다. 여기서 물질은 농축된 에너지라고 볼 수 있고, Einstein 방정식에서 보여주는 것처럼 원자의 질량은 엄청난 에너지로 전환될 수 있습니다.

그러나 모든 원자핵이 분열할 수 있는 것은 아니고 특정한 원자의 원자핵만이 핵분열이 가능하며, 이 분열도 특정한 조건에서만 일어납니다. 특정 원자핵 분열은 원자핵의 크기, 원자핵 내의 양성자와 중성자의 수, 핵분열을 시작할 수 있는 중성자의 충돌 에너지에 의존합니다. 일반적으로 무거운 원자핵, 우라늄과 플루토늄 원자핵은 충분한 세기의 중성자 충돌에 의해 핵분열이 일어나며, 원자력 발전에서 활용되고 있습니다.

핵분열 반응은 일반적인 화학 반응과 어떻게 다르고 어떻게 표현할까요? 일반적인 화학 반응에서는 반응 전과 반응 후의 원자들은 변하지 않습니다. 그러나 핵분열 반응에서는 결과적으로 생성되는 원자의 종류가 변합니다. 다만, 질량수와 원자 번호는 보존됩니다. 같은 원소(원자 번호 동일)의 원자라도 양성자 수와 중성자 수의 합인 질량수는 다를 수가 있고 표시는 다음과 같이 약속하고 있습니다.

질량수 = 양성자 수 + 중성자 수 (원소 기호 좌측 상단에 표기)

원자 번호 = 양성자 수 (원소 기호 좌측 하단에 표기)

따라서 핵분열 반응에 사용하는 연료인 우라늄의 2개 동위 원소는 다음과 같이 표현합니다.

$$^{235}_{92}U \qquad ^{238}_{92}U$$

$^{235}_{92}U$는 양성자 92, 중성자 143을 가지며, $^{238}_{92}U$는 양성자 92, 중성자 146을 가지는 것을 의미합니다. 이러한 표기는 다음과 같은 핵분열 반응을 기술하는 데 필요하며 이 반응에서는 반응물의 총 질량수와 총 원자 번호는 동일하게 보존됩니다.

$$^{1}_{0}n + ^{235}_{92}U \rightarrow [^{236}_{92}U] \rightarrow ^{141}_{56}Ba + ^{92}_{36}Kr + 3\ ^{1}_{0}n$$

이 반응식은 중성자($^{1}_{0}n$) 하나가 U-235 원자핵($^{235}_{92}U$)에 충돌, 포획되어 더 무거운 동위 원소인 $^{236}_{92}U$가 되지만 불안정하여 잠시 존재하다 곧 분열되어 더 작은 원자들($^{141}_{56}Ba$, $^{92}_{36}Kr$)로 변하면서 3개의 중성자를 방출하는 것을 기술합니다. 핵분열 반응을 시작하기 위하여 사용된 중성자보다 더 많은 중성자가 생성되며, 이 중성자는 추가적인 핵분열 반응에 쓰일 수 있으므로 전체 반응은 순식간에 진행될 수 있습니다. 이러한 종류의 반응을 연쇄 반응chain reaction이라고 합니다.

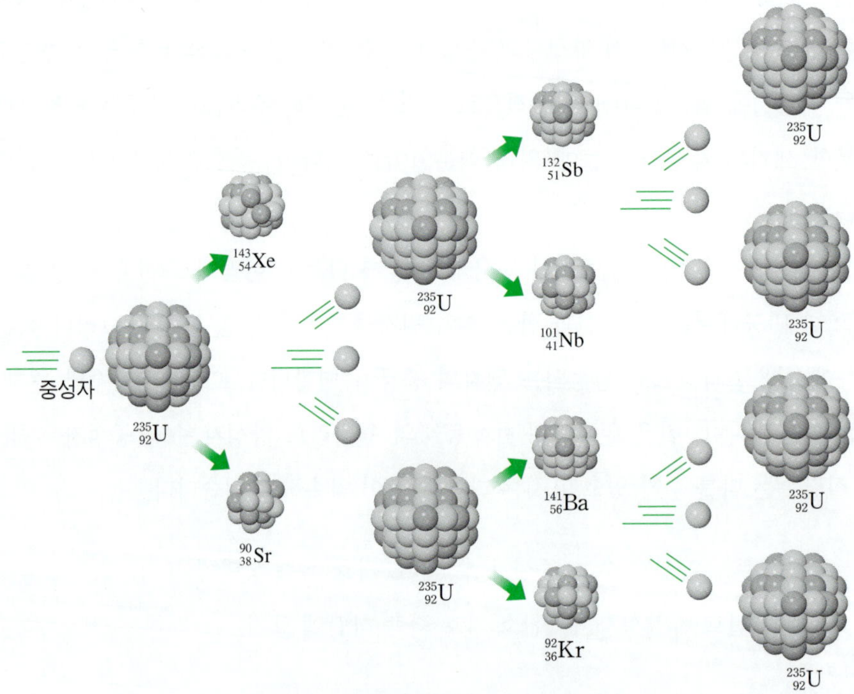

그림 7.1 U-235 원자핵의 핵분열 반응

연쇄 반응은 일반적으로 생성물 중 하나가 반응물 중 하나와 같은 화학종이어서 반응이 계속될수록 지속적으로 얻게 되기 때문에 반응이 멈추지 않고 계속되는 반응을 말합니다. 대표적인 연쇄 반응인 핵분열 반응이 진행되는 양상을 그림 7.1에 나타내었습니다. 주목할 것은 중성자와 충돌한 모든 U-235 핵이 항상 같은 생성물을 생성하지는 않는다는 것입니다.

이러한 연쇄 반응이 멈추지 않고 지속되기 위해서는 일정한 양 이상의 시료가 있어야 하며, 이를 임계 질량critical mass이라 합니다. U-235의 경우 임계 질량은 약 15 kg이며, 핵분열은 임계 질량이 유지되는 한 자발적, 지속적으로 진행합니다.

원자폭탄과 같은 핵폭탄은 이러한 원리를 이용하는 것입니다. 핵폭탄에서는 폭발할 때 아주 빠른 속도로 에너지가 방출되면서 핵물질이 흩어져 임계 질량을 유지하지 못하여 즉시 핵분열 반응이 멈추지만, 원자력 발전소의 핵연료는 순수한 U-235가 아니기 때문에 핵연료 주변에 존재하는 중성자 수를 적당하게 조절하여, 핵폭발로 이어지는 연쇄 반응이 일어나지 않도록 제어합니다.

핵분열 반응에서의 변화를 총 질량수와 원자 번호 합이 유지되는 반응식으로 기술하는 것이 정당할까요? 핵분열 반응이 진행되는 경우 많은 에너지가 생성되며, 이는 질량 결손에 의한 것으로 Einstein의 식으로 설명된다고 하였습니다. 그런데 왜 핵 반응식에서는 질량수가 보존될까요? 실제로 핵반응이 진행되면 아주 적은 질량 결손이 일어나며 이러한 사실은 질량수에 반영되지 않기 때문입니다. 예를 들어, 우라늄-235의 경우 원자 질량은 235.043924 u이고, 핵분열 반응 전후의 질량 결손은 약 0.1%가 발생하며 이만한 양에 해당하는 에너지가 방출됩니다. 이 양을 에너지로 환산하여 보면 다음과 같이 막대한 에너지입니다.

U-235 1.00 kg이 핵분열될 때 질량 결손량(Δm)은 $(1/1000) \times 1.00 = 1.00 \times 10^{-3}$ kg이므로 Einstein 식에 따르면 방출되는 에너지(ΔE)는 다음과 같습니다.

$$\begin{aligned}\Delta E &= \Delta mc^2 = (1.00 \times 10^{-3}\ \text{kg}) \times (3.00 \times 10^{8}\ \text{m/s})^2 = 9.00 \times 10^{13}\ \text{kgm}^2/\text{s}^2 \\ &= 9.00 \times 10^{13}\ \text{J} = 9.00 \times 10^{10}\ \text{kJ}\end{aligned}$$

이 에너지는 22,000톤의 TNT 폭탄을 폭발시켰을 때 방출하는 에너지이며, 1945년

그림 7.2 1955년 3월 7일 수행된 Turk 암호명의 원자폭탄 시험

일본 히로시마와 나가사키에 투하된 원자폭탄(그림 7.2)의 방출 에너지의 약 2배에 해당하는 엄청난 에너지입니다.

다음 절에서는 핵분열이 진행되는 동안 방출되는 에너지를 제어할 정도의 속도로 멈추지 않도록 하는 원자력 발전소에 관련된 내용을 살펴보도록 하겠습니다.

2. 원자력 발전소

6.6절에서 전통적인 발전소에서 석탄, 석유 또는 천연가스 등을 연소시켜 보일러의 물을 가열하는 에너지를 살펴보았습니다. 가열된 물은 고온의 수증기로 변환되고, 이 수증기로 발전기 터빈을 돌려 전기 에너지를 발생시키게 됩니다.

원자력 발전소는 물을 데우는 에너지를 화석 연료가 아니라 U-235와 같은 핵연료의 분열에서 얻는다는 점을 제외하고는 대부분의 원리가 비슷합니다(그림 7.3).

발전소의 열효율은 발전소의 고온의 열원천과 저온부의 온도 차이에 의존합니다. 화석 연료 발전소의 효율은 40% 내외이며, 원자력 발전소는 55~60%로 높은 편입

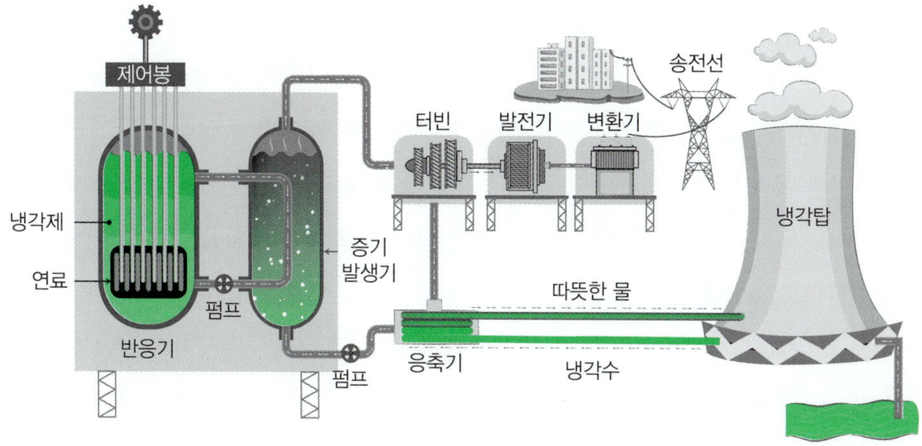

그림 7.3 원자력 발전소의 개략적 구조

니다. 그러나 구성 부분의 기계적, 열적, 전기적 요인들에 의하여 효율에 한계가 있습니다.

원자력 발전소의 심장은 원자로입니다. 원자로는 핵반응이 진행되는 반응 용기와 더불어 1개 이상의 스팀 발생 장치, 1차 냉각 시스템 등이 특수 스틸 용기에 담겨 있고, 이 용기는 돔 형태의 콘크리트 설비 안에 위치합니다. 핵연료와 직접 접촉하지 않는 부분으로는 발전기를 가동하는 터빈과 2차 냉각 시스템이 있는데, 2차 냉각수의 열을 제거하기 위하여 별도의 저온부와 연결되어 있습니다. 이 결과, 원자력 발전소는 1개 이상의 냉각탑을 가지거나 바다나 강과 같은 상당한 규모의 물을 공급할 수 있는 지역에 주로 건설됩니다.

원자로 노심에 주입되는 우라늄 연료는 4~5%가 U-235, 나머지가 U-238인 산화우라늄(IV)(UO_2)입니다. 이 연료는 원기둥 형태로 지르코늄(Zr)을 포함한 몇 가지 금속의 합금으로 만들어진 관에 채워집니다. 하나의 관에는 최소 200개 정도의 산화우라늄(IV) 덩어리로 채워지고, 핵분열 연쇄 반응이 시작되면 멈춤 없이 지속됩니다. 앞의 핵분열 반응에서 표시한 바와 같이 핵분열 반응에는 중성자가 필요한데, 공급원은 베릴륨-9과 플루토늄-238의 혼합물입니다. 중성자 생성 반응을 핵 반응식으로 표시하면 다음과 같습니다.

$${}^{238}_{94}Pu \rightarrow {}^{234}_{92}U + {}^{4}_{2}He\text{(알파 입자)}$$

$${}^{4}_{2}He + {}^{9}_{4}Be \rightarrow {}^{12}_{6}C + {}^{1}_{0}n + {}^{0}_{0}\gamma$$

이 과정에서 생성된 중성자가 원자로 반응기 노심에 장착된 U-235와 반응하여 핵분열이 시작됩니다. 핵분열이 시작되면 반응 하나당 1개의 중성자를 소모하면서 2~3개의 중성자를 생성하기 때문에 반응을 제어하지 않으면 폭발적인 열이 발생합니다. 이를 통제하기 위하여 여분의 중성자를 흡수 및 제거하여 반응 속도를 충분히 느리게 유지하는 방안이 필요합니다. 이러한 중성자 스펀지 역할을 하는 제어봉control rod은 카드뮴(Cd)이나 붕소(B) 같은 중성자 흡수 물질을 이용하여 만들어집니다. 이 제어봉은 핵연료봉 사이에 위치하여 반응 진행에 따라 생성되는 중성자의 양을 조절하여 핵반응 연쇄 속도를 제어하며, 핵연료가 소진되면 새로운 핵연료로 교환하여 핵반응을 지속하게 합니다.

연료봉과 제어봉은 1차 냉각재 안에 위치하며, 1차 냉각재는 이들로부터 열을 제거하는 역할을 담당하게 됩니다. 1차 냉각재는 보통 고압 하의 붕산(H_3BO_3) 수용액을 사용하며, 붕소 원자는 중성자를 흡수하여 핵분열 반응의 속도와 원자로 온도를 제어하는 역할을 담당합니다. 용액의 압력은 150기압에 달하기 때문에 정상 끓는점(100℃)보다 훨씬 높은 온도까지 가열할 수 있습니다. 또한 1차 냉각재는 원자로의 반응로와 증기 발생 장치 사이에 설치되고 다른 설비와 차단된 순환 경로만을 흘러갑니다. 따라서 1차 냉각재와 열 이동 순환을 위한 2차 냉각재는 직접 접촉하지 않아 핵물질의 누출 위험성을 차단합니다. 열 순환을 지속하기 위해 수증기는 냉각되어 액체로 응축되어 증기 발생 장치로 되돌아가며, 많은 핵발전 시설(그림 7.4)에서는 거대한 냉각탑을 이용하여 냉각합니다.

원자력 발전소는 보통 호수, 강, 또는 바닷물을 이용하여 응축 장치를 냉각합니다. 이 냉각수는 원자력 발전소 시설 안의 핵분열 반응 및 그 생성물이 존재하는 부분과 물질 교환되지 않도록 격리됩니다. 이를 통해 핵물질 및 방사능 누출을 방지하고 있습니다.

핵연료와 화석 연료를 이용하여 생산된 전기 에너지는 동일하지만, 1초당 생산하는 에너지 양은 차이가 나게 됩니다. 에너지 효율을 기술하기 위하여 양을 나타내는 몇 가지 단위를 살펴보면, 에너지 생산 속도는 전력power이라고 하며, 단위는 주로 J/s 또는 와트(W)입니다. 단일 원자로의 최대 전력 용량maximum power capacity은 보통 500~1300 MW 정도이지만 석탄 화력 발전소는 보통 600 MW의 속도로 전기를 생산합니다.

그림 7.4 영국 북요크셔에 가동 중인 Drax 원자력 발전소의 거대한 냉각탑
(출처: Glyn Drury / Drax Power Station Northern Cooling Towers)

이상으로 원자력 발전소의 개략적인 구성과 설비 특성 등을 살펴보았습니다. 이제 다음 절에서는 핵물질과 밀접한 관계를 가지고 있는 방사능에 대하여 살펴보겠습니다.

3. 방사능과 보건 및 환경에 대한 영향

1896년 프랑스 물리학자 Antoine Henri Becquerel이 검은 종이로 싼 사진 건판을 특정 광물 주위에 놓았을 때 형상이 인화된 것을 통해 최초로 방사능을 발견하였습니다. 이후 폴란드 과학자 Marie Curie는 방사선에 대한 추가적 연구를 수행하여 방사선이 광물의 한 성분인 우라늄에서 나오는 것임을 확인하였습니다. 이후 Curie는 어떤 물질이 자발적으로 높은 에너지의 전자기파와 입자 등을 방출하는 현상을 기술하는 용어로 방사능radioactivity을 최초로 사용하였습니다. Ernest Rutherford는 방사능의 2가지 종류로 α와 β를 확인하였습니다.

α와 β는 모두 입자의 흐름이지만 정반대의 성질을 가집니다. α 입자는 원자핵으로

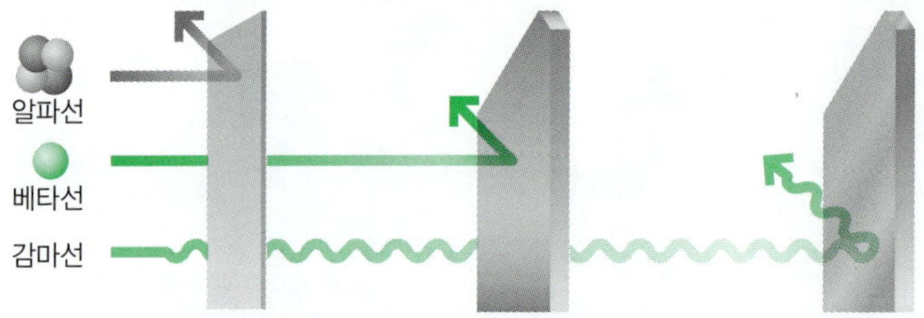

그림 7.5 방사선의 투과력

부터 방출되는 2+의 양전하를 가지는 He 입자(^4_2He)로 양성자와 중성자 각각 2개를 가지며, β 입자는 원자핵으로부터 방출되는 1−의 음전하를 가지는 전자($^0_{-1}e$)로 양성자 또는 중성자의 약 1/2000 정도 질량을 가집니다. 또 다른 방사선인 γ선은 원자핵으로부터 방출되는, 전하와 질량이 없으며 큰 에너지를 가지는 파장이 짧은 광자입니다. 이 방사선들의 투과력은 그림 7.5에서와 같이 비교할 수 있습니다.

즉, 핵 방사nuclear radiation는 원자핵으로부터 방출되는 알파 입자, 베타 입자, 감마선을 의미합니다. 다만 감마선은 전자기 복사선이자 방사선으로, 방사능 물질의 원자핵에서 감마선을 방출하면 방사선으로 부르고 있습니다.

원자핵이 알파 또는 베타 입자 방출을 하면 다음과 같이 원자핵의 종류가 변하는 중요한 변화가 나타납니다.

$$^{238}_{92}U \rightarrow {}^{234}_{90}Th + {}^4_2He$$

$$^{234}_{90}Th \rightarrow {}^{234}_{91}Pa + {}^0_{-1}e$$

이때 알파 입자 방출 시에는 질량수 4, 원자 번호 2가 감소하지만, 베타 입자 방출 시에는 원자 번호가 1만큼 증가하고 질량수가 변하지 않습니다.

이 과정은 이해가 쉽지 않지만 중성자를 양성자(^1_1p)와 전자의 조합으로 보면 베타 입자의 방출은 다음과 같이 중성자의 분열로 보는 것이 가능합니다.

$$^1_0n \rightarrow {}^1_1p + {}^0_{-1}e$$

따라서 베타 입자 방출이 되면 토륨(Th) 원자핵의 중성자가 프로트악티늄(Pa)의 양성자로 변하고 양성자 수(원자 번호)가 1만큼 증가하여 원자 번호가 1만큼 증가하게 됩니다.

원자핵의 분열은 또 다른 방사성 원자핵을 생성할 수 있으며, 원자 번호가 84(폴로늄, Po) 이상이면 모든 원소의 모든 동위 원소는 방사성을 가지기 때문에 어떤 경우에 핵분열로 방사성 동위 원소가 생성될지를 미리 예상할 수도 있습니다. 예를 들어, 우라늄(U), 플루토늄(Pu), 라듐(Ra), 라돈(Rn)의 동위 원소는 모두 방사성입니다.

원자 번호가 83번 이하인 경우에도 일부 동위 원소는 방사성입니다. 탄소-14(C-14), 수소-3(삼중수소, T-3), 포타슘-40(K-40)이 예이며, 동위 원소가 방사성인지는 원자핵이 가지는 중성자와 양성자 수의 비율에 의하여 결정됩니다. 방사성 동위 원소radioisotope는 방사능을 가져 붕괴하는 동위 원소를 말하며, 지구상 대부분의 원자는 방사성을 가지지 않는 안정한 원자들입니다. 또한 방사성 동위 원소들이 안정한 동위 원소로 변하기 위하여 붕괴 과정을 여러 번 거치기도 하며, U-238과 Th-234은 그림 7.6에 나타낸 일련의 붕괴 과정의 처음 2단계에 해당합니다. 여기서 Pb-

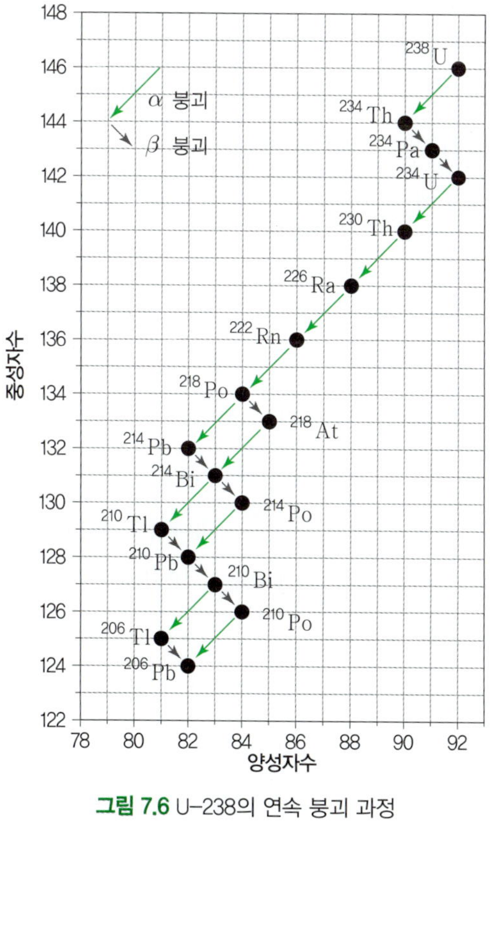

그림 7.6 U-238의 연속 붕괴 과정

206이 최종 생성물이 되며, 비슷하게 U-235의 붕괴 최종 생성물은 Pb-207이 됩니다. 이와 같이 방사성 동위 원소의 일련의 붕괴 과정을 방사성 붕괴 계열radioctive decay series이라고 합니다.

다음 절에서는 방사성 물질이 왜 위험한지, 방사능의 양을 표현하는 방법, 폐기물을 안전하게 폐기하는 방법 등에 대하여 살펴보도록 하겠습니다.

4. 방사능 물질의 붕괴 및 폐기물 처리

영화에서는 방사능에 노출된 사람들이 온몸에 부종이 올라와 죽음에 이르거나 암에 걸려 서서히 죽어가는 모습이 그려지기도 합니다. 그러나 노출량이 적어 세포나 조직의 손상이 적다면 자연적으로 치유되는 경우가 더 많습니다.

방사성 물질에 신체가 노출될 때 인체의 세포 및 조직이 손상되는 이유는 무엇일까요? 방사성 동위 원소가 방출하는 알파, 베타 입자 및 감마선이 세포나 조직을 구성하는 분자를 이온화시키기 충분한 에너지를 가지고 있기 때문입니다. 이들을 이온화 방사선ionizing radiation이라고도 부르는 이유입니다.

분자가 이온화 방사선에 노출되면, 원자 주위의 전자가 제거되면서 반응성이 큰 화학종인 자유 라디칼free radical이 생성됩니다. 이들은 자체가 불안정하며, 주위의 다른 분자들과 반응하여 더 안정한 상태로 변하려고 합니다. 이때 DNA 분자와 반응하면서 DNA를 손상시키면, 정도에 따라 죽음에 이르거나 손상을 복구하다가 돌연변이가 발생할 수 있게 됩니다. 암세포와 같이 빠르게 분열하는 세포들이 이온화 방사선에 의해 손상되기 쉬운 경향을 이용하여 암을 치료하는 데 사용되기도 합니다. 같은 원리로 갑상샘 기능이 지나치게 활성화되어 대사를 촉진하는 호르몬의 과도한 생성을 유도하는 그레이브스병을 치료하기 위하여 방사성 동위 원소인 I-131을 함유한 약물을 복용하여 치료할 수도 있습니다. 아이오딘(I)은 갑상샘에 축적되는데, I-131도 갑상샘에 모여 활성화된 조직을 파괴하여 병을 치료하는 기전입니다.

자연도 많은 방사성 물질을 포함하고 있으므로 우리가 방사선에 완전히 노출되지 않고 생활할 수는 없습니다. 이처럼 어떤 지점에서의 평균적인 방사선량의 수준을

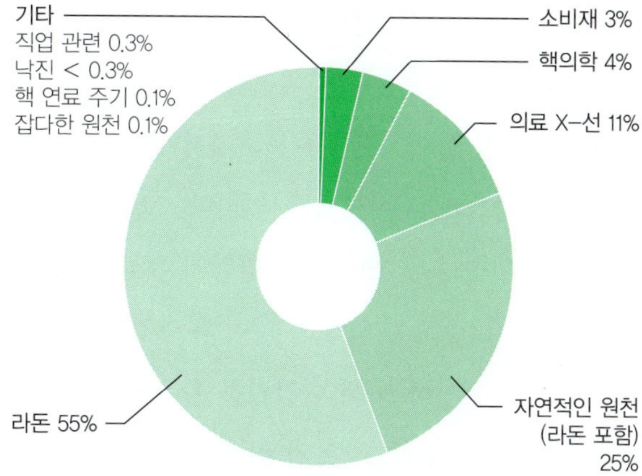

그림 7.7 미국인에 대한 이온화 방사선 노출원

배경 방사능background radiation이라고 합니다. 배경 방사능은 2가지 원천에서 발생할 수 있는데, 하나는 자연 상태에 존재하는 방사성 물질에 의한 것과 또 하나는 인공적인 방사선원으로부터입니다. 그림 7.7에 나타낸 바와 같이 천연 방사선원의 가장 큰 비중을 차지하는 것은 라돈이며, 우라늄 붕괴 과정에서 생성되기 때문에 거주 지역의 토양 등에 포함된 우라늄의 양에 의존합니다. 이외에도 자연에 존재하는 방사성 동위 원소들도 배경 방사능의 원인이 됩니다. 또한 많은 동식물이 섭취하는 물질의 대사에 의하여 체내에 축적된 탄소-14(C-14), 포타슘-40(K-40) 등에 의하여도 특정 부위에서 방사선이 방출될 수 있습니다. 과거에는 대부분의 배경 방사능이 자연 원천이었지만, 최근에는 의료용 방사성 원천이 추가되었습니다. 의료 행위에 이_한 노출 이온화 방사선량이 전체 노출량의 반에 달하고 있습니다.

그렇다면 방사능의 양을 어떻게 표시할까요? 길이는 미터(m), 질량은 킬로그램(kg)으로 표시하듯이 방사능 물질에서 방사능 활동의 양을 나타내는 단위는 베크렐(Becquerel, Bq; 1 Bq = 초당 방사성 붕괴 1회)입니다. 이 단위는 주로 채소, 수산물, 해양, 토양의 오염 정도를 파악하는 데 사용됩니다. 연간 방사선 노출량(피폭선량)은 렘(rem)과 시버트(Sv)의 2가지 단위(1 Sv = 100 rem)를 이용합니다. 이들은 인체 조직이 방사선에 노출되었을 때 받게 되는 손상을 고려한 단위로 비교적 큰 노출량을 표시합니다. 대부분의 경우 매우 작기 때문에 마이크로시버트(μSv) 또는 밀리렘(mrem) 등이 주로 사용됩니다.

방사성 물질은 입자 또는 에너지인 방사선을 방출하면서 붕괴되고 양이 감소하며, 감소되는 양은 방사성 동위 원소의 종류에 의존합니다. 각각의 동위 원소는 고유한 반감기[2]half-life를 가집니다. 예를 들어, 우라늄 붕괴에서 얻어지는 플루토늄(Pu)-239는 반감기가 24,110년이고, 탄소(C)-14는 5,715년입니다. 그 외 몇몇 동위 원소들의 반감기는 표 7.2에 수록되어 있습니다. U-238의 반감기는 45억 년이고 이것은 지구상 가장 오래된 암석의 나이와 비슷하여 암석의 나이를 측정하는 데 사용됩니다. 또한 탄소-14도 유기체의 연대를 추정하는 데 반감기를 활용하고 있습니다. 이러한 분석 방법은 반감기가 변하지 않는 상수이고, 동위 원소의 물리적, 화학적 형태, 온도, 압력에 영향을 받지 않는 특성을 활용합니다.

우라늄 등과 같은 연료를 사용한 원자로에서 발견되는 동위 원소들의 반감기가 매우 긴 것은, 핵폐기물에서 오랜 기간에 걸쳐 방사선이 방출된다는 것을 의미합니다. 현재는 대부분의 핵폐기물을 강철이나 콘크리트 통에 담아 핵폐기물 생성 시설에 보관하며, 장기간 보관을 위해 별도의 지하 시설을 건설하거나 건설 계획을 수립하고

표 7.2 몇몇 방사성 동위 원소의 반감기

방사성 동위 원소	반감기($t_{1/2}$)	핵 연료봉에서의 발견 여부
우라늄-238	4.5×10^9년	발견됨. 사용 전 핵 연료 펠릿에 원래 들어 있음
포타슘-40	1.3×10^9년	발견되지 않음
우라늄-235	7.0×10^8년	발견됨. 사용 전 핵 연료 펠릿에 원래 들어 있음
플루토늄-239	24,110년	발견됨
탄소-14	5715년	발견되지 않음
세슘-137	30.2년	발견됨. 핵분열 생성물
스트론튬-90	29.1년	발견됨. 핵분열 생성물
토륨-234	24.1일	발견됨. 자연 상태에서 U-238의 붕괴에 의해 적은 양이 만들어짐
아이오딘-131	8.04일	발견됨. 핵분열 생성물
라돈-222	3.82일	발견됨. 자연 상태에서 U-238의 붕괴에 의해 적은 양이 만들어짐
플루토늄-231	8.5분	발견되지 않음(너무 짧은 반감기)
폴로늄-214	0.00016초	발견되지 않음(너무 짧은 반감기)

2 초기 양의 반으로 되는 데 필요한 시간으로, $t_{1/2}$로 표현합니다.

있습니다. 미국의 경우, 1997년 핵폐기물 정책 개정법을 제정하여 네바다주의 유카(Yucca)산을 핵폐기물을 저장할 유일한 장소로 지정, 추진하고 있으나 다양한 문제로 완성이 어려운 전망입니다. 우리나라의 경우, 2022년에 고준위 방사성 폐기물 관리에 관한 특별법 및 유치지역 지원에 관한 특별법안을 발의하였지만 표류 중입니다. 기존의 저장 장소는 2030년부터 순차적으로 포화될 전망이기에 시급한 해결책이 필요한 상황입니다.

핵폐기물 저장 장소를 선정할 때는, 실제로 핵분열 산물이 자연에 배출될 경우 인체에 유입되어 치명적 피해를 줄 가능성을 고려해야 합니다. 50년대에 대기 중에서 수행된 핵폭발에서 발생한 대표적인 동위 원소는 스트론튬(Sr)−90으로 칼슘(Ca)과 화학적 성질이 비슷하여 뼈에 축적될 수 있습니다. 그러나 Sr의 반감기가 29년이기 때문에 유입된 Sr−90은 평생 동안 인체에 위협을 줄 수 있습니다. 이외에도 우크라이나의 체르노빌 원자로 폭발 사고로 유출된 I−131은 반감기가 짧기는 하지만 건강에 상당한 영향을 끼칠 수 있습니다.

5. 원자력 발전 위험

원자력 발전소를 건설할 때는 모든 가능한 위험 요인을 고려하여 안전하게 운영할 수 있도록 최선의 노력을 다하고 있음은 잘 알려진 사실입니다. 그러나 이러한 노력에도 불구하고 세계가 놀랄만한 다수의 사고를 경험하고 있습니다.

원자력 발전소의 시설 외부의 위험을 수반한 주요 사건 중 하나로는 1979년 3월 28일 미국 펜실베이니아주 스리마일(three mile)섬에 위치한 원자력 발전소 원자로에서 냉각재 부족으로 일부 노심이 녹는 사고가 발생했습니다. 비록 위기의 상황에서 적절한 처리로 인명 피해나 환경 오염이 거의 없기는 하였지만 원자력 산업계에 미친 영향은 엄청난 것으로 알려졌습니다. 이 사고에 의해 1988년부터 2000년대 초까지 신규 원전 건설이 중단되어 전력 수급을 주로 화력 발전에 의존하여 엄청난 양의 탄소 배출로 지구 온난화에도 영향을 주었습니다.

1989년 4월 26일 우크라이나의 체르노빌(Chernobyl)의 원자력 발전소의 사고는 원

그림 7.8 체르노빌 원자력 발전소 사고 현장

자로 온도 상승에 대한 작업자의 실수와 설계의 문제 등으로 적절히 대처하지 못한 최악의 사고 중 하나로 지적되고 있습니다. 일련의 실수의 결과로 핵연료가 녹고 누출된 연료 입자가 냉각수와 접촉하여 폭발하여 원자로 노심이 파괴되었습니다. 이 과정에서 방출된 열로 인하여 중성자 속도를 느리게 하는 감속재인 흑연봉에 불이 붙었고, 곧이어 물과의 반응으로 생성된 수소가 공기 중 산소와 반응하여 폭발하였으며, 원자로 주위의 거대한 강철판까지 파괴하였습니다(그림 7.8).

원자로의 폭발은 건물의 잔해에서 10일간의 화재로 이어졌습니다. 비록 핵폭발은 일어나지 않았지만 화재와 수소의 폭발로 인하여 막대한 양의 방사성 물질이 대기로 누출되었습니다. 주변 반경 60 km 이내 거주자들은 터전을 잃었고, 인근의 스칸디나비아 국가에까지 피해를 주었습니다. 결국 이 사고로 발전소 근무자 여러 명과 사고 처리에 동원된 31명의 소방관이 사망하였고, 방출된 I−131로 인한 갑상샘암 피해 어린이 청소년 사례가 6,000건 이상 보고되었습니다. 추가적인 위험을 방지하기 위하여 2017년 체르노빌 원자력 발전소 폐허 위에 거대 규모의 강철 아치형 구조물(그림

그림 7.9 체르노빌 사고 현장에 건설된 차폐 구조물 (출처: Tim Porter, CC BY-SA 4.0, Wikimedia Commons)

7.9)을 건설하였지만 주변 지역은 여전히 사람이 살 수 없는 곳으로 남아 있습니다.

또 다른 최근의 원자력 발전소 사고는 2011년 3월 일본 동북부 지역의 연속된 지진, 해일로 촉발된 후쿠시마 다이치의 원자력 발전소의 원자로 3기에서의 발생한 폭발 사고입니다(그림 7.10). 이 과정에서 냉각 시스템의 고장으로 온도 상승, 수소 발생이 시작되었으며, 폭발을 우려한 기술자들은 수소를 외부에 배출하였고, 이 과정에서 I-131을 포함한 핵분열 생성물이 주변 환경에 배출되었습니다. 이러한 조치에도 불구하고 수소에 의한 폭발은 피하지 못하였습니다. 사고 발생 후 2주 동안 일본 정부는 원자력 발전소 주변 30 km 이내에 거주하던 약 30만 명의 주민을 소개하였습

그림 7.10 후쿠시마 다이이치 원자력 발전소 사고 (출처: Charles LeBlanc / Flickr)

니다. 2017년 후쿠시마현 나미에 지역 중심지에 내렸던 소개령을 해제하였지만, 2019년 현재 원 거주자의 약 5%만이 복귀하였다고 합니다.

비록 나미에 외곽 지역의 경우, 원자력 발전소 사고 이후의 방사선량은 낮은 것으로 확인되었지만 일본의 에너지 정책의 변경의 촉매제가 되었습니다. 즉, 일본 정부는 48개의 원자력 발전소 중 2개를 제외하고 가동을 정지하였고, 신재생에너지 이용 전력 생산을 권장하였으며, 전력 공백을 막기 위하여 다수의 석탄 발전소 건설 또는 건설을 계획하였습니다. 이 결과 온실 기체 배출량이 증가하고 무역수지가 심각하게 적자가 되는 상황이 초래되었습니다. 또한 그동안 추가적 폭발 등을 막기 위하여 원자로를 순환한 엄청난 냉각수를 수집, 저장하였지만 한계에 이르러 지난 2023년 8월 24일 다핵종제거설비로 방사성 동위 원소를 처리한 후 희석하여 바다에 방류하기도 하였습니다.

이러한 다수의 원자력 발전소 사고에도 불구하고 지구 온난화를 방지하기 위한 탄소 배출량이 없는 원자력 발전소에 대한 선호 현상 때문에 앞으로도 많은 원자력 발전소 건설이 지속될 추세가 예상되고 있습니다. 다음 절에서는 미래의 원자력 발전 추세와 문제점 등을 살펴보도록 하겠습니다.

6. 원자력 발전의 미래

모든 나라에서 다양한 목적으로 더 많은 전기를 필요로 하며, 가용한 자원과 비용을 투입하여 전기를 공급하는 최적의 방법을 선정하려고 하고 있습니다. 특히 최근 지구 온난화와 이에 따른 이상기후의 피해 및 영향을 최소화하려는 노력으로, 온실 기체 배출을 줄이고 탄소 제로를 지향하고 있습니다. 이러한 목표에 근접한 발전 방법은 어떤 것이 있으며 현재 세계 각국의 상황은 어떠한지를 살펴보겠습니다.

전기 공급 방법의 선정에서 우선 고려하여야 할 것은 각국이 처한 상황에 따라 다르겠지만 발전 단가와 같은 경제성, 연료원의 지속가능성, 이산화 탄소 배출량과 같은 환경에 대한 영향 등입니다.

우선 연료원별 정산단가(표 7.3)를 비교해 보면 원자력 발전이 월등하게 저렴하다

표 7.3 연료원별 정산단가(2023.11~2024.12)

기간	원자력	석탄			유류	LNG	양수	신재생							
		유연탄	무연탄	계				연료 전지	석탄 가스화	태양	풍력	수력	해양	바이오	계
2024/12	71.9	143.0	132.8	142.8	343.6	175.1	221.8	114.1	141.2	131.0	111.0	142.3	145.8	145.2	129.3
2024/11	539.	120.4	120.8	120.4	686.8	158.4	186.0	110.5	126.5	117.8	113.0	129.6	0.0	142.5	123.6
2024/10	53.0	119.5	131.4	119.5	598.7	159.7	173.4	115.2	131.7	126.9	115.5	133.1	0.0	146.4	129.7
2024/9	78.0	164.4	149.3	164.2	569.6	178.0	215.1	136.4	168.6	145.8	136.0	154.6	132.6	165.1	150.6
2024/8	86.2	172.1	162.5	171.9	550.7	186.8	245.1	143.8	177.6	154.4	142.9	163.3	139.8	172.9	149.8
2024/7	79.9	161.6	143.1	161.4	809.1	181.5	226.5	130.2	144.9	143.6	129.6	147.2	124.9	158.6	144.2
2024/6	71.4	148.3	134.7	148.1	608.5	167.9	190.1	123.9	136.2	135.4	122.1	138.9	118.4	145.6	135.4
2024/5	69.1	144.4	134.3	144.3	420.1	163.6	179.2	124.8	0.0	133.0	121.9	135.1	120.1	140.5	132.2
2024/4	68.3	141.6	136.9	141.6	364.9	167.0	185.7	123.9	146.3	125.5	127.7	133.2	121.6	152.5	133.4
2024/3	52.4	130.6	151.1	130.8	331.5	177.8	208.9	132.2	148.6	131.0	131.1	151.8	133.5	166.9	143.1
2024/2	21.0	122.5	136.8	122.6	394.8	179.0	218.0	115.1	128.2	121.0	114.8	140.8	116.9	145.7	128.7
2024/1	59.3	134.6	148.1	134.8	346.0	198.3	271.5	133.6	147.8	152.1	135.3	164.6	139.0	171.4	151.9
2023/12	92.3	111.1	139.5	111.3	244.1	184.1	264.0	128.7	143.6	140.4	128.7	150.5	130.5	166.7	145.3
2023/11	56.8	104.6	129.4	104.8	273.9	172.4	220.2	118.5	132.1	132.4	117.9	141.2	119.2	165.3	136.2

자료: 전력통계정보시스템

는 것을 확인할 수 있습니다. 또한 원자력 발전의 이산화 탄소 배출량은 몇 가지 신재생 에너지 발전과 함께 0에 가깝습니다. 따라서 연료원의 지속가능성과 폐기물 처리 문제 및 엄청난 발전소 건립 비용에도 불구하고 많은 국가들이 후쿠시마 사고 이후로 중지하였던 원자력 발전 프로그램을 재가동하였고, 새로운 원자력 발전소가 설립되거나, 설립이 예정되고 있습니다.

미국의 경우 2019년 중반 기준 상용전력의 20%를 97기의 원자로에서 생산하고 있으며, 29개 주에 분포되고 있습니다. 1990년 112기를 최대로 원자로 수는 지속적으로 감소한 것이지만, 생산량은 증가하고 있습니다(그림 7.11). 미국은 1978년 이래로 새로운 원자력 발전소를 건설하지 않았지만 2019년 현재 현존하는 원자력 발전소 내에 새로운 원자로 2기(조지아주 Vogtle 원자력 발전소)를 건설하고 있으며, 테네시주에서는 2016년 10월에 Watts Bar Unit 2 원자로 가동을 시작하였습니다. 물론 2017년 사우스캐롤라이나주의 Virgil C. Summer 원자력 발전소 내 추가 건설 중이던 2기의 원자로 건설이 중단되는 일도 있었습니다.

전 세계적으로 에너지 수요 증가에 대응하기 위하여 상용 원자력 발전소 건설 및 가동이 활발한데, 인도는 2022년 19개의 원자로가 가동 중입니다. 중국은 2022년 현재, 55개의 가동 중인 원자로가 있으며, 수 개의 원자로를 추가 건설 중에 있습니다.

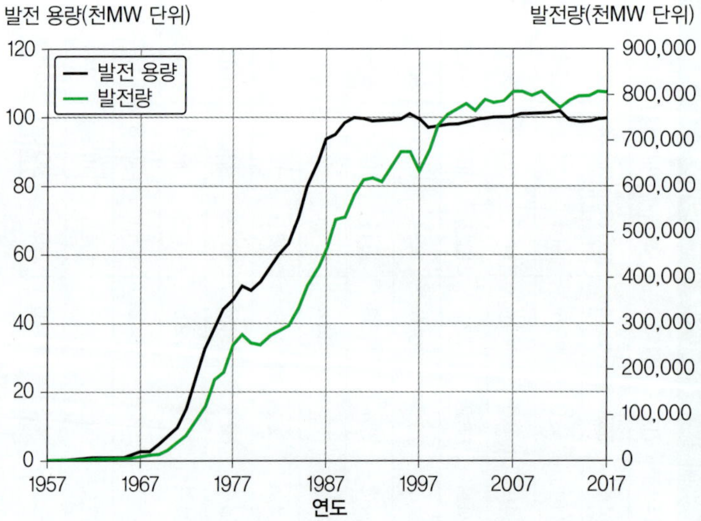

그림 7.11 미국의 원자력 발전소의 발전용량 및 발전량(1957~2017)

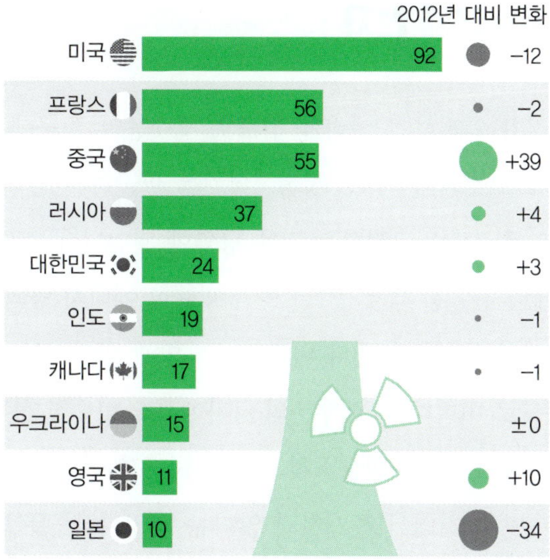

그림 7.12 2022년 국가별 보유 가동 원자로 수 (자료: World Nuclear Indeustry Status Report 2022)

그 밖의 주요 국가의 가동 중인 원자로 현황은 그림 7.12에 수록되어 있습니다.

세계 각국은 미래에도 지속가능하고 안전하며 오염물질 배출이 적거나 없는 청정한 에너지원을 원하고 있습니다. 이런 측면에서 보자면, 원자력 발전에 의한 전기 공급은 원자로 관련 사고 및 경제적 상황의 변화에 영향을 받습니다. 예를 들어, 1980년대의 원자력 발전에 대한 안전시설 및 규정이 강화되고 각국의 원자력 규제위원회 등에 의한 철저한 감독이 시행됨에 따라 발전 가격이 상승한 반면 화석 연료 가격은 저렴하게 변동되어 원자력 발전에 대한 선호도가 변하기도 했습니다.

지금까지 살펴본 것처럼 원자력 발전은 많은 장점에도 불구하고 해결하여야 할 과제 또한 만만하지 않습니다. 그러나 세계 각국에서의 에너지 수요는 증가하고 있기 때문에 이에 대응할 필요도 증대하고 있습니다. 아직은 폐기물 문제, 우라늄 채굴에 따른 방사능 오염 문제, 핵 연료의 오용 가능성 문제 등을 완벽하게 해결하지 못한 것이 현실입니다. 이런 문제들은 가까운 미래에 해결될 것이라 낙관하기도 어려운 상황입니다. 그럼에도 원자력은 수년 또는 수십 년간 세계 각국의 전체 에너지 공급에 있어 상당 부분을 감당할 것으로 예상됩니다.

7. 태양 에너지와 태양 전지

태양 에너지는 우리가 인지하기 어려울 정도로 오랫동안 지구에 제공될 것입니다. 따라서 화석 연료가 고갈되어 가고, 청정에너지를 발굴하는 현실에서 우선적 대체 에너지원으로 태양 에너지를 고려하는 것은 당연한 일입니다. 1시간 동안 태양에서 지구로 제공하는 에너지가 전 세계가 1년 동안 필요한 에너지 양과 비슷할 정도로 태양 에너지의 양은 엄청납니다. 그러나 미국에서 태양광 발전으로 만들어지는 전기량은 전체의 1.7% 정도로 미미하며, 대부분의 국가에서도 비슷한 상황입니다.

이러한 현상의 이유는 무엇일까요? 첫 번째는 지구상 어느 곳도 24시간 365일 태양광을 지속적으로 받는 지역이 존재하지 않다는 것입니다. 두 번째로는 지표면에 도달하는 태양 빛의 세기가 상대적으로 약한 지역도 많습니다. 또한 날씨 및 대기 상황에 따라 태양광을 받는 시간과 세기가 변화합니다. 그림 7.13에 미국 전역에서 m^2당 하루 동안 고정되고 kWh 단위로 표시된 태양 전지 평판으로 수집되는 에너지가 표시되어 있습니다. 지역마다 상당한 양의 변함이 있음을 확인할 수 있습니다.

이러한 약점에도 불구하고 평균 태양 광량이 높은 지역에서 전기를 생산할 수 있을 만큼 충분히 태양 에너지를 모은 뒤에 전기를 생산한다면 에너지원이 무료이기

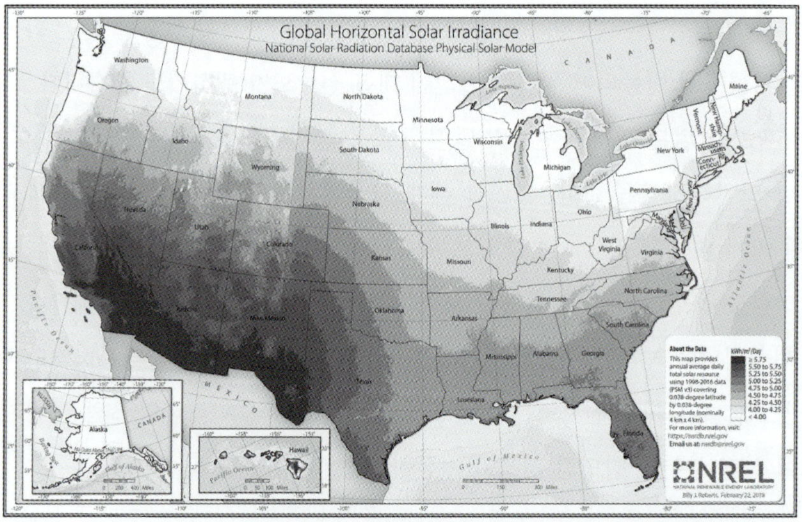

그림 7.13 미국 전역에서 하루 동안 모을 수 있는 평균 에너지 양
(출처: 미국 Natioanl Renewable Energy Laboratory, https://www.nrel.gov/gis/solar-resource-maps)

때문에 다른 연료원을 사용하는 발전 방식들과 경쟁할 수 있습니다. 태양 에너지를 활용하는 방법은 2가지가 있는데, 하나는 태양열을 이용하여 전기를 생산하는 것이고 다른 하나는 태양 전지solar cell를 이용하여 직접 전기를 생산하는 방법입니다.

태양열을 이용하여 전기를 생산하는 과정을 태양열 발전concentrating solar power, CSP이라 합니다. 태양열을 집중하는 장치가 필요하고, 이 열을 활용하여 물을 끓이고, 수증기로 스팀 터빈을 돌려 전기를 얻어냅니다. 2018년 기준 전 세계에 이와 같은 태양열을 이용하는 발전소는 94개 건설되어 있으며, 발전용량은 1~400 MW 수준입니다(그림 7.14). 그러나 이러한 유형의 발전에는 엄청난 건설비와 부지가 필요하다는 단점도 있습니다.

태양 에너지 활용의 또 다른 방법인 태양 전지는 광전지photovoltaic cell, PV라고도 합니다. 태양 에너지를 전기 에너지로 직접 변화시키는 방법으로, 오래전부터 전자계산기 등 소형 전기기기를 작동하는 데 사용되던 방식입니다. 무인 시스템으로 인공위성, 도로 표시판 및 교통 신호등, 해상등 부표에 전기를 공급하는 데 활용되고 있습니다. 대량의 전기가 필요한 경우에는 여러 개의 모듈을 하나로 묶은 패널을 설치하게 되며, 가정집의 지붕 또는 야외의 빈 공간 등에 설치, 운영됩니다.

태양 전지에서 전기 에너지 생성은 어떠한 과정을 거쳐 생산될까요? 이 과정을 이해하기 위해서는 태양 전지를 구성하는 물질에서의 전자의 거동을 이해할 필요가 있

그림 7.14 중국 고비 사막의 50MW급 집중태양열 발전소(CSP)
(출처: Csp.guru, CC BY-SA 4.0, Wikimedia Commons)

알아보기

물질은 전기 전도의 정도에 따라 절연체insulator, 반도체semiconductor, 도체conductor와 초전도체superconductor로 분류합니다. 전기를 통하지 않는 물질을 절연체, 전기를 잘 통하는 물질을 도체, 제한된 전기 전도성을 나타내는 물질을 반도체라 합니다. 도체와 반도체는 온도 상승에 따른 전도도의 변화로 구별합니다. 도체는 온도를 올렸을 때 전도도가 감소하지만 반도체는 반대로 전도도가 증가합니다. 초전도체는 전류가 흐르는데 저항이 전혀 없는 물질로 자기부상열차 등에 활용될 수 있습니다.

습니다. 태양 빛이 태양 전지를 비추면, 일부는 전지 내부로 투과, 일부는 반사 또는 흡수가 되며 흡수된 빛은 전지 구성 원자의 전자를 들뜨게 하여 자신이 차지하고 있던 공간을 떠나 전자의 흐름, 즉 전류를 만들게 됩니다. 그러나 모든 물질이 이러한 현상을 나타내는 것이 아니라 제한된 전기 전도성을 가지는 반도체semiconductor라는 물질이 사용될 때 이러한 현상이 가능하게 됩니다.

대표적인 반도체 물질은 준금속인 규소 결정이며, 이 결정은 규소 원자들이 반복, 연결된 것으로 각각의 원자는 4개의 다른 원자와 전자를 공유하여 결합하고 있습니다. 이들 전자는 결합이 있는 제한된 영역에 국한되어 위치하며 이동할 수는 없고 전기 전도체가 될 수 없습니다. 그러나 이 전자들이 충분한 에너지를 흡수하면 들뜨게 되고 결합 부분을 벗어나게 되어 전류가 흐를 수 있습니다. 이때 결합 전자가 위치를 벗어나게 되면 양전하를 띤 빈 자리가 얻어지고 이를 양공hole이라고 합니다(그림 7.15).

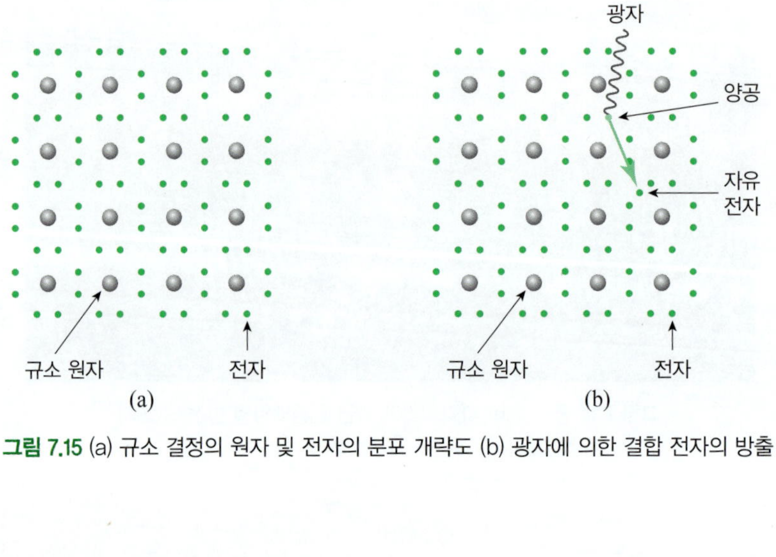

그림 7.15 (a) 규소 결정의 원자 및 전자의 분포 개략도 (b) 광자에 의한 결합 전자의 방출

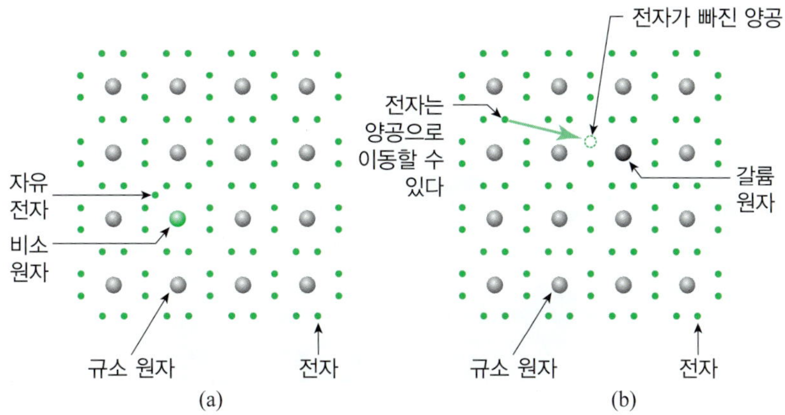

그림 7.16 (a) n–형 반도체 (b) p–형 반도체

실제로 순수한 규소 반도체는 불순물이 첨가되지 않으면 전류가 흐르지 않습니다. 순수한 규소에 불순물 원소를 의도적으로 첨가하는 과정을 도핑doping이라 하며, 불순물 원소를 혼입제dopant라고 합니다. 이때 규소보다 원자가 전자가 1개 더 많은 비소(As)를 도핑하여 여분의 전자가 추가로 있게 된 물질을 n–형 반도체, 1개 적은 갈륨(Ga)을 도핑하여 전자가 부족한 상태(양공이 많은 상태)를 p–형 반도체라 합니다. 이러한 방법은 모두 규소의 전기 전도도를 향상시킵니다(그림 7.16).

태양 전지에 전압이 생성되려면 n–형 반도체와 p–형 반도체를 직접 접촉하면 됩니다. 태양 전지에 빛을 쪼여주면 n–형에서 p–형 부분으로 외부 도선을 통해서 전자를 이동시킬 충분한 에너지가 생기고, 전류를 발생합니다(그림 7.17). 이때 빛 에너지를 최대한 전기 에너지로 전환하기 위하여 반도체 물질이 빛 에너지를 최적의 효율로 사용하도록 설계할 필요가 있습니다. 이 목적 달성에는 몇 가지 문제점이 있습니다. 첫 번째는 태양 전지 구성 물질인 규소가 순도 99.9999% 이상이 되어야 하는데 원료인 모래에서 추출, 정제하는 것이 쉽지 않아 비용이 많이 듭니다. 둘째는 빛 에너지를 전기 에너지로 변환하는 효율이 높지 않다는 것입니다. 이 전지의 이론적 최대 효율은 31%이지만 1950년대 초창기의 4% 미만에서 2019년 현재, 최신 상용 태양 전지의 효율은 22% 정도로 향상되었습니다. 이 정도의 효율은 전통적 발전소의 35~50%에 비하면 실망스러운 것이 사실입니다. 다만 온실 기체의 배출 또는 핵 폐기물 처리 문제가 없기 때문에 이 분야의 효율 개선에 많은 개발력이 집중되고 있습니다.

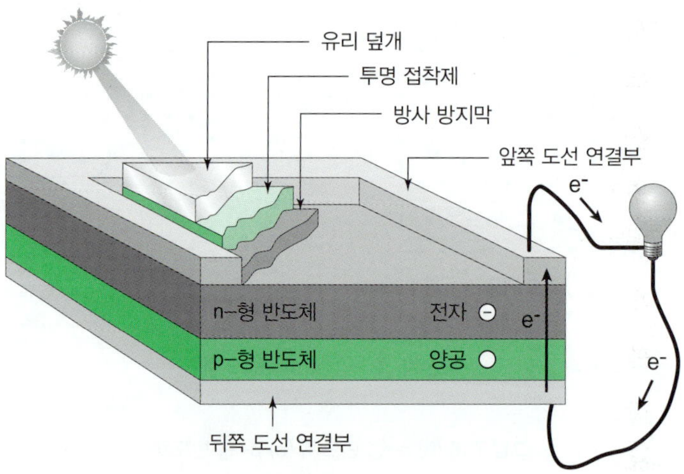

그림 7.17 태양 전지의 구조

이 분야의 단점을 보완하기 위한 최근 개발 방향은 비결정성 규소amorphorus silicon의 활용입니다. 규칙성이 덜한 배열의 Si 원자들이 더 높은 효율로 태양광을 흡수하도록 하여 규소 반도체의 두께를 1/60 이하로 줄여 비용을 절감하고자 하는 것입니다. 또 다른 개발 방향은 다층 태양 전지로, 더 얇은 p-n 반도체를 겹쳐 놓음으로써 전자의 이동 거리를 줄여 태양 전지 내부의 저항을 줄이고 효율을 향상시킬 수 있습니다. 이론적으로 36개의 p-n 접합을 접할 때 효율을 56% 증대할 수 있고, 다른 종류의 반도체를 사용하면 다양한 파장의 빛을 흡수할 수 있어 2019년 현재 다층막 태양 전지의 최대 효율은 46%에 이르고 있습니다.

이외에도 나노 입자와 전도성 플라스틱 등도 활용되며, 효율을 높이기 위하여 다양한 아이디어가 제시되고 있습니다. 이에 따라 태양광 발전에서 상당한 비용 절감을 이뤄내고 있지만, 화석 연료에 비하면 아직 비용이 많이 요구되는 것이 사실입니다. 그래도 긍정적인 응용 분야가 존재합니다. 예를 들어, 태양광 발전은 분산 발전용으로 적합합니다. 다른 방식의 발전은 발전소 건설 및 유지 보수, 연료 공급 관련 비용 등으로 지구 전체 인구의 1/3 이상이 전기 공급의 혜택을 보지 못하고 있지만 태양광 발전의 경우는 유지 보수 비용이 거의 소요되지 않아 오지에서 직접 생산하는 것이 유리한 경우도 있습니다. 실제로 많은 개발도상국을 비롯하여 여러 가지로 다른 방식의 발전이 어려운 지역에 태양광 발전이 활용되고 있습니다.

다만 태양광 발전은 낮 동안 생산된 전기를 필요한 시간에 활용하기 위해 저장할 필요가 있으며, 이 용도로 대규모 저장 장치가 필요합니다. 실제로 2017년 테슬러와 space X의 창업자인 Elon Musk는 호주 남부지역에 축구장 크기의 대규모 저장 장치를 설치하여 야간에 30,000가구에 에너지를 공급하고 있습니다. 또한 태양광 발전을 활용하면 화석 연료의 의존성을 줄여 화석 연료의 채굴, 운반, 유해 기체 배출 등에 있어 환경 특히 지구 온난화에 미치는 영향을 줄이는 데 상당한 기여가 예상됩니다.

이처럼 태양광 발전에는 장단점이 공존하기에 본격적으로 확장하는 데는 논란의 여지가 있어왔습니다. 화석 연료의 매장량이 한정되어 있기 때문에, 다양한 재생 가능한 원천을 활용하는 방안들은 태양광을 제외하고도 활발하게 모색되고 있습니다. 이런 원천들 역시 태양이 대기와 물을 가열하는 것에 기인합니다. 다른 지속가능하고 재생 가능한 에너지원을 활용하는 방식은 어떠한 것이 있으며 전망은 어떠한지 살펴보도록 하겠습니다.

알아보기

한국 화학연구원 서장원 박사팀이 전자 이동이 용이하고 빛을 더 많이 흡수할 수 있는 페로브스카이트 소재를 이용한 태양 전지가 최대 25.2%, 소자는 23%로 세계 최고 발전 효율을 달성하였음을 국제 학술지 「Nature」의 표지 논문으로 발표하기도 했습니다. (2021. 02. 25.)

8. 기타 재생(지속) 가능 원천에서의 발전

에너지를 한 가지 방식으로만 얻는다면 급작스러운 변수나 재해에 대처하기가 어렵습니다. 화석 에너지 또는 원자력 에너지는 에너지원이 한정적이기 때문에 재생 가능한 에너지원의 활용도를 늘리려고 하는 것은 자연스러운 흐름이라고 할 수 있습니다. 이러한 특성을 가지는 신재생 에너지원 중에서 바이오 연료, 에탄올 등은 6장에서 논의하였으므로, 이 절에서는 비중이 적은 해양 에너지원을 제외하고 풍력과 수력 에너지원에 대하여 살펴보도록 하겠습니다. 신재생 에너지원은 표 7.4에 게재된 바와 같이 2024년 한국에서 총발전량 중 10.5% 차지하며, 그림 7.18에 도시한 바와 같이 재생 에너지 증가 속도가 매우 큽니다.

표 7.4 에너지원별 발전량 현황(단위: GWh, %)

		계	원자력	석탄	LNG	신재생	유류	양수	기타
2020	발전량	552,162	160,184	196,333	145,911	36,527	2,255	3,271	7,681
	비중	100.0	29.0	35.6	26.4	6.6	0.4	0.6	1.4
2021	발전량	576,810	158,015	197,966	168,378	43,096	2,355	3,683	3,316
	비중	100.0	27.4	34.3	29.2	7.5	0.4	0.6	0.6
2022	발전량	594,400	176,054	193,231	163,575	53,182	1,966	3,715	2,678
	비중	100.0	29.6	32.5	27.5	8.9	0.3	0.6	0.5
2023	발전량	588,047	180,494	184,927	157,749	56,562	1,487	3,784	3,044
	비중	100.0	30.7	31.4	26.8	.6	0.3	0.6	0.5
2024	발전량	595,568	188,754	167,160	167,205	63,155	1,204	4,677	3,413
	비중	100.0	31.7	28.1	28.1	10.5	0.2	0.8	0.6

자료: 한국전력공사 월별 전력통계속보, 연도별 한국전력통계

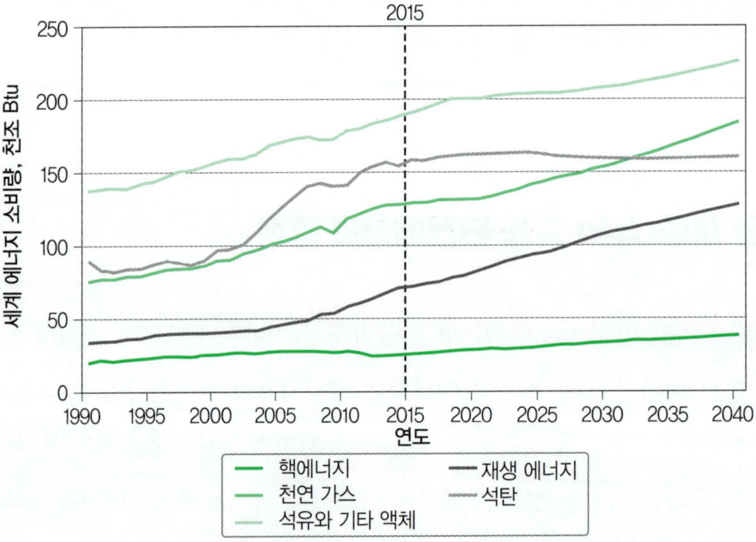

그림 7.18 2015년까지 원천별 연간 세계 에너지 소비량과 향후 전망

1) 풍력

대기의 흐름, 바람은 태양열에 의하여 유도되기 때문에 태양이 존재해야 바람도 존재합니다. 바람은 지속가능한 청정 에너지원이 됩니다. 인류는 아주 오래전부터 바람을 이용하여 풍차를 만들어 돌렸고, 이 회전력을 이용하여 곡식을 빻거나 물을 끌어 올려 농사에 활용하였으며, 최근에는 바람을 이용하여 발전기의 터빈을 돌려 전기까지 생성하고 있습니다. 이 결과 세계 각국에서 대규모 풍력 발전소들이 조성되어 있습니다. 미국 Hawaii Big Island의 Pakini Nui (South Point)의 단지가 대표적입니다(그림 7.19).

이러한 대규모 단지의 조성에 힘입어 전기를 생성하는 다양한 방식 중에서 풍력에 의한 전기 생산량은 2005년 이후 지난 10년간 가장 많이 증가하였습니다(그림 7.20). 풍력에 의한 전기 에너지는 공공 송전 설비를 이용하여 다른 지역의 소비자에게 공급하기도 하지만, 주변의 소비처에서 독립적으로 소비되기도 합니다. 따라서 1.5~2.5 MW 발전용량의 수백 기를 수용하며, 풍력 발전 터빈이 설치된 풍력 발전 단지에서 생산되고, 미국의 California Alta Wind Energy Center는 1,548 MW, 세계 최대인 중국의 Gansu 풍력 발전 단지는 7,900 MW를 생산하는 것으로 알려져 있습니다.

그림 7.19 20.5 MW 발전량의 미국 Pakini Nui 풍력 발전 단지
(출처: Yoshi Canopus, CC BY-SA 4.0, Wikimedia Commons)

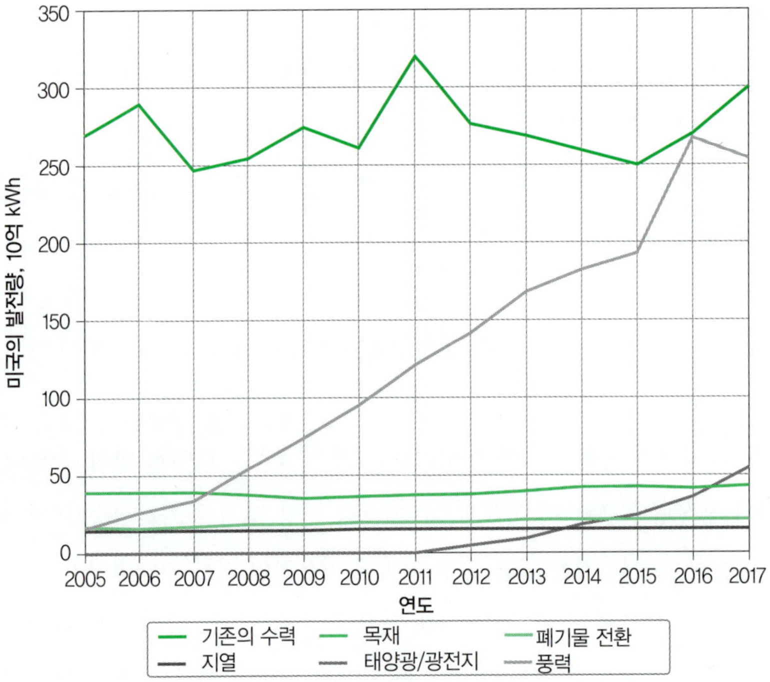

그림 7.20 미국의 대체 에너지원에 의한 전기 생산량(2005~2017년)

(자료: Energy Information Administration)

풍력 발전 단지의 위치 선정은 최대 풍속, 충분한 세기의 바람이 지속적으로 부는 시간, 땅의 소유권, 주변의 공공시설 및 개인 소유 주택 등에 미치는 영향, 야생동물 등 환경에 미치는 영향 등 다양한 요소를 고려하여 결정되기 때문에 쉬운 과정이 아닙니다. 또한 풍력 발전 터빈을 이용하여 전기를 생산하는 풍속은 3.6~18 m/s가 제안되는데 이보다 느리면 터빈을 돌리기가 어렵고, 이보다 빠르면 터빈의 기계 부품이나 전자 장치에 손상을 줄 것으로 분석됩니다. 따라서 미국의 국립 재생 에너지 연구소(NREL)는 시설물에 의해 바람이 막히는 가능성이 최소화되며 터빈이 설치되는 높이인 80 m 상공에서의 평균 풍속을 조사하였습니다(그림 7.21). 이를 바탕으로 실제로 풍력에 의해 발전되는 출력은 그림 7.22에 도시되었습니다.

육상에 설치되는 풍력 터빈은 다양한 문제의 소지가 있기 때문에 최근 해상 풍력 단지가 주목받고 있으며, 예상되는 증가 속도가 가파른 실정으로, 유럽 지역이 특히 활발할 것으로 예상됩니다(그림 7.23). 한국의 경우 2024년 기준 서남해, 영광 및 탐라

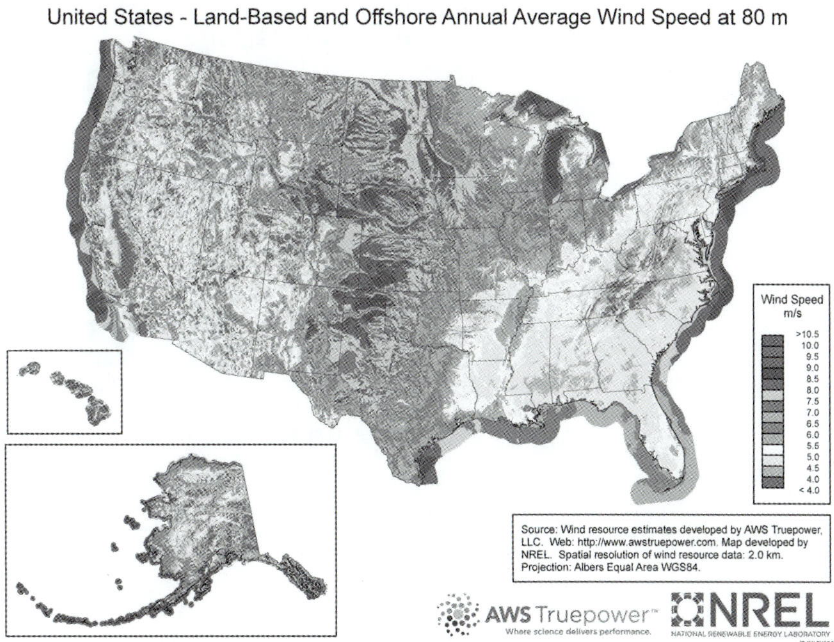

그림 7.21 미국의 지상 80 m 상공에서 측정된 연간 평균 풍속
(출처: NREL for the U.S. Department of Energy, 2014)

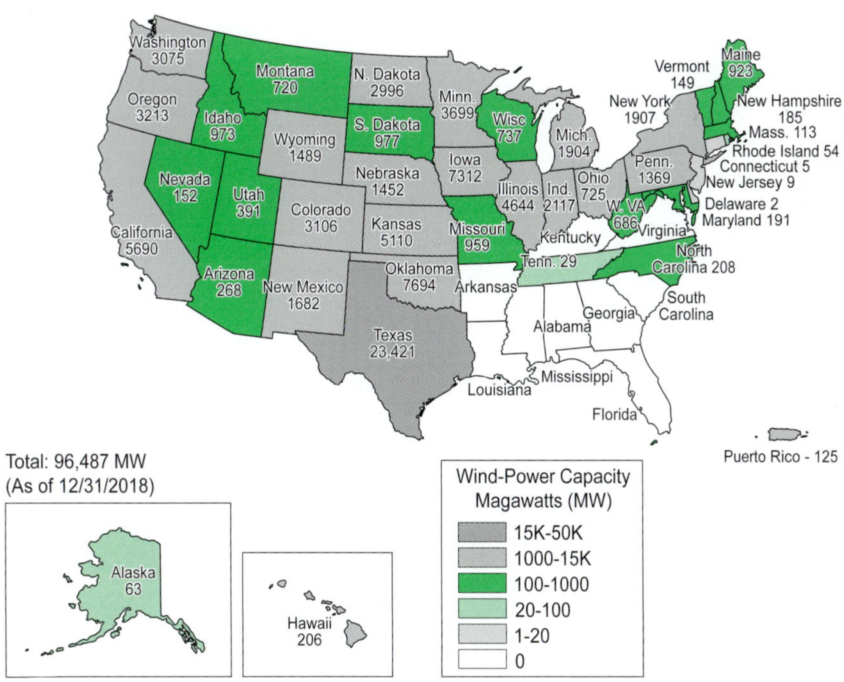

그림 7.22 미국의 풍력 발전 출력(2017) (자료: NREL for the U.S. Department of Energy, 2018)

그림 7.23 세계 해상 풍력 시장 전망

해상 풍력 단지가 운영되고 있지만 발전 용량은 124.5 MW로 인상적인 규모는 아닙니다.

해상 풍력 발전은 육상에 설치한 풍력 단지에 비하여 몇 가지 이점이 있습니다. 첫째는 해안 지역에 거주하는 인구가 상대적으로 많아 전기 에너지 수요가 더 많으며, 둘째 일반적으로 육상보다 해상의 바람 세기가 더 강하고 균일한 세기로 불기 때문에 효율이 높습니다. 그러나 설치와 유지 보수가 상대적으로 어렵다는 단점도 있습니다.

2) 수력

수력 발전이란 물레방아와 같은 장치를 이용하여 하천 또는 호소 등에서 물이 갖는 위치 에너지를 운동 에너지, 전기 에너지로 차례로 변환하는 발전 방식을 말합니다. 한국에서는 비록 전체 전력 생산 중에서 작은 부분만을 차지하고 있지만 2023년 현재 전 세계적으로는 15%, 4,210 TWh를 공급하여 다른 모든 재생 가능 에너지 또는 원자력 발전 에너지를 합친 것보다 많습니다. 수력 발전은 대량의 저탄소 전기를 제공할 수 있고 폐기물 발생이 거의 없으므로 안전하고 깨끗한 전기 에너지 공급 시스템입니다. 그러나 건설 시 수몰 지역이 발생하여 경작지 손실과 인구 이동이 불가피하다는 단점이 있습니다. 또 수자원의 양이 변하면서 기후 변화를 초래하는 등 환경에 영향을 피할 수 없습니다.

2021년 전 세계 수력 발전 설비 용량은 1,400 GW에 달하고 있으며, 중국 등에서는 지속적으로 대용량 수력 발전소가 건설되고 있습니다. 일부 계획은 물 자원의 제한적 접근 가능성 때문에 분쟁의 원인이 되기도 합니다. 전반적으로 지리적으로 한계와 환경 문제 때문에 대규모 개발은 제한적으로 시행되고 있습니다.

조석 간만의 차이를 이용하는 조력과 해류, 파도와 같이 바닷물의 움직임의 운동에너지를 이용하여 터빈을 돌려 전기를 생산할 수도 있습니다. 한국의 시화호 조력 발전소(시설 용량 254 MW)와 프랑스의 랑스 조력 발전소(시설 용량 240 MW)가 대표적이며 그 외에는 소규모 발전이 대부분입니다.

그림 7.24 시화호 조력 발전소 (출처: Raccoon Dog, CC BY-SA 4.0, Wikimedia Commons)

8장

전지

서론

여러분은 전기가 없는 세상을 상상할 수 있습니까? 생활 곳곳에 스며들어 있는 수많은 전자 기기를 고려할 때 아마도 하루를 버티기가 어려울 것입니다. 최근 스페인과 포르투갈에서 발생한 정전으로 발생한 대혼란 사태는 이러한 가정이 현실로 될 수 있음을 보여주고 있습니다(2025년 4월). 자연에서의 전기 현상으로는 가장 먼저 번개가 있습니다. 고대로부터 번개는 동반하는 천둥과 나무 등에 떨어지는 벼락의 위력으로 두려움의 대상이 되었습니다. 따라서 인류의 많은 신화에서 최고의 신들이 보통 번개를 무기로 삼는 것은 그리 놀라운 것이 아닙니다. 그리스-로마 신화의 제우스, 바이킹 신화의 오딘 등이 그 예입니다. Benjamin Franklin은 번개치는 날 연을 날려 번개가 전기 현상인 것을 밝혔고, 1749년에 자신의 실험 장치를 설명하기 위하여 '배터리'라는 용어를 처음 만들어 사용했습니다.

번개가 가지고 있는 전력량은 100 W 전구 10만 개를 1시간 동안 켤 수 있는 수준이라고 합니다. 번개가 80번 칠 동안 생산하는 전기 에너지는 수도권 전력 소비량의 약 20%를 공급하는 영흥화력발전소의 시간당 발전용량(약 80만 kW)과 비슷한 규모입니다. 1년간 엄청난 수의 번개가 세계 각처에서 치는 것을 고려할 때 이를 활용할 가능성은 없을까 하는 의문도 있을 것입니다. 그러나 번개는 지속 시간이 순간적이고 발생 위치 예측도 거의 불가능하기 때문에 현재 기술로는 이용이 어려운 실정입니다.

이처럼 자연의 전기 에너지 이용은 어렵지만, 앞에서 살펴본 내용처럼 인류는 다양한 에너지원을 이용하여 여러 분야에 필요한 전기 에너지를 공급하고 있으며, 현대 문명의 찬란함이 빛나게 되었습니다. 인류는 이러한 성과에 안주하지 않고 더욱 생활의 편리함을 추구하고 있습니다. 대표적인 것이 휴대가 편한 소형화 기기이며, 이에 따른 소형화된 에너지 공급장치가 개발 및 공급되고 있습니다. 현재는 소형화 기기뿐만 아니라 자동차의 혁명이 진행되어 내연 기관 구동에서 배터리로 에너지를 공급하는 전기자동차로 넘어가고 있는 시대가 만개하고 있습니다. 전기자동차만을 생산하는 Tesla, BYD뿐 아니라 Mercedes Benz, BMW 등 전통적인 자동차 제조사들도 다양한 전기차 또는 하이브리드 자동차를 생산하고 있습니다.

전지 또는 배터리는 언제부터 발명되어 사용하였을까요? 기능성 배터리를 처음 제작한 사람은 Alessandro Volta로 알려져 있지만, 고대에서도 사용되었을 가능성이 제기되고 있습니다. 이집트 또는 메소포타미아 지역에 발굴된 고대 금장식물에 사용된 금도금을 위하여 전기가 사용되었을 가능성이 있고, 피라미드 안에서의 복잡한 문양과 문자를 새기기 위하여 조명이 필요하지만 횃불을 사용한 흔적이 없으며, 덴데라 신전 17호실 벽화(그림 8.1)에는 전구와 같은 기구를 사용하는 모습이 그려져 있기도 합니다. 또한 '바그다드 배터리'라고 알려진 유물(그림 8.2)이 티그리스강 부근

그림 8.1 덴데라 벽화 (출처: Olaf Tausch, CC BY 3.0, Wikimedia Commons)

그림 8.2 바그다드 배터리 (출처: Boynton / Flickr)

셀레우키아 유적에서 발견되었는데, 전기가 실제로 생성되는 것이 확인되기도 하였습니다. 즉, 실제로는 상당히 오래전부터 전기가 사용되었을 가능성도 있는 것입니다.

이 장에서는 배터리의 종류와 구조, 작동 원리 및 안전 고려 사항을 살펴보고, 폐기 배터리가 환경에 미치는 영향 등을 살펴보도록 하겠습니다.

1. 전지 작동 원리

전지를 분해하여 살펴보아도 용기 내에 전기가 들어 있는 것이 아니라 화학 물질만이 들어 있습니다. 많은 휴대용 전자 기기와 차세대 운송기기는 전지를 동력원으로 사용하기 때문에 전지 산업은 현재 시장도 크고, 성장 가능성도 매우 큽니다. 이러한 전지의 주역은 갈바니 전지galvanic cell로, 자발적인 화학 반응에서 발생하는 에너지를 전기 에너지로 변환하는 장치입니다. 배터리battery는 여러 개의 갈바니 전지를 전선으로 연결한 것을 말합니다.

모든 갈바니 전지는 산화–환원oxidation-reduction이라는, 한 물질에서 다른 물질로 전자가 이동하는 현상을 이용하여 유용한 에너지를 얻어 냅니다. 화학종이 전자를 잃는 과정을 산화oxidation, 화학종이 전자를 얻는 과정을 환원reduction이라고 합니다. 이 두 반응은 갈바니 전지의 전체 화학 반응 중 각각 절반에 해당하는 과정을 나타내기 때문에 산화–환원 반쪽 반응half-reaction이라고 부릅니다. 이 반쪽 반응들은 항상 같이 진행되어 전자가 알짜로 생성되거나 소멸되지 않습니다. 즉, 누군가가 전자를 잃으면 누군가는 전자를 얻습니다.

예를 들어, Cu-Zn 갈바니 전지 안에서 일어나는 반응은 다음과 같이 기술합니다.

산화 반쪽 반응: $Zn(s) \rightarrow Zn^{2+}(aq) + 2\,e^-$

환원 반쪽 반응: $Cu^{2+}(aq) + 2\,e^- \rightarrow Cu(s)$

전체 반응식: $Zn(s) + Cu^{2+}(aq) + 2\,e^- \rightarrow Zn^{2+}(aq) + Cu(s) + 2\,e^-$

$Zn(s) + Cu^{2+}(aq) \rightarrow Zn^{2+}(aq) + Cu(s)$

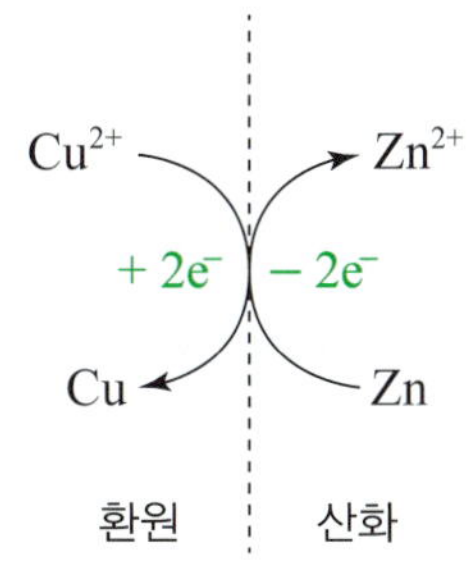

그림 8.3 산화-환원 반응의 개략도

이와 같이 아연 금속이 잃은 전자를 구리 이온이 얻기 때문에 상쇄되어 알짜 전하는 생성되지 않습니다(그림 8.3)

외부 회로를 통한 전자의 이동은 전기electricity를 발생시킵니다. 즉, 전기는 퍼텐셜 에너지의 차이에 의하여 한 영역에서 다른 영역으로 이동(확산)하는 전자들의 흐름을 의미합니다. 전지라는 용기 안에 들어 있는 산화 물질과 환원 물질은 산화 과정에서 방출된 전자가 적절한 경로를 통해서 환원 물질로 전달되도록 연결될 때 전기 에너지 공급이라는 역할을 할 수 있게 됩니다.

2. 전지의 특성값

전지에는 배터리가 할 수 있는 능력을 표시하는 다양한 특성값이 있습니다. 그 의미를 살펴보도록 하겠습니다. 전지 내 전기 전도체인 전극electrode은 화학 반응이 일어나는 영역으로, 그 종류에 따라 전자의 이동을 쉽게 합니다. 산화 전극anode에서는 산화가 진행되고, 환원 전극cathode에서는 환원이 진행됩니다. 전압voltage은 전기 회로가 완성될 때 두 전극 사이에서 측정되는데, 두 전극 사이의 전기화학적 전위차eletrochemical potential를 의미합니다. 회로 내의 전자의 흐름 정도를 표현하는 것은 전류current입니다. 두 전극 사이의 전위차가 클수록 전압이 높아지고, 전자 이동과 관련된 에너지가 증가합니다. 예를 들어 Ni-Cd 전지는 1.25 V, 알칼리 전지는 1.5 V, 리튬 이온 전지는 3.6 V의 전압을 나타냅니다. 그 외 일부 전지의 전압을 표 8.1에 수록하였습니다. 전동 공구와 같은 보다 큰 장치에는 작동을 위해 더 높은 전압이 필요하고, 경우에 따라 여러 개의 전지를 연결하여 사용하기도 합니다.

크기와 상관없이 모든 알칼리 전지는 똑같이 1.5 V를 생산하지만, 크기가 클수록 더 많은 물질을 포함하고 있어 더 큰 용량으로 전류의 흐름을 지속할 수 있습니다. 배터리의 용량은 밀리암페어-시간(mAh)으로 표시하며, C, AA와 AAA형 전지의 용량은 각각 3800 mAh, 1100 mAh, 540 mAh로 용량이 클수록 전기 기구를 더 오랜 기간 작동할 수 있습니다.

알아보기

전극의 명칭에는 여러 가지 표현 방법이 있습니다. 과거에는 anode를 양극, cathode를 음극으로 표시하였으나 최근에는 전극에서 일어나는 화학 변화를 나타내는 산화 전극, 환원 전극을 선호합니다. 이러한 표현을 선호하게 된 배경에는 또 다른 표현 방법인 +(positive), −(negative) 전극이 주는 혼란 때문입니다. 상업용 전지에 표시된 +와 −는 방전 시 전자의 증감을 표시하고 있어 −극은 전자가 감소(산화)하고 +극은 전자가 증가(환원)함을 표시합니다. 따라서 양극(산화 전극)이 −극이 되고, 음극(환원 전극)이 +극이 되어 혼란의 원인이 되고 있습니다.

표 8.1 일부 갈바니 전지의 전압 및 특징

전지의 종류	최대 전압(V)	재충전 가능 여부	용도
니켈-카드뮴(Ni-Cd)	1.25	가능	장난감, 디지털카메라, 전동 공구 등 휴대용 전자 기기
니켈-금속 수소화물(NIMH)	1.25	가능	Ni-Cd 배터리 대체용 및 하이브리드 자동차 배터리
알칼리	1.5	불가능	손전등, 소형 가전제품, 몇 가지 계산기
리튬(일차)	1.5~3.6	불가능	LED 조명, 화재경보기, 시계, 차량 리모컨 및 열쇠고리
납-산	2.1	가능	자동차용 배터리(시동, 조명, 점화)
리튬-이온, 리튬-폴리머	3.6	가능	노트북 컴퓨터, 핸드폰, MP3, 전동 공구

3. 전지의 종류

전지의 종류는 매우 많지만 크게 1차 전지, 2차 전지, 연료 전지로 구분합니다. 1차 전지는 손전등, 휴대용 전기 기기 등에 사용하는 것으로 한번 쓰면 재충전할 수 없습니다. 대표적으로는 건전지dry cell가 있으며, 전지를 구성하는 전해질이 수분이 거의 없기 때문에 이런 이름을 붙였습니다. 건전지 및 누액 문제를 개선한 알칼리 전지의 전압은 1.5 V이며 워크맨과 같은 소형 전자 기기의 열풍을 뒷받침하기도 하였습니다. 원래 건전지에서는 산성 전해질을 사용하였으나, 이후 염기성(알칼리) 전해질의 사용도 가능해져 이는 알칼리 전지라고 명명되었습니다. 이 전지들은 워낙 많이 생산 및 사용되고 있기 때문에 규격이 AAA, AA, C, D형으로 표준화되어 있습니다. 또한 카메라, 시계 등에 사용하는 단추 형태의 수은 전지가 있었습니다(그림 8.4). 그러나 폐기 시 환경에 누출될 독성 수은 화합물에 대한 우려로 지금은 생산이 금지되었고 리튬 기반 전지로 대체되었습니다.

반면에 2차 전지는 한번 쓰고 버리는 것이 아니라 다시 충전하여 여러 번 사용이 가능합니다. 2차 전지의 대표적 예는 납-산 전지로, 값싼 납과 황산을 사용하며 비교적 값이 저렴하고 출력이 우수하여 자동차 축전지로 널리 사용되었습니다. 다만 납과 황산이 밀도가 커서 크기에 비하여 무거우며, 환경에 유해한 납과 부식성 황산을 사용한다는 것이 지속가능성의 관점에서 커다란 단점입니다. 특히 무거운 무게는 전기 자동차 시대를 맞아 높은 연비를 요구하는 현대의 추세에 따라가지 못합니다. 따라서 이러한 시대적 요청에 부응하기 위해 다양한 2차 전지가 개발되었고, 니켈-

그림 8.4 다양한 1차 전지 (출처: Aney, CC BY-SA 3.0, Wikimedia Commons(왼쪽), Raimond Spekking, CC BY-SA 4.0, Wikimedia Commons(오른쪽))

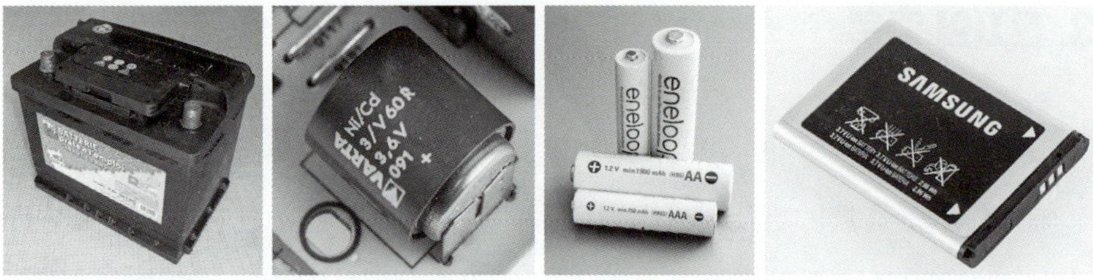

납-산 전지　　Ni-Cd 전지　　Ni-MH 전지　　리튬 이온 전지

그림 8.5 다양한 2차 전지 (출처: Cjp24, CC BY-SA 4.0, via Wikimedia Commons / Raimond Spekking, CC BY-SA 4.0, via Wikimedia Commons / Ashley Pomeroy, CC BY-SA 4.0, Wikimedia Commons)

카드뮴 전지, 니켈-금속수소화물 전지를 거쳐 현재는 리튬 기반의 2차 전지가 대세를 이루고 있습니다(그림 8.5). 특히 리튬 기반 전지는 경량화, 소형화를 추구하는 현대적 요구를 잘 충족하고 있고 출력도 높기 때문에 2차 전지의 대부분을 차지하고 있습니다.

나머지 전지는 3차 전지라고 하지 않고 연료 전지(그림 8.6)라고 합니다. 다른 전지와 구분하는 중요한 특성은 구성 물질이 용기 안에 내장되어 있는 것이 아니라 외부에서 공급된다는 것입니다. 따라서 공급이 지속되는 동안은 전기를 계속 생산할 수 있습니다. 이론적으로는 전기를 무한정 공급하는 것도 가능할 것입니다. 자세한 내용은 따로 설명하겠습니다.

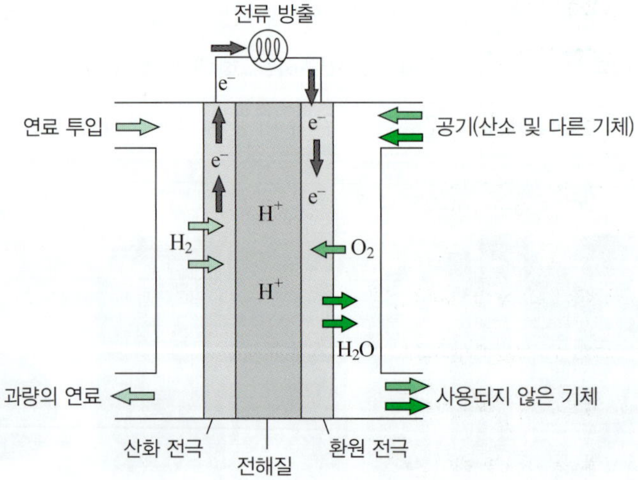

그림 8.6 고체 산화물 연료 전지의 작동 모식도 예시

4. 전지 성분: 지속가능한가?

앞에서도 언급한 바와 같이 소형 전기전자 기기에서 전기자동차까지 현대 문명을 구성하는 다양한 많은 기기를 작동시키는 에너지원으로 전지가 주요한 역할을 담당하였습니다. 그러나 다양한 기기를 구동하던 전지는 구입 비용에 더하여 추가적인 외부 비용, 즉 환경 비용이 소요됩니다. 이 비용의 일부는 다양한 금속 등 전지를 구성하는 성분 물질에 기인합니다. 금속 원료를 전지에 활용하기 위해서는, 광석을 채굴하고 정제해야 합니다. 이 과정에서 많은 에너지가 투입되며 정제 과정에서 환경에 해로운 폐기물과 오염물질이 생성되기도 합니다.

또한 전지의 종류와 상관없이 사용 후 폐기한 전지의 처리 비용도 필요합니다. 필요한 기능을 발휘하지 못하게 된 화학 물질을 유해하지 않도록 처리해야 하며, 이 과정에서도 에너지와 비용이 요구됩니다. 녹색 화학의 원리인 "폐기물이 만들어진 다음 처리하는 것보다는 폐기물이 생기지 않도록 하는 것이 더 낫다"를 상기한다면 단순히 전지를 매립지에 버리는 것보다는 쓰레기가 되는 전지의 수를 감소시키는 것이 더 바람직할 것입니다. 가장 쉬운 방법은 재충전이 가능한 전지를 사용하는 것입니다.

또 다른 방법은 전지 물질의 재활용입니다. 이를 통해 유용한 물질을 매립지에 폐기하지 않고 보다 적은 에너지와 비용으로 활용할 수 있게 됩니다. 이를 폐순환 재활용closed-loop recycling이라고 합니다. 특히 폐기 전지에서 유용한 물질을 추출하고 재사용하는 것이, 새로운 광물을 채굴하고 정제하는 것보다 비용이 적게 들 때 경제성을 확보할 수 있습니다. 아직 이러한 방법으로 재활용되는 비율이 매우 적기는 합니다. 다행히도 납-산 전지는 미국에서 성공적으로 재활용되고 있는데, 이는 재활용을 위한 전지 수집이 법제화되었기 때문입니다. EPA에 의하면 1988년 이래 미국에서 90% 이상의 납-산 전지가 재활용되고 있습니다.

전지 물질 중 많은 부분을 차지하는 금속의 미래에 대하여 미국 예일대 Thomas Graedel은 "금속은 원유와 깨끗한 물과 같이 한계가 있다"라고 지적한 바를 유의할 필요가 있습니다. 지구에서 활용 가능한 금속의 양을 고려할 때, 미래에도 지속적인 활용이 가능하려면 전지의 구조 설계 단계부터 효과적 재활용을 염두에 두어야 합니다. 또한 효율적인 재활용 기술을 꾸준히 개발할 필요가 있습니다. 재충전이 가능한 전지는 상당 부분 재활용이 되고 있지만 1차 전지의 경우는 미흡한 실정입니다.

2차 전지 중 많은 부분을 차지하고 있는 리튬 기반 전지의 주요 물질인 리튬은 전기차 증가에 따른 폭발적인 수요 증가와 리튬 포함 광물의 제한적 상황, 미래의 지속가능성을 고려할 때 재활용이 시급합니다. 리튬은 주기율표의 같은 1족 알칼리 금속인 소듐(Na)이나 포타슘(K)에 비해 원자가 더 작고 가벼우며, 이는 다양한 이점입니다. 그러나 지각에서의 함량은 Na, K에 비하여 훨씬 적고, 채취하기가 어려운 지역에서 발견됩니다.

알아보기

리튬은 가장 가벼운 금속으로 밀도는 0.53 g/cm^{3}이며, 높은 에너지 밀도를 나타냅니다. 1817년 스웨덴 화학자 J.A. Arfwedson이 엽장석 내 4% 미지의 알칼리 금속이 물과 반응하는 것을 통해 최초로 리튬을 발견하였습니다. 광물에서 발견하여 암석을 나타내는 *lithos*에서 이름이 유래되었습니다. 그 후 1818년 영국 화학자 H. Davy가 순수 원소를 추출하는 데 성공하였고 '백색 황금'이라는 별칭을 가지고 있습니다.

리튬 기반 2차 전지를 구성하고 있는 다른 금속들에는 니켈, 망가니즈, 코발트 등이 있습니다. 니켈의 함량이 증가할수록 에너지 밀도가 증가하여 추후 수요 증가가 예상되며, 코발트는 가격이 비싼 상황입니다. 특히 2022년 우크라이나-러시아 전쟁 이후 니켈과 코발트의 가격이 폭등하는 등 국제 정세가 민감하게 반영됩니다(전쟁이 고착화된 이후로는 어느 정도 안정화되었습니다). 미래의 전기차 수요의 폭증을 고려할 때 금속 공급의 지속가능성을 고심할 필요가 있고, 이에 대한 대책으로 코발트 프리 전지 개발과 값싸고 풍부한 금속을 사용하는 아연-공기 전지 개발 등이 모색되고 있습니다. 폐전지의 다른 구성물질의 재생 기술 확보도 꾸준히 연구되는 분야입니다.

이러한 점들을 고려할 때 전지의 지속가능성을 담보하려면, 녹색 화학 원칙에 따라 독성물질의 사용을 최소화하고 금속 물질의 고갈에 대비하여 효율적 재활용을 위한 조치를 서둘러야 합니다.

이와 함께 해수에서 직접 리튬을 추출하는 효율적 방법direct lithium extraction, DLE의 개발에도 높은 관심(그림 8.7)이 쏠리고 있습니다. 바다에는 약 2,000억 톤이라는 거의 무한대에 가까운 양의 리튬이 녹아 있을 것으로 추산되고 있습니다. 그러나 농도가 180 ppm으로 매우 낮고 소듐 등 다른 이온과 섞여 있어 추출의 효율이 낮다는 것이 문제입니다. 그럼에도 알루미늄 기반 재료와의 흡착, 이온 교환, 용매 추출, 멤브레인, 전기화학 등의 다양한 DLE 방법이 모색되고 있습니다.

다음 절에서는 리튬 기반 전지의 주요 소비처인 전기차와 대용량 전기 저장 장치 energy storage system, ESS의 현황을 살펴보도록 하겠습니다.

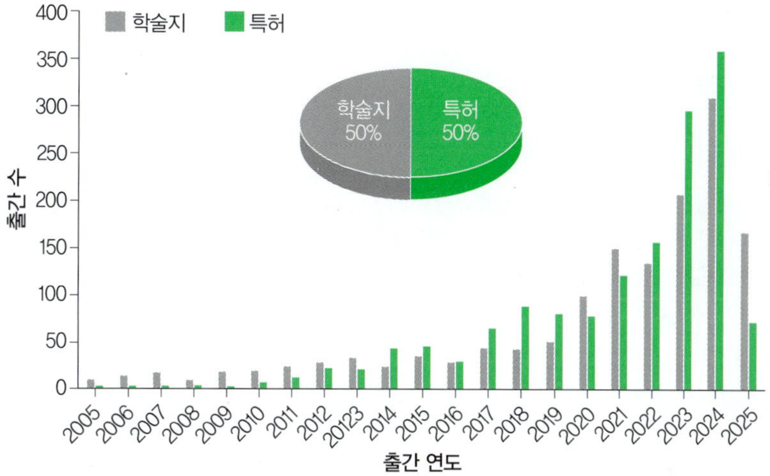

그림 8.7 염수에서 직접 리튬 추출과 관련된 간행물 동향(2025년 간행 건수는 2월까지)
(출처: CAS 컨텐츠 컬렉션)

5. 2차 전지의 주요 사용처

석유 자원의 점진적 고갈, 국제 정세에 민감한 가격 변동성, 석유 기반 연료에 의한 지구 온난화 심화 우려 등으로 인해 전지로 구동되는 다양한 형태의 전기차에 관심과 수요가 증가하고 있습니다. 전기차는 전지로 제공되는 전기 에너지를 사용하는데, 내연 기관 자동차에 비해 이산화 탄소를 비롯한 배출가스의 양이 적습니다. 게다가 운영비도 상대적으로 저렴할 수 있습니다.

전기차의 종류는 내연 기관과 전기 모터의 조합으로 추진되는 하이브리드 전기 자동차hybrid electric vehicles, HEV, 전기충전 하이브리드 전기차plug-in hybrid electric vehicle, PHEV와 순수하게 전기로만 구동되는 전기차electric vehicle, EV 등이 있습니다. 최근에는 인공 지능(AI) 무인 자동차까지 선을 보이고 있습니다. 이러한 전기차의 성공적 안착에는 자주 발생하는 전기차 화재를 방지할 수 있는 전고체 기술, 한번 충전으로 먼 거리 주행이 가능한 용량, 전지 및 전기차의 경제성 등이 확보되어야 합니다. 그러나 막대한 보조금 지급으로 인한 전기차의 과잉 생산, 미중 관세전쟁, 잦은 화재 사고 등으로 순조롭던 전기차 수요가 주춤하기도 합니다.

알아보기

전고체 전지

액체 전해질을 고체 전해질로 대체하여 전지 구성요소 전체를 고체화한 전지입니다. 기존 리튬 이온 전지의 발화, 폭발 위험성을 현저히 낮춰 안전성의 비약적 향상이 가능합니다. 전해질이 고체이기 때문에 분리막도 필요가 없고, 인화성 물질이 없어 전해액 누수 위험도 없으며 확장성이 높아 고용량화, 소형화, 형태 다변화가 가능하여 얇은 필름 형태로까지 제작할 수 있습니다. 다만 고체 전해질은 액체 전해질에 비하여 전도성이 낮아 효율이 떨어지는 단점도 있습니다.

다양한 종류의 2차 전지가 개발되고 있지만, 전기차의 전지는 충전이 가능하며 긴 주행거리와 출력을 확보하기 위하여 리튬을 기반으로 하는 2차 전지가 선택되고 있습니다. 이 전지는 전기차의 동력원일 뿐만 아니라 핸드폰 등 휴대 전기 전자 기기의 동력원이고, 태양광, 풍력 등 발전 조건에 제한이 있는 지속가능한 방법으로 발전한 전기를 충전하는 대용량 에너지 저장장치(ESS)에서도 사용됩니다(그림 8.8). 이렇게 현대 문명을 지지하는 에너지원으로 다양하게 사용되기 때문에 리튬을 기반으로 하는 2차 전지 발명과 대량 생산에 이바지한 3명의 과학자(J. B. Goodenough, M.S. Whittingham, A. Yoshino)가 2019년 노벨 화학상을 공동 수상하기도 했습니다.

최근 2차 전지의 주요 소비처 중 하나로 부상한 ESS 시장은 이미 IT 기기 시장을 넘어서고 있으며 성장속도는 전기차 시장과 견줄 정도입니다(표 8.2).

그림 8.8 사막에 설치된 ESS 시스템 (출처: harhar38 / Shutterstock)

표 8.2 2차 전지 용도별 출하 현황 및 전망(단위: GMH, %)

	'19	'20	'21	'22	'23	'24	'25	'26	'27	'28	'29	'30	성장률
전기차	118	143	247	404	63	835	1,115	1,407	1,752	2,156	2,651	3,257	36.7
ESS	11	20	29	46	67	94	128	160	193	229	263	302	31.2
IT 기기	64	58	69	79	83	86	90	93	98	102	106	111	6.7
계	193	221	345	529	753	1,015	1,332	1,660	2,043	2,487	3,020	3,670	32.4

자료: SNE리서치(2021), "LIB 4대부재 SCM 분석 및 시장 전망"

2차 전지가 재충전이 가능한 이유는 무엇일까요? 반응물과 생성물이 모두 고체이며, 고체 생성물이 용기 내에 분산되어 있는 것이 아니라 스테인리스강으로 되어 있는 그물망에 붙어 있어, 역으로 전압이 가해지면 생성물이 다시 반응물로 전환되기 때문입니다. 재충전이 가능한 전지는 여러 번 방전과 충전이 가능하지만 점차 불순물이 축적되어 두 전극을 분리하는 물질이 서서히 분해되거나, 원하지 않는 부반응의 생성물들이 만들어져 어느 정도 시간이 지나면 더 이상 사용할 수 없게 됩니다.

6. 연료 전지

오염물질 배출량을 줄이면서 더 많은 에너지를 내는 연료를 확보하려는 인류의 열망은 최근 연료 전지의 개발에 집중되고 있습니다. 석탄, 옥테인(C_8H_{18}), 메테인(CH_4), 수소(H_2)의 연료 1 g당 연소열은 각각 33 kJ, 44 kJ, 50 kJ과 125 kJ입니다. 즉, 수소는 연소열이 매우 큽니다. 게다가 연소 생성물이 물밖에 없기 때문에 CO와 CO_2의 발생이 없는 청정연료로 주목되며, 공급원 역시 무한히 존재하는 물이기에 공급원의 고갈을 걱정할 염려가 없습니다. 그러나 수소와 산소를 직접 혼합하면 작은 에너지원으로도 폭발적으로 반응이 진행됩니다. 이와 같은 반응이 1937년 수소 기체를 채운 비행선 Hindenburg에서 진행되어 많은 사상자가 발생하기도 하였습니다(그림 8.9).

그림 8.9 비행선 Hindenburg 폭발 참사

이 참사로 수소는 폭발성 연료라 매우 위험하다고 생각하였지만, 화학자들은 끈질긴 연구 끝에 폭발적 연소 없이도 물을 생성하는 반응이 진행될 수 있음을 발견하였습니다. 이 변화가 바로 연료 전지에서 일어나는 변화입니다. 연료 전지란, 연료 물질을 연소시키지 않고 연료의 화학 에너지를 직접 전기 에너지로 변환하는 전기화학 전지를 말하며, 1839년 영국의 물리학자인 William Grove가 최초로 발명하였습니다.

이 전지는 우주 탐사가 본격화되면서 활용이 활발해져서 우주선에서 필요한 전기를 공급하게 되었습니다. 연료 전지는 연료와 산화제를 계속적으로 공급하면 전기를 생산하게 되는데, 연료와 산화제가 공급되는 한 방전되지 않고 지속적으로 전기를 생산할 수 있습니다. 연료 전지에서 연료(산화되는 물질)와 산화제(환원되는 물질)는 물리적으로 분리되어 직접적으로 접촉하지 않고 산화는 산화 전극에서, 환원은 환원 전극에서 일어납니다. 이때 중요한 것은 전극이 변화가 일어나는 장소만 제공할 뿐 실제 반응에 참여하지 않는다는 점입니다. 분리된 전극을 유지하면서 회로를 완성하기 위하여 전해질이 필요하며 인산을 비롯하여 다양한 종류의 전해질이 개발되었습니다. 그림 8.10에 고분자 전해질 막 또는 양성자 교환 막proton-exchange membrane, PEM 연료 전지의 일반적 구조를 나타내었습니다. 전체 반응식과 각 전극에서 일어나는 변화는 다음과 같습니다.

(산화 전극) $H_2(g) \rightarrow 2\ H^+(aq) + 2\ e^-$

(환원 전극) $1/2\ O_2(g) + 2\ H^+(aq) + 2\ e^- \rightarrow H_2O(g)$

(전체 반응) $H_2(g) + 1/2\ O_2(g) \rightarrow H_2O(g)$

이 과정은 연소 반응과는 달리 일반적인 불꽃을 수반하지 않고 폭발적으로 진행되지 않으며 빛도 없이 진행됩니다. 생성물은 물이므로 화석 연료의 연소 반응을 이용한 발전과는 달리 환경친화적인 전기 생성 반응이라고 할 수 있습니다. 생성된 에너지의 45~55%를 전기 에너지의 형태로 방출하여 효율도 높습니다.

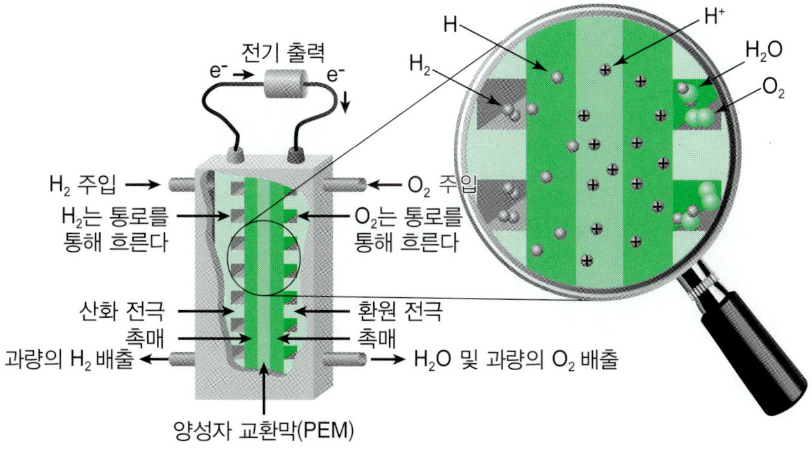

그림 8.10 PEM 연료 전지

연료와 작동 원리는 동일하지만 전해질의 종류에 따라 특징과 용도가 달라집니다. 최근 많은 자동차 회사들이 연료 전지를 이용하는 자동차fuel cell vehicle, FCV를 개발하고 있습니다. 이 자동차들도 전기 자동차와 같이 전기 모터로 구동됩니다. 다만 EV는 자체에 장착된 전지에서 에너지를 공급받지만 FCV는 차체에서 에너지를 생산하며, 수소 기체 대신 수소 원자를 많이 포함하는 메테인이나 천연가스를 사용할 수 있습니다. 이 연료들은 사용 전에 수소를 생성하는 개질 반응(그림 8.11)을 수행하여야 하는데, 별도의 개질 장치를 설치하여야 하므로 비용이 증가하고 유지 보수의 부담이 늘어날 뿐만 아니라 개질 과정에서 온실 기체와 다른 오염물질이 발생할 수 있다는 한계도 있습니다.

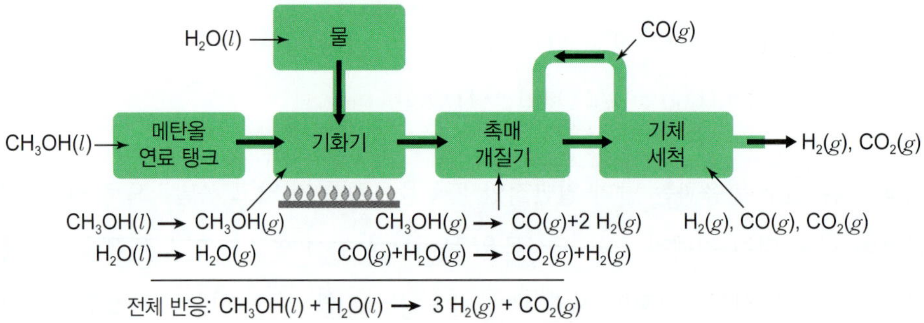

그림 8.11 개질 공정을 통한 메탄올에서 수소 기체를 얻는 방법

연료 전지는 다양한 공공시설에서 비상 시 에너지원으로 사용합니다. 이는 분산 발전distributed generation의 한 형태가 됩니다. 분산 발전은 전기를 사용될 장소에서 직접 생산하여, 먼 거리 송전에 따른 손실을 최소화하는 방식입니다. 최근에는 소형 휴대형 전자 기기를 위한 소형 연료 전지를 이용하여 충전하는 기술도 개발하고 있으며, 충전 시간을 단축하는 효과를 얻을 수 있습니다.

그러나 이러한 기술을 효과적으로 사용하기 위해서는 수소 연료를 저장, 운반 및 소비자에게 공급하는 방식과 관련된 안전 기술이 확보되어야 합니다. 또한 필요한 양의 수소 연료를 경제적으로 생산하는 기술 문제도 해결해야 합니다.

연료 전지 자동차가 대중화된다면 주유소에서 석유 관련 연료를 내연 기관 자동차에 공급하는 것처럼 연료 전지 자동차에는 수소 기체 연료를 공급하여야 합니다. 그러나 현재 수소 충전을 위한 인프라는 매우 미비한 실정입니다. 2019년 기준 미국 에너지부에 따르면 이러한 수소 충전소가 41개소에 불과하다고 합니다. 다만 한 번 충전에 의해 주행할 수 있는 거리는 약 300마일로 전통적인 내연 기관 자동차와 경쟁할 수준으로 알려져 있습니다.

수소는 기체로 부피가 크기 때문에 저장과 운반에 있어 고압의 기체 실린더와 같은 석유 기반 연료와는 다른 장치와 시설이 필요합니다. 이러한 시설과 장치는 안전 문제뿐만 아니라 상당한 비용도 요구됩니다. 따라서 수소를 저장하고 운반하는 방법으로 공간을 차지하지 않고, 고압 기체로 압축하지 않아도 되는 새로운 방법이 연구되고 있습니다.

한 가지 방법은 고압으로 수소 기체를 가압하여 금속 수소화물에 수소 분자를 흡수시키는 것입니다. 이렇게 흡수된 수소는 필요에 따라 압력을 낮추거나 온도를 올려 수소를 흡수한 물질로부터 탈착시킬 수 있습니다(그림 8.12). 이러한 용도로 가용한 물질 중 하나는 수소화 리튬(LiH)입니다.

금속 수소화물을 저장 물질로 사용하는 경우는 고순도의 수소를 필요로 하는 PEM 연료 전지에 적합합니다. 금속 수소화물은 CO, CO_2, O_2와 같은 큰 기체 분자들은 흡수하지 않고, 매우 작은 수소 분자만을 선택적으로 흡수하기 때문에 저장 물질과 다

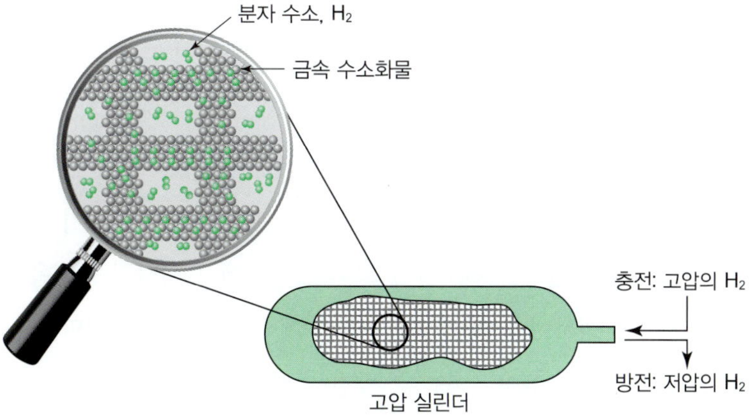

그림 8.12 금속 수소화물을 이용한 수소의 흡수와 탈착

른 물질을 걸러내는 역할을 할 수 있습니다. 이러한 물질을 사용하기 위한 추가적인 기술도 필요합니다. 장거리 운행을 위하여 더 많은 연료를 저장할 수 있어야 하며, 동시에 연료 탱크가 차지하는 부피가 작아야 합니다. 게다가 많은 수소를 지속적이며 경제적으로 공급해야 하므로 이와 관련된 생산 기술도 확보할 필요가 있습니다.

수소는 무엇으로부터 확보할 수 있을까요? 수소는 우주에서 가장 많이 존재하는 원소이며, 지구상에는 물의 형태로 존재하고 있습니다. 그러므로 연료로 활용하기 위하여 수소를 얻으려면 물이나 다른 수소를 포함하는 화합물로부터 H_2의 형태로 얻어야 하며 이 과정은 에너지가 필요합니다.

화석 연료에 포함된 탄화수소, 특히 메테인은 전 세계 수소 공급량 95%를 얻는 주된 원천입니다. CH_4와 수증기의 흡열 반응을 통해 H_2를 얻을 수 있습니다.

$$165\ \text{kJ} + CH_4(g) + 2\ H_2O(g) \rightarrow 4\ H_2(g) + CO_2(g)$$

그러나 이 반응의 단점은 온실 기체인 이산화 탄소가 생성된다는 것입니다.

수소를 얻을 수 있는 또 다른 원천은 물입니다. 이미 Jules Verne의 1874년 소설 『신비한 섬Mysterious Island』에서 예상한 바와 같이 물이 연료로 사용될 시기가 도래하고 있습니다. 물의 원천 가능성을 확인하기 위해 분해 반응의 특성을 확인하면 다음과 같이 큰 에너지가 필요합니다.

$$249\ \text{kJ} + H_2O(g) \rightarrow H_2(g) + 1/2\ O_2(g)$$

필요한 에너지를 공급할 수 있는 가장 편리한 방법은 전기 분해electrolysis입니다. 이는 충분한 전압을 걸어서 직류 전류를 통과하는 방법으로, 전해 전지electrolytic cell에서 일어납니다. 그러나 수소를 대량으로 생산하려면 역시 대규모 전기 분해 시설이 필요하며 전기 역시 대규모로 공급해야 합니다. 대부분의 국가에서 전기 분해에 필요한 전기 에너지는 화석 연료를 연소하는 화력 발전소에서 생산되고 있음을 고려할 때, 에너지 수지를 분석하여 과연 정말로 에너지가 절약되는지를 면밀히 살펴야 합니다. 화력 발전소의 최대 효율은 63%로 발전 과정에서 마찰, 불완전한 열전달, 송전 과정의 손실 등에 기인하고, 이 과정에서 소모되는 에너지는 수소를 연소시켜 얻을 수 있는 에너지의 최소 2배의 에너지가 필요합니다. 이는 물건을 100원에 사서

50원에 파는 것과 다름없는 손해나는 행동인 것은 당연합니다. 따라서 이 방법으로는 경제적으로 수소를 생산할 수 없습니다.

수소를 생산하는 다른 방법으로는 물을 분해하는 데 열을 사용하는 것입니다. 그러나 물을 가열하여 수소와 산소로 분해하려면 무려 5000℃ 이상의 온도로 가열하여야 합니다. 이는 수소를 연소하였을 때에 얻을 수 있는 에너지에 비하여 엄청나게 큰 에너지이기 때문에 이 방법으로도 경제적인 수소 생산이 불가능합니다.

물을 분해하는 데 필요한 엄청난 열을 다른 방법, 예를 들어 무료로 사용할 수 있는 태양 복사 에너지를 이용하는 것은 어떨까요? 가시광선 영역의 빛은 물을 분해하기에 충분한 에너지를 가지고 있지만 아쉽게도 물은 가시광선 영역의 빛을 흡수하지 않아 효과적으로 수소를 생산할 수 없습니다. 이러한 문제를 해결하기 위하여 세기가 강한 빛을 흡수하도록 새로운 물질을 도입하는 방법을 고려하고 있습니다. 개발된 물질 중의 하나는 광전기화학 전지photoelectrochemical cell로 백금(Pt) 환원 전극과 염료 분자가 도포된 산화 타이타늄(IV)(TiO_2) 산화 전극으로 구성되어 있습니다. 이러한 장치를 전해질 수용액에 담그고 빛에 노출하면 산소와 수소가 생성되지만, 이 장치의 효율은 현재 14% 미만으로, 효율 향상을 위해 노력하고 있습니다.

따라서 현재 수소를 얻는 방법으로는 석유화학단지에서 다른 물질을 생산할 때 부산물로 생성되는 부생 수소를 활용하는 방법, 수증기 개질 반응을 통한 천연가스를 이용한 수소 생산 등이 주로 활용되고 있습니다. 이외에도 바이오매스를 미생물로 분해하여 수소와 메테인을 생산하는 방법이 연구되고 있는데, 이는 화석 연료의 연소가 아닌 태양광으로부터 에너지를 얻을 수 있는 장점이 있지만 아직은 효율이 낮은 문제가 있습니다.

9장

고분자와 플라스틱 세계

서론

인류는 오랜 기간 지구에서 살아오면서 여러 물질을 다양한 용도로 사용하였습니다. 주변에서 쉽게 취득할 수 있는 석기, 즉 돌을 처음 사용하였고, 청동기, 철기 등을 차례로 사용하였습니다. 이러한 물질들은 자연에 존재하던 것이며, 추출 또는 획득의 용이성과 강함의 순서대로 활용하여 현재의 문명을 이룩하는 데 기여했습니다. 그러나 시대가 흐를수록 더 강하면서도 가벼운 물질에 대한 수요가 생겨났으며, 이러한 요구를 만족시키기 위해 완전히 새로운 물질이 탄생하였습니다. 바로 고분자입니다.

인간이 만든 합성 고분자는 놀라운 특성을 갖추고, 다양한 응용 분야에서 이상적인 물성을 가진 재료입니다. 오늘날을 아예 이러한 물질들을 아우르는 '고분자와 플라스틱의 시대plastc age'라고도 말하는 사람들도 있습니다. 이를 증명하듯 우리 주위에는 다양한 플라스틱과 이를 활용한 제품들이 둘러싸고 있습니다. 각종 문구류, 놀이기구, 낚싯대, 공, 신발, 의복, 핸드폰, 컴퓨터 등 고분자를 활용하는 제품들을 이루 다 열거하기가 어려울 정도입니다.

고분자polymer란 단위체monomer인 더 작은 분자들이 반복적으로 연결된 긴 사슬 형태의 화합물입니다. 자연에 오랫동안 존재하던 천연 고분자로는 셀룰로스, 녹말, 천연고무, DNA 등이 있습니다. 인간에 의해 최초로 합성된 고분자(합성 고분자)는 20세기 초에 처음 개발되었습니다.

이 장에서는 고분자를 구성하는 물질들은 무엇이고, 어떻게 구성되며, 고분자의 구조가 어떻게 다양한 물성에 영향을 미치는지, 이들의 문제점은 무엇이고 이를 해결할 방법은 무엇인지를 살펴보도록 하겠습니다.

1. 우리 주변의 고분자

고분자는 우리가 살고 있는 세계에 혁신과 변혁을 가져 왔습니다. 우리는 고분자로 만들어진 주방기구, 가전제품, 문방구 등을 사용할 뿐만 아니라 인조 잔디, 헬멧, 라켓, 공, 낚싯대 등을 가지고 스포츠를 즐기고 있고, 고분자 섬유로 만들어진 다양한 종류의 의복과 신발을 매일 입거나 신고 있습니다. 이러한 용도로 사용되는 고분자들은 다양한 제품들의 강도, 탄성, 유연성 증가 및 중량 감소 요구에 응하고 있습니다.

서론에서 언급하였던 고분자와 플라스틱의 용어는 서로 관련이 있으며, 많은 경우에 같은 의미로 사용되고 있습니다. 그렇지만 엄밀히는 고분자는 천연 및 합성 화합물을 모두 포함하지만, 플라스틱은 일부 합성 물질에만 사용합니다. 즉, 모든 플라스틱은 고분자이지만, 모든 고분자가 플라스틱은 아닙니다.

주지하였듯이, 우리 주위에 고분자는 어디에나 존재합니다. 그러나 모두 같은 형태로 존재하는 것은 아니며, 같은 물성을 나타내지도 않습니다. 주방에서 사용하는 음식물 포장용 랩wrap은 투명하지만 세탁용 액체 세제 용기는 불투명하고, 자동차 부품용 플라스틱은 딱딱하고 강도가 높지만 플라스틱 숟가락, 포크 등은 같이 유연하고 강도도 약합니다. 일부 고분자는 의류용 직물을 짜기 위하여 섬유 형태로 만들어지고, 일부는 일정한 형태로 성형되기도 합니다.

고분자는 개별적인 특성을 얻기 위하여 다양한 출발 물질로부터 만들 수 있지만, 경제성 등의 이유로 많은 고분자 물질은 대부분 원유crude oil라는 동일한 출발 물질로부터 만들어집니다. 그러나 최근에는 원유 자원이 감소함에 따라 상황이 변화하고 있습니다. 일부 고분자는 재생 가능한 다른 물질로부터 얻기도 하며, 이를 통해 친환경적인 목표를 달성하기도 합니다. 이는 매우 중요한 변화입니다. 실제로 생산된 플라스틱 폐기물 중 극히 일부만이 재활용되고 있으며, 태평양의 플라스틱 쓰레기 섬, 미세 플라스틱 등 플라스틱이 환경에 미치는 영향이 심대하기 때문입니다.

2. 고분자: 단위체의 긴 사슬

합성 고분자는 다양한 겉모습을 가지고 있으며, 레이온rayon, 나일론nylon, 폴리우레탄polyurethane, 테플론teflon, 스타이로폼styrofoam, 폴리에틸렌polyethylene, 포미카formica 등의 다양한 이름을 가지고 있습니다. 공통적인 특징은, 공유 결합된 분자들의 긴 사슬로 이루어진 큰 분자들이라는 것입니다. 고분자들의 분자는 보통 수천 개 이상의 원자로 구

알아보기

고분자는 거대분자(macromolecule)라고도 불리우며, 거대분자의 몰질량은 달톤(Dalton, Da)이라는 단위를 일반적으로 사용합니다. 1 g/mol은 1 Da입니다.

성되어 있으며, 1,000,000 g/mol(또는 Dalton, Da) 이상의 몰질량을 가질 수도 있습니다.

단위체를 나타내는 영단어 monomer에서 mono는 하나(one)를, mers는 단위(unit)를 의미합니다. 즉, 단위체는 고분자를 합성하는 데 사용하는 작은 기본 단위입니다. 각 단위체는 사슬의 각개 고리로 비유할 수 있습니다. 고분자polymer는 많은(poly) 단위(mer)라는 뜻으로, 한 가지 단위체 또는 두 개 이상의 다른 단위체들 여러 개가 연결된 조합으로 만들어집니다. 그림 9.1의 긴 사슬은 동일한 하나의 단위체로 만들어진 고분자 구조와 유사합니다.

고분자 형태의 물질은 기존에도 자연에 존재했습니다. 글루코스glucose(포도당), 셀룰로스cellulose(식물의 세포벽), 녹말starch, 천연고무, 비단과 같은 다양한 천연 고분자들도 존재하며 독특한 특성을 나타내고 있습니다.

일부 초기에 합성된 합성 고분자들은 비단이나 고무와 같이 비싸거나 희소한 천연 고분자들의 대체품으로 개발된 것입니다. 이후로는 특정 산업에서 요구하는, 가볍지만 상당한 강도를 나타내는 물성을 가지는 물질도 개발되기 시작했습니다. 예를 들어, 강철의 밀도는 약 8 g/cm^{3}이지만 플라스틱은 1~2 g/cm^{3}이기 때문에 자동차 재료로 사용되면 무게가 가벼워 운행에 연료가 적게 소모되어 경제성이 증대됩니다.

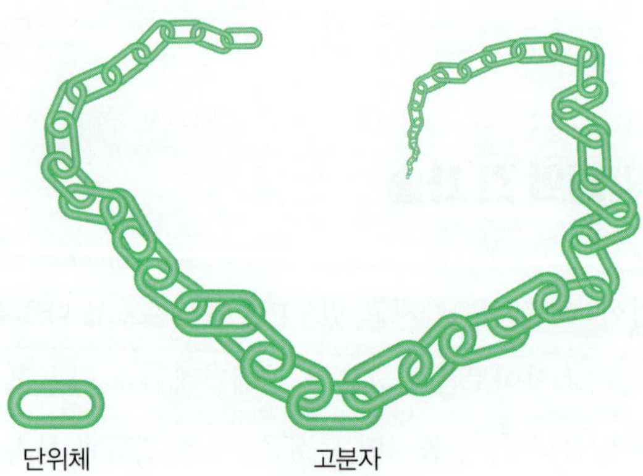

그림 9.1 한 종류의 단위체로 만들어진 고분자(긴 사슬)

또한 플라스틱을 이용한 포장은 무게를 줄여, 운반에 필요한 연료가 절감됩니다.

3. 단위체들의 반응: 첨가 반응

단위체들이 서로 연결되어 긴 사슬이 되는 변화는 어떻게 가능할까요? 단위체를 연결하는 화학 반응은 크게 2가지로 분류할 수 있습니다. 우선 폴리에틸렌을 만들 때 사용하는 방법인 첨가 중합addition polymerization에 대하여 설명하도록 하겠습니다. 에틸렌은 탄화수소의 한 종류로 하나의 C=C 이중 결합을 가지고 있으며, 이러한 특성을 가진 화합물 중 가장 작은 구성원입니다. 이 화합물은 아래에 나타낸 반응으로 합성되는데, 이는 개시제initiator R•를 이용한 중합 반응으로 n개의 에틸렌 단위체 분자들이 결합합니다.

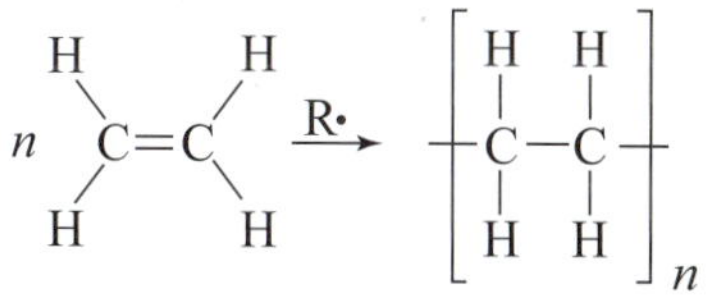

에틸렌 단위체 앞의 계수 n은 반응하는 분자의 수를 나타내며, 고분자의 몰질량을 결정합니다. 일반적인 몰질량은 10,000~100,000 g/mol 범위이지만 특수한 용도의 경우는 수백만에 달하기도 합니다. 대괄호는 고분자의 반복 단위를 묶음으로 표시한 것입니다.

이런 유형의 변화를 첨가 중합이라 하며, 다른 부가 생성물 없이 폴리에틸렌이 생성됩니다. 단위체의 모든 원자를 포함하도록 단위체들이 자라는 사슬에 더해지는 중합 반응의 일종입니다. 에틸렌은 가연성 무색 기체이지만 폴리에틸렌은 냄새가 없는 고체입니다. 에틸렌은 정유공장에서 폴리에틸렌 생산 공장까지 이송할 때 공간을 절약하기 위하여 저온에서 압력을 가하여 액화하게 됩니다. 다행히도 액체 에틸렌은 이송 중에는 중합되지 않는데, 이것은 개시제인 자유 라디칼(R•)이 존재하지 않기 때문입니다. 자유 라디칼은 다양한 화학종이 있지만 모두 홀전자를 가지고 반응성이 큽니다.

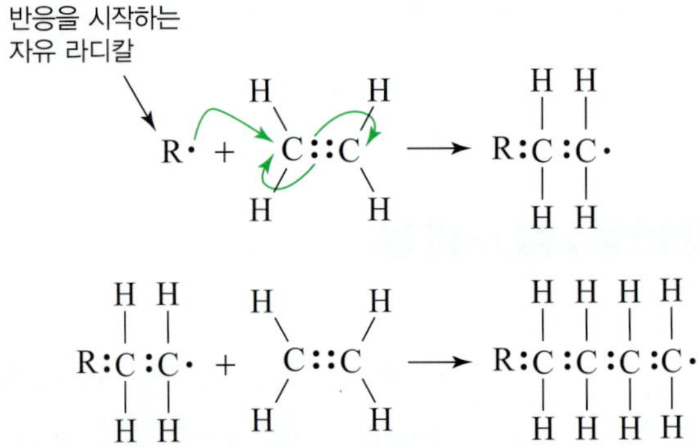

그림 9.2 에틸렌의 중합 반응 메커니즘

이 자유 라디칼이 존재하면 그림 9.2에 도시한 바와 같이 R•과 에틸렌이 반응하여 또 다른 라디칼이 만들어집니다. 이후 연쇄적으로 에틸렌 분자가 첨가되는 변화가 진행되어 분자량이 증가합니다. 이 과정은 단위체의 공급이 중단되거나 2개의 고분자 사슬(자유 라디칼)의 끝이 결합하여 사슬의 성장이 멈출 때까지 계속됩니다.

n의 값(분자량과 사슬 길이 결정)은 중합 과정에서 조절할 수 있으며, 이를 통하여 생성되는 고분자 물성을 조정합니다. 같은 중합 반응을 진행하더라도 생성된 고분자의 각 분자는 다양한 길이를 가지며, 이들의 분포는 고분자의 물성에 영향을 미칩니다. 이 또한 반응 조건을 변화시켜 물성을 조절할 수 있습니다.

4. 폴리에틸렌의 구조와 성질

폴리에틸렌은 식품 보관용 봉지, 우유통, 세제 용기, 뽁뽁이bubble wrap와 같은 포장재 등으로 다양하게 사용되고 있습니다. 동일한 단위체를 이용한 것인데 어떻게 다양한 용도에서 요구하는 다양한 물성이 나타날 수 있을까요?

폴리에틸렌의 다양한 물성은 주로 고분자를 구성하고 있는 긴 분자 사슬의 차이에 의존합니다. 이 사슬은 스파게티와 같이 긴 형태를 가지지만 잘 정렬되어 있지는 않고, 사슬 사이가 공유 결합으로 연결되어 있지는 않습니다. 긴 사슬 사이의 분자간 힘은 사슬을 이루는 원자들이 가지는 전자들 사이의 인력인 분산력(London 힘)으로,

사슬 사이의 인력 크기는 사슬의 길이에 의존합니다. 원자 사이의 개별 분자간 힘은 매우 작지만, 고분자 사슬을 이루는 원자들이 많이 존재하기 때문에 분자간 힘이 중요하게 작용합니다. 그 결과는 폴리에틸렌 조각에 힘을 가하면 길이가 늘어나고 조각의 폭이 좁아짐에 따라 분자 사슬들도 이동하여, 미끄러져서 잡아당기는 방향으로 평행하게 늘어나게 되는데, 늘림을 계속하면 고분자는 사슬이 더 이상 평행하게 재배열될 수 없는 점에 도달하게 되고 결국 끊어집니다. 천연 고분자인 종이는 종이 섬유들이 단단히 제자리에 붙어 있고 폴리에틸렌과 같이 긴 분자들이 자유롭게 미끄러지지 못하기 때문에 잡아당기면 찢어지는 특성을 보이게 됩니다.

고분자의 물리적 성질의 차이는 고분자 사슬의 가지치기branching 정도에서 발생합니다. 이 특성은 고밀도 폴리에틸렌high density polyethylene, HDPE과 저밀도 폴리에틸렌low density polyethylene, LDPE을 생산하는 데 활용되었습니다. 식품 보관용 봉지는 주로 LDPE를 이용하며, 이 물질은 잘 늘어나고 투명하지만 많은 물품을 담을 정도로 강하지는 않습니다. 이 고분자는 대략 500여 개의 단위체를 가지고 있으며, 그림 9.3에서 볼 수 있듯이 중심 고분자 사슬은 많은 가지를 가지고 있습니다. LDPE는 최초로 생산된 폴리에틸렌의 형태였습니다. 20여 년 후 화학자들은 가지가 상대적으로 적은 고분자

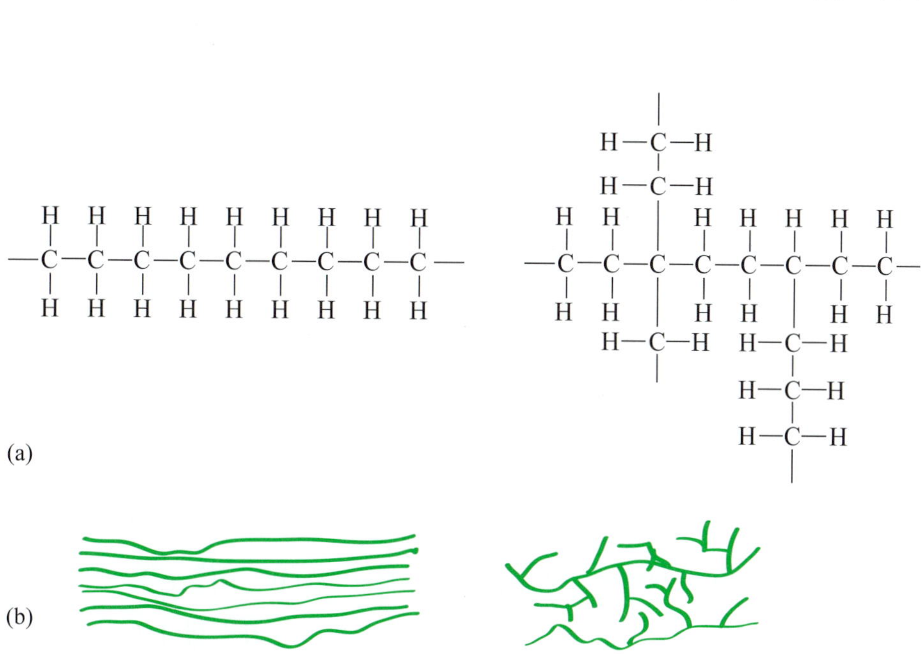

그림 9.3 고밀도(선형) 폴리에틸렌과 저밀도(가지형) 폴리에틸렌. (a) 결합의 세부 구조와 (b) 개략적 형태

가 생성될 수 있는 반응 조건을 확립하였고, HDPE가 탄생했습니다. 독일의 Karl Ziegler와 Giulio Natta는 약 10,000개의 단위체로 이루어진 선형(가지가 적은) 폴리에틸렌 고분자 합성용 촉매 개발에 성공하였으며, 1963년 노벨 화학상을 수상하였습니다. 이 고분자는 사슬에 곁가지가 없기 때문에 LDPE의 불규칙하게 엉킨 사슬 형태와는 달리 평행하게 배열되며(그림 9.3), 더 규칙적인 구조로 인해 LDPE보다 밀도가 크고, 단단하며, 질기고, 녹는점도 높습니다.

물리적 성질로 인해 HDPE와 LDPE의 용도는 달라집니다. HDPE는 다양한 형태의 플라스틱 물병, 장난감, 뻣뻣하고 바스락거리는 봉지, 질기고 튼튼한 파이프 등에 사용합다. 최근 Allied Signal Inc.는 스펙트라spectra라는 선형 폴리에틸렌 섬유를 생산하여 외과 수술용 장갑의 안감을 생산하였는데 이는 일반 장갑보다 절단 저항력이 15배 이상 크고 두께가 매우 얇아 수술 시 예민한 촉감을 유지합니다. 따라서 날카로운 수술용 메스로도 아무런 손상이 없어 HIV/AIDS와 같은 혈액 매개 질병 수술에 널리 활용되고 있습니다.

또한 LDPE의 곁가지의 수와 위치 등을 조절함으로써 LDPE의 물성을 우유팩의 부드럽고 왁스와 같은 코팅제에서, 잘 늘어나는 음식물을 싸는 랩에 이르기까지 다양하게 변화시킬 수 있습니다. HDPE는 플라스틱 우유병에 사용할 만큼 충분히 단단하게 할 수 있습니다. 다만 두 고분자는 전열 또는 가스불 등의 근처에는 녹을 수 있으므로 열원으로부터는 멀리할 필요가 있습니다.

폴리에틸렌은 좋은 전기 절연체입니다. 제2차 세계대전 중 연합군은 비행기 레이더 설치 시 폴리에틸렌을 이용하여 전기 케이블을 코팅하여 좋은 성과를 거둔 바 있습니다. 레이더를 개발한 영국의 Sir R. Watt는 『에틸렌 고분자의 기술과 용도』라는 책에서 폴리에틸렌의 중요성을 강조한 바 있습니다. 폴리에틸렌을 사용하게 되면서 비행기용 레이더의 설계, 제작, 설치, 유지 문제가 거의 해결 불가능한 것에서 편하게 관리할 수 있는 것으로 바뀌었습니다. 폴리에틸렌이 없었으면 달성할 수 없었을 전 영역의 안테나와 배전선의 설계가 모두 가능하게 되었고, 전체적으로 계속 문제점이 발생하는 항공기 유지와 관련된 문제들도 사라졌습니다. 이렇듯 폴리에틸렌은 레이더 때문에 가능했던 하늘과 바다와 땅에서의 수많은 승리에 없어서는 안 될 역할을 하였습니다.

알아보기

HDPE, LDPE 외에도 LLDPE와 MDPE의 형태로도 제조됩니다(아래 그림 참고). LLDPE는 상당한 수의 짧은 가지를 가지며, 일반적으로 긴 사슬의 알파-올레핀(이중 결합이 있는 탄소에 알킬 치환기가 존재)과 에틸렌의 공중합으로 제조됩니다.

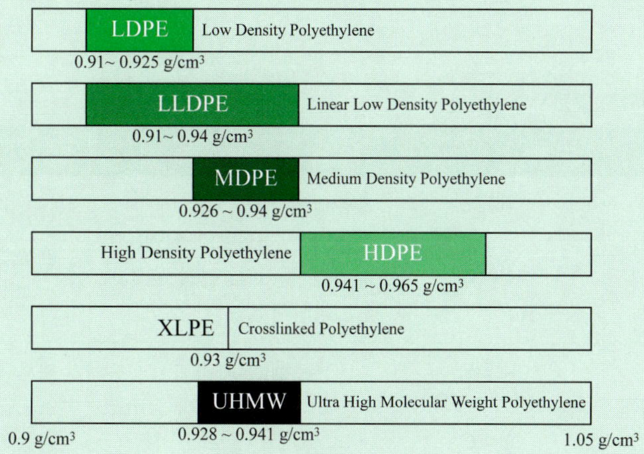

폴리에틸렌의 밀도별 분류

5. 대표적 6가지 고분자

오늘날 알려진 합성 고분자는 6만 개가 넘는다고 합니다. 새로운 용도에 대응하기 위한 새로운 고분자가 계속 개발되고 있습니다. 그렇지만 유럽과 미국에서 사용되는 고분자의 약 75%를 차지하는 것은 단 여섯 가지 정도입니다. 매일 생활 속에서 접하고 사용하는 이 여섯 가지 고분자를 표 9.1에 요약했습니다. 저밀도와 고밀도 폴리에틸렌(PE), 폴리염화바이닐(PVC), 폴리스타이렌(PS), 폴리프로필렌(PP), 폴리에틸렌 테레프탈레이트(PET)입니다.

이 고분자들은 모두 고체이고, 물에 녹지 않지만 일부는 탄화수소, 지방, 기름 존재하에서 녹거나 부드러워지게 됩니다. 또한 이들 모두는 열가소성 고분자thermoplastic polymer이기 때문에 열을 가하면 녹을 수 있고 다시 재성형할 수 있습니다. 이들은 제조 공정 조건에 따라 일정 범위의 녹는점을 나타내는데, 6개 고분자 중 가장 낮은 녹는점을 나타내는 것은 폴리에틸렌이며, LDPE와 HDPE는 각각 약 120℃와 130℃의 녹는점을 보이고 폴리프로필렌은 160~170℃에서 녹습니다.

고분자는 분자 배열에 따라 다양한 강도를 가지며, 질서 정연한 패턴을 가지는 결정 영역crystalline region과 무질서한 배열의 비결정 영역amorphous region이 섞여 있습니다.

표 9.1 대표적인 6가지 고분자

고분자	단위체	성질	용도
저밀도 폴리에틸렌 (LDPE)	에틸렌 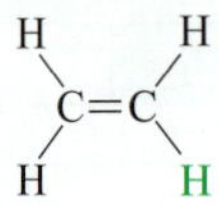	안료를 넣지 않으면 반투명하다. 부드럽고 유연하며 약간 질기다. 산과 염기에 반응하지 않는다.	• 봉지, 필름, 시트, 버블 랩(뽁뽁이), 장난감, 전선 피복
고밀도 폴리에틸렌 (HDPE)	에틸렌 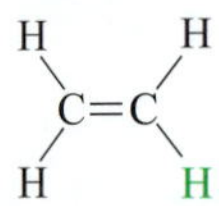	LDPE와 유사하나 더 단단하다. 보통 불투명하고 더 질기며, 밀도가 약간 더 높다.	• 불투명한 우유병, 주스·세제·샴푸 용기, 양동이, 수납박스, 울타리
폴리염화바이닐 (PVC)	염화 바이닐 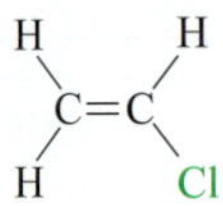	다양하다. 가소제로 부드럽게 하지 않으면 단단하다. 맑고 반짝거리나 착색되기도 한다. 기름, 산, 염기 등 대부분의 화학 물질에 내성이 있다.	• 단단한 PVC: 배관용 관, 건물 외장재, 신용카드, 호텔방 카드키 • 부드러운 PVC: 정원 호스, 방수 부츠, 샤워 커튼, 정맥주사 튜브
폴리스타이렌 (PS)	스타이렌 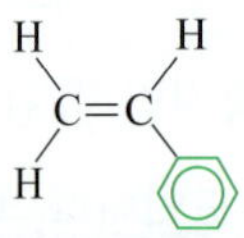	다양하다. '결정 형태'는 투명하고, 반짝거리며 다소 깨지기 쉽다. '팽창 형태'는 가벼운 폼을 형성한다. 두 가지 모두 단단하고 여러 가지 유기 용매에 녹는다.	• 결정 형태: 식품용 랩, CD 케이스, 투명 컵 • 팽창 형태: 폼 컵, 단열 용기, 식품 포장 용기, 계란 상자
폴리프로필렌 (PP)	프로필렌 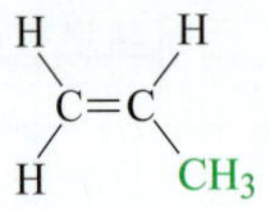	불투명하고, 매우 질기며, 내후성이 좋다. 녹는점이 높고 대부분의 기름에 저항성이 있다.	• 병뚜껑, 요거트 용기, 카펫, 가정용 가구, 여행용 가방
폴리에틸렌테레프탈레이트 (PET)	에틸렌 글라이콜 HO—CH_2CH_2—OH 테레프탈산 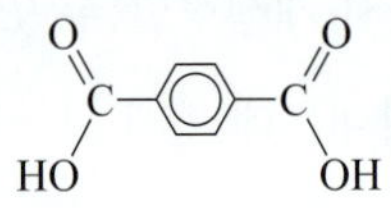	투명하고 강하며, 잘 부스러지지 않는다. 산과 대기 중 기체에 영향을 받지 않는다.	• 청량음료 병, 투명한 식품 용기, 음료수 컵, 플리스 원단, 카펫 제조용 실, 섬유 충진 절연체

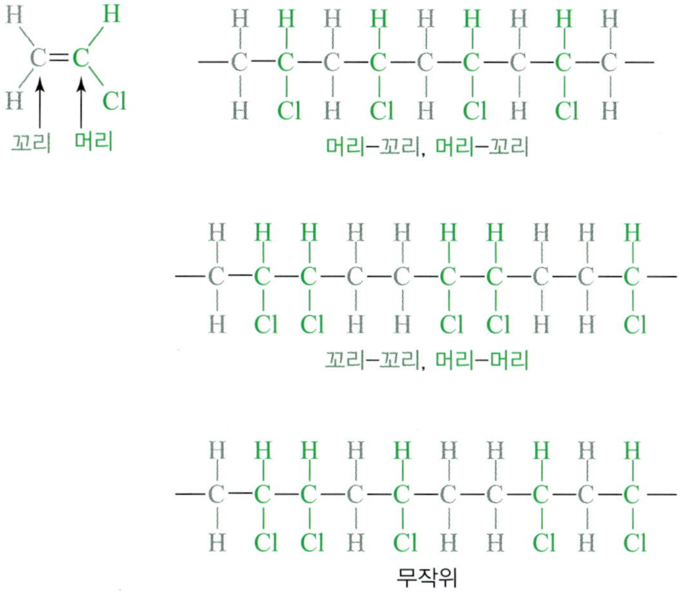

그림 9.4 PVC에서 머리와 꼬리 위치와 고분자의 배열 방식

구조적인 규칙성 때문에 결정 영역은 강도와 마모에 대한 저항할 수 있습니다. 일부 고분자는 결정성이 매우 크지만, 대부분의 고분자는 유연성을 제공하는 비결정 영역을 여전히 가지고 있습니다. 이런 영역의 비율로 인해 고분자는 다양한 물성을 나타내며, 다양한 용도로 활용할 수 있게 되었습니다.

이 고분자들의 단위체인 에틸렌, 프로필렌, 염화 바이닐, 스타이렌, 에틸렌 글라이콜과 테레프탈산도 표 9.1에 같이 나타내었습니다. 이 단위체의 첨가 중합 반응으로 각 고분자가 생성됩니다. 이 중 에틸렌을 제외하고 대칭성이 존재하지 않으며 이를 통칭하여 α-올레핀이라 부릅니다. 2개의 탄소를 구별하기 위하여 수소만을 가지고 있는 탄소를 꼬리tail, 수소와는 다른 치환기(Cl, CH_3, C_6H_5)를 가진 탄소를 머리head라 명명합니다. 그러면 α-올레핀, 예를 들어 염화 바이닐을 중합하면 그림 9.4에 도시된 3가지 방식 중 한 가지로 배열하게 됩니다. 이 중 머리-꼬리 배열이 폴리염화바이닐의 일반적인 생성물 배열입니다. 이러한 배열 방식은 고분자의 유연성에 영향을 미치게 되는데, 머리-꼬리가 반복되는 가장 규칙적인 배열은 결정성 형성을 하기 때문에 가장 딱딱하며 배수관, 하수관, 신용 카드, 건물 판자벽, 가구 및 다양한 자동차 부품에 사용됩니다.

고분자에 소량 첨가하여 물성을 부드럽고 유연하게 만드는 화합물인 가소제plasticizer를 첨가하면, PVC를 부드럽게 만들 수 있습니다. 가소제가 고분자의 큰 분자들 사이에 끼어들어 분자들의 규칙적인 쌓임을 방해하기 때문입니다. 이렇게 얻어진 유연한 PVC는 샤워 커튼, 고무장화, 정원용 호스, 수혈용 투명 혈관 튜브, 인공 가죽 및 전기 전선 등에 활용됩니다.

폴리프로필렌(PP) 역시 일종의 α-올레핀에 의한 중합으로 그림 9.5와 같이 몇 가지 배열이 가능합니다. 규칙성에 기인한 결정성이 커지면 PP는 강하고 질겨지며, 고온에서의 저항성도 커집니다. 실내 또는 실외용 카펫에 강한 PP 섬유를 사용하는 이유입니다.

스타이렌이 중합되면 값싸고 널리 사용되는 플라스틱인 폴리스타이렌(PS)이 생성됩니다. PS는 유연성이 작고 딱딱하며, 열가소성이어서 열을 가하면 녹습니다. 따라서 활용을 위해 다양한 주형에서 성형됩니다. DVD용 투명 케이스나 투명한 파티용

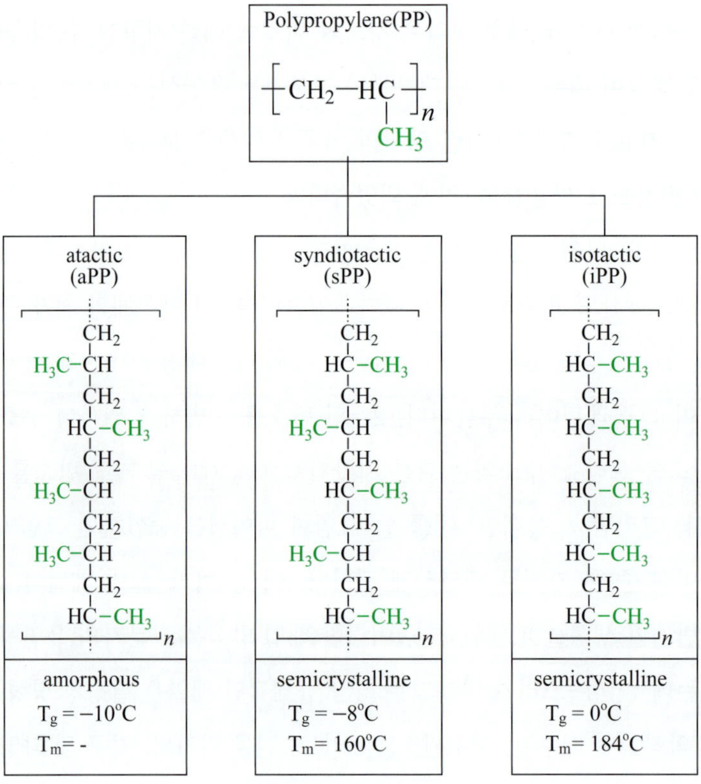

그림 9.5 PP의 배열 방식

플라스틱 잔 및 접시 등으로 활용됩니다. 대부분의 PS는 무작위 배열을 하지만 일부 결정성 PS는 단단하고 깨지기 쉽습니다.

보온용 발포 컵, 달걀 및 과일 포장용 발포 상자 등은 팽창형 폴리스타이렌expandable polystyrene, EPS으로 제조되는데, 작고 단단한 팽창형 PS 비드를 이용합니다. 이 비드는 기체를 만들어 낼 수 있는 발포제blowing agent, 예를 들어 펜테인(C_5H_{12})이 4~7% 포함되어 있습니다. 비드를 주형에 넣고 가열하면 발포제가 기화되고, 기화된 발포제는 고분자를 팽창시키고 용융되어 주형의 모양이 됩니다. 발포 플라스틱은 훌륭한 단열재가 됩니다. 과거에는 CFC로 알려진 클로로플루오로탄소chlorofluorocarbon가 발포제로 사용되었지만, 오존층 파괴 때문에 1990년에 퇴출되어 펜테인과 이산화 탄소가 대체재로 주목되고 있습니다. 다우케미컬사는 순수 이산화 탄소를 이용하여 포장재용 스타이로폼styrofoam을 제조하는 공정을 개발하였고, 사용되는 이산화 탄소는 시멘트 생산 및 천연가스와 같은 기존 상업용 또는 천연 공급원의 부산물에서 공급됩니다. 이 공정은 CFC 대체와 이산화 탄소 배출 억제로 1996년 녹색 화학 도전 대통령상을 수상하기도 하였습니다.

6. 단위체들의 축합 반응

수많은 고분자의 물성은 단위체에 의존합니다. 단위체의 성질은 포함된 작용기functional group에 따라 변하게 되는데, 작용기는 포함된 분자에 특정의 화학적 성질을 부여하는 독특한 배열의 원자단을 말합니다. 표 9.2에 주요 작용기를 나타내었습니다.

표 9.2 주요 작용기

이름	화학식	구조식
하이드록실기	–OH	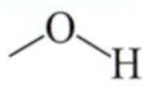
카복실기	–COOH	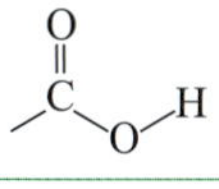

이름	화학식	구조식
에스터기	–C(O)OCR$_3$	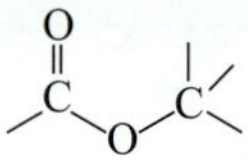
아민기	–NH$_2$	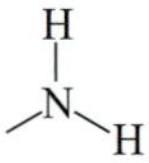
아마이드기	–CONH$_2$	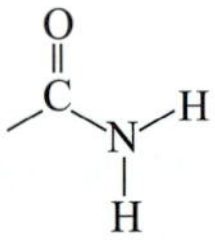

알코올과 카복실산이 반응하면 물을 잃고 에스터를 생성합니다. 에스터기를 포함한 고분자를 폴리에스터라고 합니다. 폴리에스터 제품 중 가장 중요한 활용은 PETE polyethylene terephthalate ester 또는 PET polyethylene terephthalate이며, 반강체 semirigid로 투명하고 상당한 공기 밀폐력을 보유하기 때문에 청량음료의 병으로 많이 활용되고 있습니다. 폴리에스터는 판상 또는 섬유로도 제조할 수 있으며, Mylar는 얇은 플라스틱판의 상품명으로 축제용 풍선을 만드는 데 사용합니다. PET는 축합 중합 condensation polymerization으로 제조되는데 이 과정에서 작은 분자(일반적으로 물)를 제거하면서 진행됩니다. 셀룰로스, 녹말, 양모, 거미줄, 단백질 등 많은 천연 고분자는 이러한 방법으로 생성되며, Dacron, Kevlar 등의 나일론과 같은 합성 고분자도 같은 방법으로 합성합니다.

PET는 PE와는 달리 하나의 단위체에서 얻어지는 것이 아니라 2개 이상의 서로 다른 단위체의 조합으로 만들어지는 공중합체 copolymer의 일종입니다(표 9.1). PET는 에틸렌 글라이콜 ethylene glycol($HOCH_2CH_2OH$))과 테레프탈산 terephthalic acid이라는 각각 2개의 작용기를 가진 2개의 단위체 사이의 축합 반응으로 얻어집니다(그림 9.6). 한 번의 축합 반응에 의해 얻어진 화합물도 2개의 작용기를 가지고 있으므로 단위체가 소진될 때까지 축합 반응은 지속적으로 진행됩니다. 이때 생성된 분자에서는 한 원자 또는 몇 개의 원자가 두 원자 또는 2개의 고분자 사슬 사이를 연결하는 다리 모양으로 이루어진 화학 결합, 즉 다리 결합이 생성됩니다.

폴리에스터는 단지 PET만이 아니라 단위체의 탄소 원자의 개수와 종류를 달리하여 Dacron, Polartec, Fortrel, Polarguard와 같은 제품명의 다른 폴리에스터를 합성하

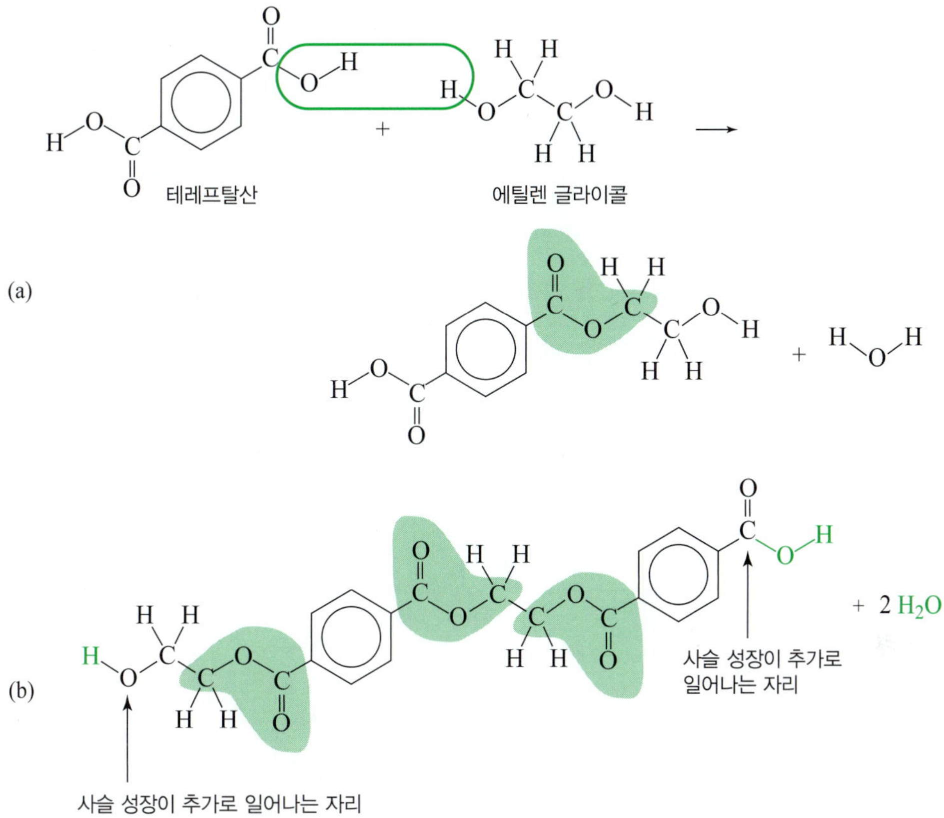

그림 9.6 축합 반응을 통한 PET 합성 (a) 단위체 사이의 반응 (b) PET 합성

였습니다. 폴리에스터는 세탁이 쉽고 건조하기 쉬운 섬유상으로 제조할 수 있으며, 면 또는 양모와 함께 가공하기도 합니다.

7. 폴리아마이드

축합 중합은 천연 고분자인 단백질 합성과 합성 고분자인 나일론 합성에서도 일어납니다. 단백질은 우리 몸의 근육, 손톱, 머리카락 등을 구성하며, 나일론은 명주(비단)라는 천연 단백질의 물성을 일부 복제한 합성 대체물입니다. 나일론은 전 세계적으로 약 8백만 파운드 정도를 생산하며, 이는 전체 합성 섬유의 약 12%에 해당합니다.

단백질의 단위체는 아미노산amino acid으로, 각 단위체는 아미노기($-NH_2$)와 카복실기(−COOH) 등 2개의 작용기를 가집니다. 자연에는 약 20개의 천연 아미노산이 있으며, 그림 9.7과 같이 각 아미노산은 중앙 탄소 원자의 작용기가 하나만 다릅니다.

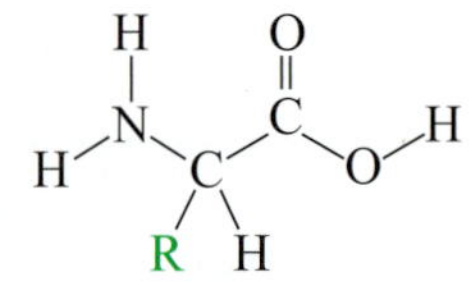

그림 9.7 아미노산의 일반 구조

단위체로서 아미노산은 축합 중합을 통하여 결합하여 긴 사슬, 고분자를 형성하며, 이를 폴리아마이드polyamide라 하고 아마이드 작용기(−$CONH_2$)를 가집니다. 이때 가지게 되는 C-N 결합을 펩타이드 결합peptide bond이라고 합니다(그림 9.8). PET와는 다르게 참여하는 단위체가 서로 다른 2개가 아니라 20여 개의 천연 아미노산이 임의의 비율로 구성할 수 있습니다.

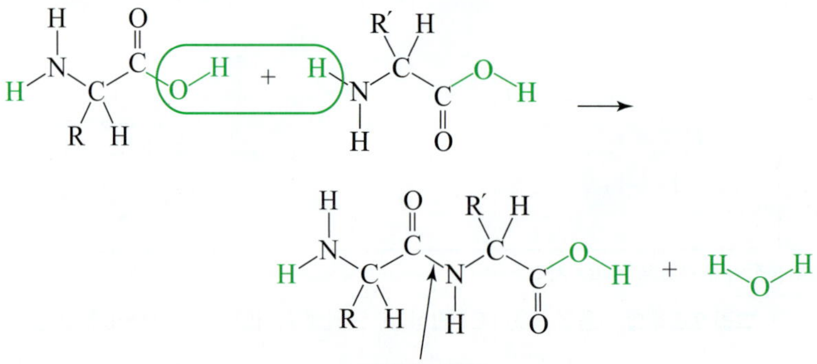

그림 9.8 펩타이드 결합

펩타이드 결합은 한 아미노산의 −COOH기가 다른 아미노산의 −NH_2기와 반응하여 물이 제거되는 축합 반응에서 2개의 아미노산이 연결될 때 형성되는 공유 결합입니다. 이 축합 반응이 반복되면서 긴 사슬의 단백질 고분자가 만들어집니다. 20개의 아미노산으로부터 다양한 단백질이 합성되며, 구성 아미노산의 개수도 다양합니다.

화학자들은 자연의 물질을 대체하기 위하여 자연의 화학 반응을 모방하고자 합니다. 대표적인 사례 중의 하나는 듀폰사의 W. Carothers에 의한 다른 단위체들 사이의 축합 반응입니다. 이 반응은 아디프산adipic acid과 헥사메틸렌다이아민hexamethylenediamine을 사용한 축합 중합 반응으로, 그 생성물이 곧 나일론nylon입니다(그림 9.9).

생성된 고분자는 실로 뽑아낼 수 있었고, 이 실은 질기면서도 부드러우며, 비단을

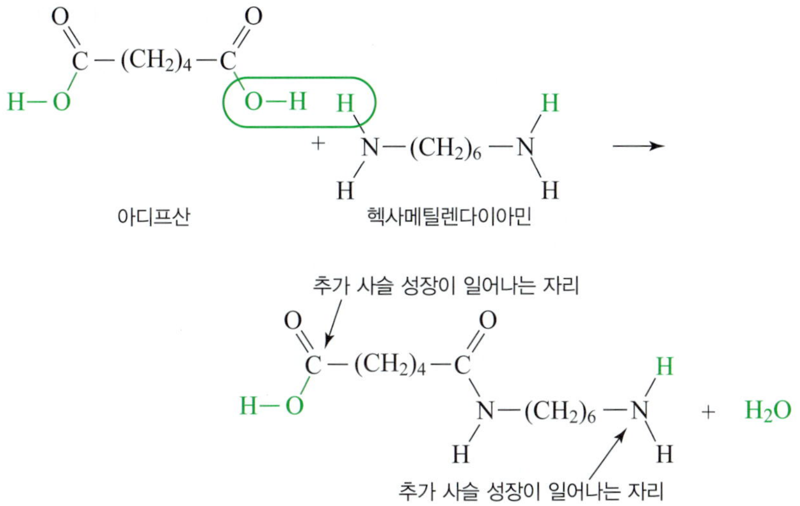

그림 9.9 나일론의 합성

짤 수 있는 명주의 물성과 매우 유사하였기 때문에 비단의 대체재로 소개되었습니다. 이렇게 나일론은 생체모방 재료biomimetic material[1]의 기원을 열게 되었습니다. 이 물질은 여성용 스타킹을 제조하는 데 사용되었는데, 출시 첫날인 1940년 5월 15일 New York에서만 400만 켤레가 팔리는 엄청난 성공을 거두기도 하였습니다. 그러나 제2차 세계대전에서의 다양한 전시용품의 용도가 우선되어 민수용 공급이 제한되기도 했습니다. 종전 후 다시 카펫, 스포츠 의류, 캠핑 장비 등 다양한 민수용 재료로 사용되었습니다.

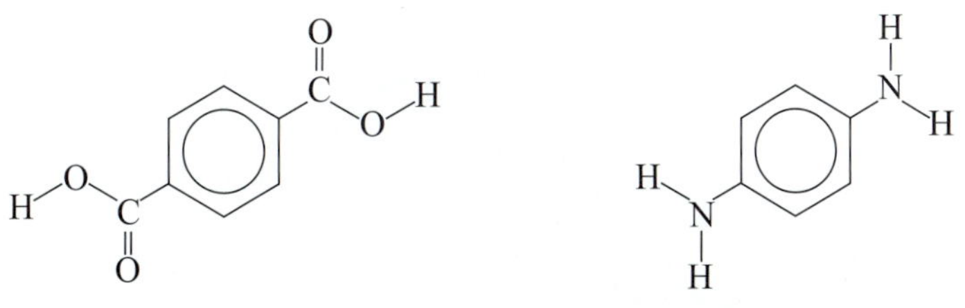

그림 9.10 Kevlar 합성에 사용하는 단위체

1 생물학적 재료의 특정한 성질을 복제한 재료

이 반응을 이용한 또 다른 고분자에는 방탄재로 유명한 Kevlar가 있습니다. 이 고분자는 테레프탈산과 페닐렌다이아민phenylenediamine을 이용한 축합 반응으로 얻어집니다(그림 9.10).

8. 고체 폐기물의 처리

생존을 위해 끊임없이 새로운 거미줄을 치는 거미를 보고 경외심을 가져본 적이 있습니까? 거미의 몸은 조그만데 과연 거미줄을 만드는 재료는 어디서 공급되는 것일까요? 그리고 무한정 공급이 가능할까요? 거미는 오래된 거미줄을 먹어서 원재료를 다시 회수한다고 합니다. 과학자들에 따르면, 기존 거미줄의 2/3가 새로운 거미줄 생성에 사용된다고 합니다. 이러한 점에서 인간은 거미를 모방하여 자원 부족을 방지하면서 엄청난 양의 쓰레기 생성도 막아야 할 것입니다.

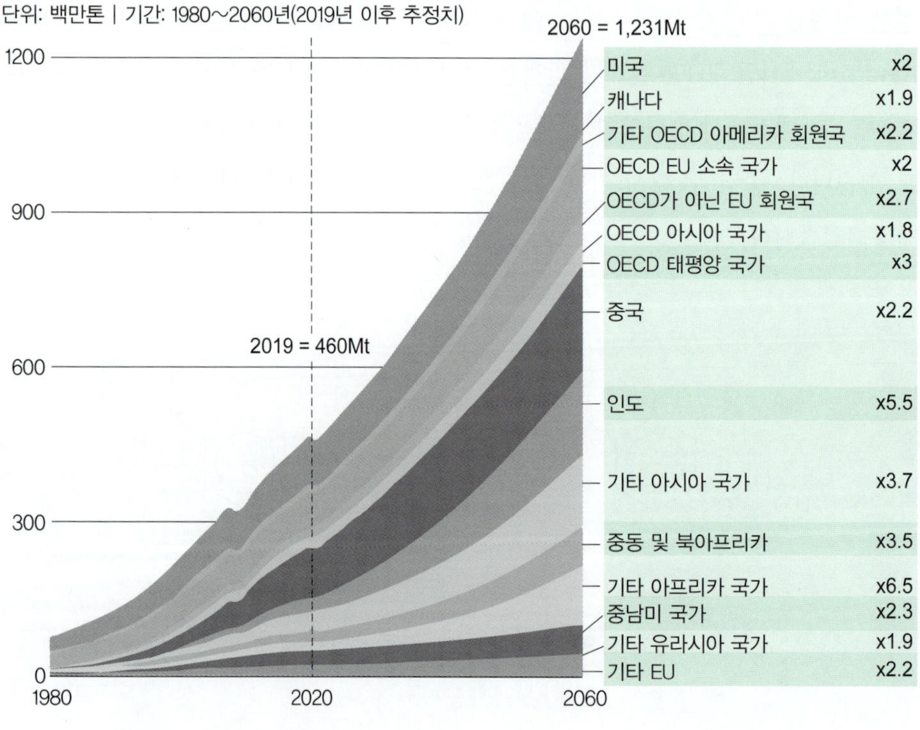

그림 9.11 세계 연간 플라스틱 생산량 (출처: OECD 2022 글로벌 플라스틱 전망보고서)

플라스틱 고분자는 매년 엄청나게 생산되고 쓰레기로 배출되고 있습니다. 1950년에 2백만 톤에 불과하였던 생산량이 꾸준히 증가하여 2017년 348백만 톤, 2020년 460백만 톤이 되었으며, 2060년에는 1,231백만 톤에 이를 것으로 전망되고 있습니다(그림 9.11).

이렇게 많이 생산되는 플라스틱은 엄청난 양의 플라스틱 폐기물로 이어집니다. 이를 적절히 처리하지 못한다면 플라스틱 섬들이 곳곳에서 생겨날 것이고 미세 플라스틱 문제는 더욱 심각해질 것입니다. 지구는 한정된 공간이기 때문에 내 눈에 보이지 않게 치우는 것으로는 충분하지 않습니다. 즉, 어디선가는 처리하여야 하지만 플라스틱은 썩지 않고 부피가 크다는 약점 때문에 환경에 부담을 주지 않고 처리하는 것이 쉽지 않습니다. 일반적인 처리 방법으로 다음의 4가지, 4R이 제안되고 있습니다.

- 사용하는 물질의 양을 절약(reduce)
- 물질의 재사용(reuse)
- 물질의 재활용(recycle)
- 물질 또는 재활용 불가능 물질로부터 물질 또는 에너지 회수(recover)

1) 절약

물질을 적게 사용하면 폐기물도 적게 생성됩니다. 절약은 자원을 보존하고 오염을 줄이며, 폐기물 특히 독성 등 유독물질의 배출을 최소화합니다. 대표적으로 탄산음료 병을 만드는 플라스틱의 양은 1970년에 비하여 1/3이 줄었고, 1갤런 폴리에틸렌 우유병의 무게도 줄고 있습니다. 포장재도 줄고 있는데, 이를 통해 운송 비용 및 폐기물 처리 비용을 줄이고 있습니다. 예를 들어, 월마트는 단일 제품의 포장 크기를 줄여 운송 비용 350만 달러를 절약하였고, 이는 5100그루의 나무와 1300배럴의 석유를 적게 사용한 것에 해당합니다.

이런 성과에 발맞추어 지속가능한 포장재sustainable packing를 새로 설계하고 사용하는 노력이 계속되고 있습니다. 지속가능한 포장재 연합Sustainable Packing Coalition이 제정한 2011년 포장재 기준은 다음과 같습니다.

- 폐품의 수명 주기 동안 개인과 지역사회에 이롭고 안전하고 건강하다.
- 성능과 비용에서 시장 기준을 충족한다.

- 재생 가능하거나 재활용된 원천 재료의 사용을 최적화한다.
- 재료와 에너지를 최적화하도록 물리적으로 설계되었다.
- 깨끗한 생산 기술과 모범 사례를 사용하여 제조한다.
- 효과적으로 복구되고 활용된다.

이러한 기준을 만족하는 포장재를 개발하기 위한 화학자들의 노력이 매우 중요합니다.

2) 재사용

재사용이란 한 번 사용 사용한 것을 그대로 버리지 않는 것을 의미합니다. 대표적으로 마트에서 종이 또는 플라스틱 봉지 대신에 반영구적인 휴대용 장바구니를 사용하는 것이 있습니다. 이는 재사용 캠페인의 성공적인 사례라 할 것입니다.

그러나 재사용이 쉽지 않은 경우도 있습니다. 예를 들어 포장용 완충재인 폴리스타이렌 폼은, 수거 비용에 비하여 회수 물질의 양이 많지 않아 재사용이 제한적입니다. 그래도 최근 여러 번 사용 가능한 배달 용기가 개발되는 등 성공적인 사례가 알려지는 것은 고무적입니다.

3) 재활용

재활용의 이유는 다음과 같이 요약할 수 있습니다.

- 매립지와 소각로의 쓰레기 감소
- 제조 과정 중 공기, 물, 토양의 오염 방지
- 제조 중 온실 기체 배출 감소
- 석유, 수목, 물, 광물과 같은 천연자원 보존

전 세계적으로 환경에 대한 의식이 높아짐에 따라 쓰레기 중 재활용품 분리배출이 보편화되고 있습니다. 2015년 미국 환경 보호국 보고에 따르면 평균적으로 미국 개인은 매일 5 lb의 쓰레기를 생산하고, 1.2 lb를 재활용하고 있습니다. 분리배출에 진심인 한국에서는 2023년 전국 폐기물 처리량 17,619만 톤 중 재활용은 86%이지만 에너지 회수가 포함되어 물질 재활용률은 이보다는 낮다고 보고되며, 특히 2021년 플라스틱 폐기물의 56.7%만이 재활용되었습니다(2022 환경통계연감). 이는 2017년의 플라스틱 770만 톤 중 18%만 물질 재활용(에너지 회수 포함하면 86%)에 비하면 향상된 수치이지만, 좀 더 효율적인 재활용 노력이 필요합니다. 게다가 재활용은 품질이 떨어지는 경우 새 플라스틱을 제조하는 경우보다 더 많은 에너지가 투입된다는 점도 고려해야 합니다.

4) 회수

폐기된 고분자로부터 제조에 사용된 물질을 회수하는 것은 이론적으로 가능합니다. 고분자를 이루는 단위체 사이의 결합을 고온 또는 촉매를 이용하여 끊어내거나 물 등을 첨가하여 고분자 합성 반응의 역반응인 가수분해 반응을 진행하면 단위체를 생성할 수 있습니다. 그러나 일반적으로 단위체 생성 효율이 좋지 않아 경제성을 확보하기가 어렵습니다.

따라서 회수의 관점은 주로 소각, 즉 연소를 통한 에너지 회수에 집중되고 있습니다. 대표 6가지 고분자를 포함하여 대부분의 고분자는 탄화수소 기반 연료와 매우 비슷하기 때문에 소각은 매립지 필요성을 줄이면서 플라스틱 처리할 유용한 방법으로 판단됩니다. 연소의 주 생성물은 이산화 탄소, 수증기, 그리고 상당한 에너지(석탄과 나무에 비해 37%, 87% 더 높은 에너지 함량을 가짐)이며, 현재 배출되는 고체 폐기물의 상당량을 플라스틱이 차지하기 때문에 에너지 회수량도 상당합니다.

그러나 플라스틱 소각 시에는 온실 기체인 이산화 탄소가 생성되며, 염소를 포함하는 폴리 염화바이닐 같은 고분자가 탈 때는 산성비의 원인이 되는 염화수소(HCl)나 포스젠(COCl) 등의 유독물질이 생성되는 단점이 있습니다.

재사용, 재활용, 회수되지 않는 플라스틱은 매립합니다. 그러나 매립에는 많은 공간이 필요하고, 매립장 건설과 유지 비용이 상당하며, 폐기 생성물 누출 및 해충 문제와 아울러 메테인과 같은 온실 기체를 배출하는 단점이 있습니다. 특히 국토가 좁아 적절한 매립지 확보가 어려운 경우에는 심각한 문제가 됩니다. 또한 매립된 플라스틱은 일부 천연 고분자를 제외하고는 미생물에 의하여 거의 분해되지 않습니다. 심지어 천연 고분자라도 매립지에서는 혐기성(산소가 없거나 부족한 상태) 조건으로 인

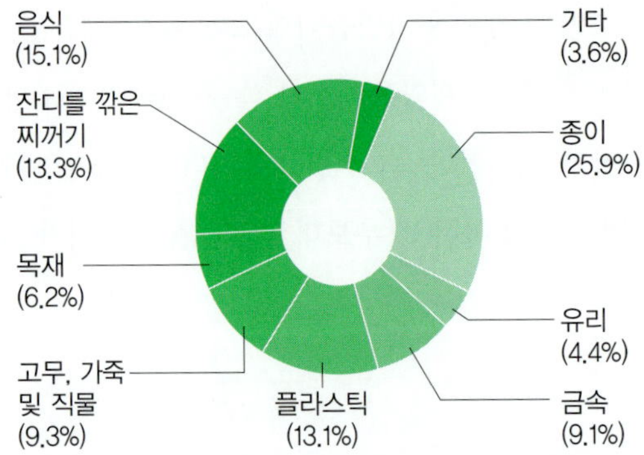

그림 9.12 재활용되기 전 MSW의 구성 물질 조성(2015년, 262백만 톤)

하여 서서히 분해되거나 전혀 분해되지 않습니다.

버리는 플라스틱은 음식물 쓰레기, 폐기 가전제품 등을 비롯한 도시 고체 폐기물 municipal solid waste, MSW의 일부입니다. 2015년 미국의 경우 MSW는 평균 연간 262백만 톤이 생성되며(그림 9.12), 전 세계적으로는 매년 약 13억 톤이 배출되고 2025년에는 이 양의 2배가 될 것으로 예상되고 있습니다.

이 중에서 가장 많은 부분을 차지하는 폐기물은 종이를 비롯한 생물학적 원천의 폐기물들이고, 이들은 모두 4R 중 하나로 처리할 수 있습니다. 플라스틱은 MSW의

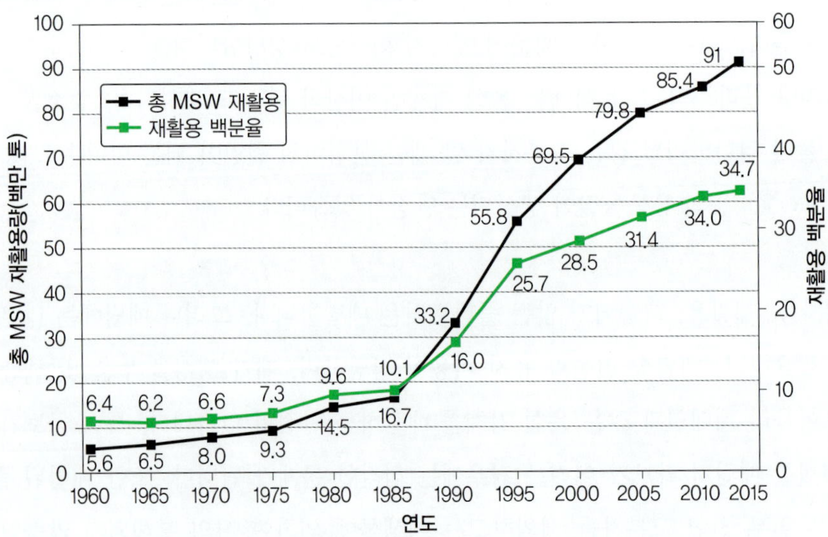

그림 9.13 1960~2015년 사이 MSW의 양과 백분율(백만 톤) (자료: U.S. Environmental Protection Agency, Advancing Sustainable Materials Management: 2015 Fact Sheet, July 2018)

표 9.3 2016년 고분자 종류별 재활용률

플라스틱	2016년 재활용 양(백만 파운드)	재활용률
PET	1753	28.4%
HDPE	1112	33.4%
PVC	1.4	4.3%
PP	36.6	20.2%
LDPE	2.6	3.7%

13%를 차지하지만 재활용률은 9.1%에 불과합니다. 이것은 전체 MSW 재활용률 34.7%(그림 9.13)에 비하여 매우 작은데 이는 플라스틱의 종류에 따라 재활용의 비율이 크게 차이가 나는 것에도 기인하고 있습니다(표 9.3).

성공적인 재활용에는 단순히 과학과 기술, 경제뿐 아니라 지역적 수준의 정치적 요소들도 고려해야 합니다. 최적의 재활용은 플라스틱의 수집 및 분류, 소비자 구매, 사용 후 재활용 제품으로 전환하는 순환과정이 작동하여야 합니다.

수집하는 과정은 쉽지 않지만 가능한 몇 가지 방법이 있습니다. 예를 들어, 빈병 회수 프로그램과 같이 보증금을 환급하여 소비자에 의한 자발적인 회수를 유도하는 방법이 있습니다. 적절한 보증금 책정 및 프로그램의 적극적 참여 여부 등이 성공의 열쇠가 됩니다. 다른 방법은 한국에서 실시하는 것과 같이 지역적으로 주민의 자발적 참여로 음식물 쓰레기를 제외한 재활용품을 분류한 뒤 수집하는 것입니다. 이는 명확한 분류 기준 확립 및 전파, 주민의 지속적이며 적극적 참여를 보장할 정책 등이 필요합니다. 한국을 비롯한 일부 국가에서는 비교적 정착되었지만, 아직 향상의 여지는 많이 남아 있습니다. 성공적 재활용은 사용한 플라스틱의 공급이 지정된 장소에서 지속적으로 원활하게 되어야 하며, 수거 후에는 플라스틱을 분류할 수 있는 시설로 옮겨야 합니다. 플라스틱 제품에는 분류에 도움이 되는 기호(표 9.1)가 부착되어 있어 분류 과정에 도움을 주고 있으며, 부피가 큰 폐기물을 비롯한 다양한 종류의 플라스틱을 자동 분류하도록 하고 있습니다. 분류된 고분자는 녹여서 신제품 제조에 사용하거나, 펠릿 형태로 고형화하여 저장하기도 합니다.

여러 가지 고분자의 혼합물을 녹이면, 어두운 색상으로 변하며 혼합물의 성질에 따라 다양한 성질을 가지고, 이러한 재료는 순수하고 균일한 고분자만큼 가치가 없지만 '다운사이클(downcycle)'하기에는 충분합니다. 다운사이클은 주차장 범퍼, 일회용 플라스틱 화분과 저렴한 플라스틱 목재와 같은 저급 용도로 전환하는 것을 의미합니다.

깨끗하고 분류가 잘 된 플라스틱이 공급되면 생산자들은 다양한 비율과 형태의 재활용 재료를 포함하여 다양한 제품을 생산하게 됩니다. 재활용 소재 제품recycled-content product은 재활용되지 않았으면 폐기물로 분류되었을 재료로 만든 제품을 말하며, 버려진 플라스틱과 재충전하여 사용하는 플라스틱 토너 카트리지 등 재사용 제품으로 만들어진 것도 포함합니다. 쓰레기 봉지, 세탁 세제통과 카펫, 일부 놀이터 장비와 공원 벤치 등이 재활용 소재 제품으로 만들어지고 있습니다.

재활용 제품은 재활용 재료의 원천을 제공합니다. 소비 후 소재postconsumer content란 이전에 개별적으로 재활용되었던 재료로, 재활용되지 않았으면 폐기물로 버려졌을 재료를 말합니다. 사무용 종이, 폼 포장재, 음료수병과 같은 이러한 폐기물의 활용은 매립 쓰레기를 줄일 수 있는 한 가지 방법이 됩니다. 소비 전 소재preconsumer content는 남은 조각처럼 생산 공정 자체에서 남겨진 폐기물을 말합니다. 의류 산업에서 폴리에스터 섬유 조각과 같은 소비 전 섬유들은 일반적으로 재활용됩니다. 다만 재활용 가능 제품recyclable product은 단순히 제품이 재활용될 수 있음을 나타내는 것이지, 반드시 재생 소재가 포함된 것은 아니라는 것에 유의하기 바랍니다.

재활용 제품의 성공에는 구매자의 선택이 필수적입니다. 공급, 수거, 분류, 가공, 제조, 판매라는 재활용 프로그램 성공과 정착의 연결 고리가 빠지지 않는 것이 매우 중요합니다.

다른 플라스틱에 비하여 상대적으로 재활용률이 높은 PET의 경우를 살펴봅시다. 먼저 PVC 같은 다른 플라스틱은 함께 녹여 재사용할 때 물성을 변화시키므로, 이들을 제거하기 위해 제품 종류별로 분류됩니다. 예를 들어 회수된 페트병에 포함된 병뚜껑은 폴리프로필렌으로 만들어지며 재활용 PET의 품질을 떨어트리므로 제거됩니다. 적절한 액체를 사용하여 밀도 차이로 분리하는 것이 일반적입니다.

PET 병을 재활용하면 다른 음료수 병의 일부분이 되어 활용되며, 하향 재활용되어 순도가 낮은 제품들인 카펫, 의류, 양모fleece 침대 깔개, 운동화용 섬유 덮개 등을 직조할 수 있습니다. 이러한 재활용 PET로 만들어진 제품은 다른 플라스틱 부품을 제거하여 100% 재활용하며, 무게가 더 가볍기 때문에 VOC 배출도 낮고, 운송 비용도 상대적으로 저렴합니다.

이러한 예는 '요람에서 요람으로' 개념의 한 예가 됩니다. MBDC McDonough Braungart Design Chemistry가 수여하는 '요람에서 요람으로 시상식'에서 은상을 수상하기도 했습니다.

이상과 같이 생각보다 복잡한 재활용 과정을 살펴보았지만, 이 과정이 우리가 할 수 있는 유일한 방법은 아닙니다. 소각, 재사용, 재활용, 원천적 감축 등 모든 방법은 나름의 이점을 가지지만 모두 비용이 들기 때문에 최선의 단 하나의 해결책은 없습니다. 가장 효과적인 방법은 복수의 전략을 사용하는 적절한 종합적 폐기물 관리 시스템을 확립하는 것입니다. 지속적으로 효율을 최적화하고 에너지와 물질을 보전하여, 비용과 환경 손실을 최소화하는 노력이 필요합니다.

9. 지속가능한 플라스틱

대부분의 합성 고분자는 재생 불가능한 자원인 석유를 활용하지만 일부 고분자는 목재, 면섬유, 밀짚, 녹말, 설탕과 같은 재생 가능한 물질을 활용합니다. 석유 기반 고분자와는 다음과 같은 점에서 차이가 있습니다.

- 식물 기반 고분자는 적절한 조건에서 생물학적 분해를 거쳐 독성이 없는 물질 형성, 즉 퇴비화(compostable)가 가능합니다.
- 일부 고분자는 원래 단위체로 변환시켜 본래의 고분자 합성이 가능합니다.
- 식물 기반 고분자의 합성은 일반적으로 석유 기반 고분자보다 적은 자원을 사용하여 낭비가 적고 에너지 사용이 적습니다.
- 유독성 물질의 원인이 되는 염소나 플루오린이 포함되지 않습니다.

이와 같은 특성 때문에 식물 기반 고분자, 즉 생체 고분자biopolymer를 '친환경'이라고 합니다. 그러나 이러한 고분자의 친환경 정도를 제대로 파악하기 위해서는 제조, 사용, 사용 후의 폐기물과 에너지 비용도 고려해야 합니다. 결국 최선의 환경 친화란 특성 고분자의 선택이 아니라 자원 소비량의 감소가 핵심이라는 결론은 바뀌지 않습니다.

폴리락트산polylactic acid, PLA는 식물 기반 플라스틱으로 주목받는 친환경 플라스틱이며, 성형 가능한 열가소성 고분자입니다. PET와 같이 무색 투명하고, 착색과 방수가 가능합니다. 250℃ 이상의 녹는점을 가진 PET과는 달리, PLA는 약 60℃에서 부드러워집니다. 따라서 열적 안정성을 향상시킬 수지와 혼합하지 않는다면 저온에서만 사용할 수 있습니다. PLA는 락트산의 고분자로, 락트산은 카복실산과 하이드록실기의 두 가지 작용기를 가지며(그림 9.14) PET와 같이 물을 제거하면서 축합 고분자를 생성하게 됩니다.

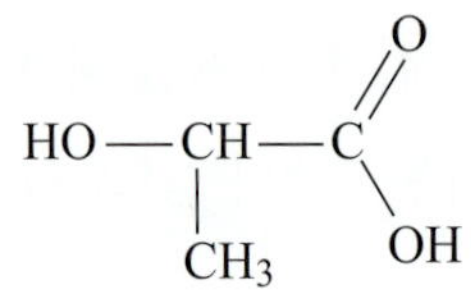

그림 9.14 락트산

PLA는 잠재성에도 불구하고 주요 식량과 사료의 원료인 옥수수로부터 합성되었기 때문에 많은 논란의 중심이 되었습니다. 다행히도 PLA는 옥수수 외에도 탄수화물을 포함하는 사탕수수, 타피오카 뿌리 등 다양한 식물에서도 생산될 수 있습니다. 또한 퇴비화는 상온에서 1년여가 걸리지만 열을 공급하면 기간을 단축할 수 있습니다. 그러나 매립지에서는 혐기성 조건으로 PLA의 분해가 매우 느리게 일어나기 때문에 생태학적 이득을 기대하기는 어렵습니다. 또, PLA의 재활용은 이론적으로 가능하지만 현재로서는 어려운 실정입니다. PET와 PLA를 혼합하는 것도 어려워 생분해성의 물성을 이식하는 것도 쉽지 않습니다.

이외에도 PHApolyhydroxylalkanoate, PLHpolylactatehydracylate 등의 생분해성 고분자들이 제안되고 있습니다. PHA는 '미생물의 세포', 즉 미생물을 배양하여 발효 등의 과정을 거쳐 제조되기 때문에 생산 속도가 느리고 단가가 비싸 제한적으로 사용됩니다. 그러나 타 생분해성 고분자에 비하여 구조와 물성을 조절할 수 있고, 바다에서 100% 생분해되어 이상적인 생분해성 고분자로 여겨집니다. PLH는 옥수수를 원천으로 하는 바이오 함량 100% 생분해성 고분자로, 락트산과 3HP(그림 9.15)를 결합한 생분해성 고분자입니다. PP 등의 석유 기반 고분자와 동등한 기계적 물성을 구현할 수 있

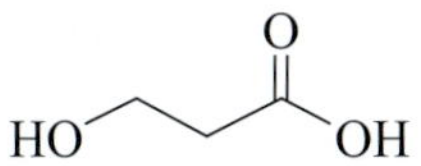

그림 9.15 3-hydroxypropionic acid, 3HP

고, 다른 생분해성 고분자에 비해 유연성이 뛰어나 가공 후에도 투명성을 유지할 수 있습니다. 이외에도 다양한 생분해성 고분자들이 연구되고 있기에 기계적 물성도 우수하며 생분해성도 우수한 고분자들이 머지않아 개발되기를 기대하고 있습니다.

이상에서 살펴보았듯이 고분자는 가볍고 기계적 강도도 좋아 다양한 용도로 엄청난 양이 생산, 사용되고 있습니다. 그러나 부피가 크고 썩지 않는 단점 때문에 이를 보완할 생분해성 고분자 개발과 재활용 등 다양한 대책 모색이 활발합니다.

이외에도 막대한 양의 플라스틱이 사용됨에 따라 미세 플라스틱과 가소제 누출 문제가 대두되고 있습니다. 플라스틱은 물에 녹거나 분해되는 것이 아니라 더 작은 조각, 즉 미세 플라스틱으로 부서져 넓게 흩어지는 경향이 있고, 이렇게 분산된 미세 플라스틱이 먹이 사슬을 따라 순환되어 인간에게까지 돌아옵니다. 인간의 몸에 유입된 미세 입자는 다양한 건강상의 문제를 일으키게 되고 이에 대한 대책이 필요하게 됩니다.

플라스틱을 유연하게 하기 위하여 첨가하는 가소제는 고분자에 화학적으로 결합한 것이 아니기 때문에 시간이 지남에 따라 서서히 생태계로 용출되어 나오게 됩니다. 대표적 가소제는 다이-2-에틸헥실 프탈레이트(DEHP)(그림 9.16)가 있으며, 고분자 사슬이 규칙적으로 쌓이지 않도록 하여 고분자를 유연하게 만듭니다. 그러나 DEHP는 내분비 교란endocrine disrupter 의심 물질로서, 생식 및 성 발달 관련 호르몬을

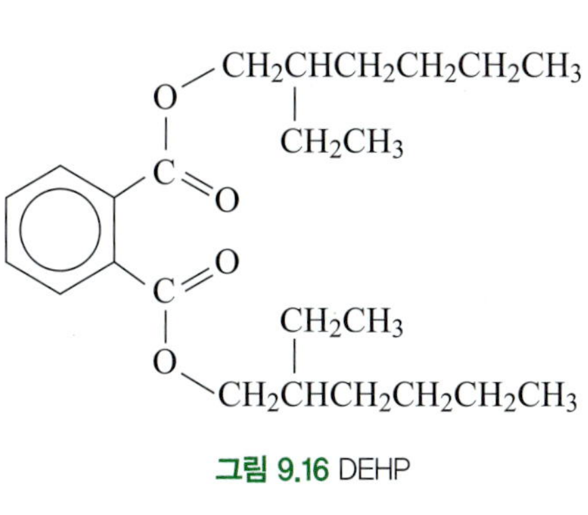

그림 9.16 DEHP

포함한 인체의 호르몬계, 특히 에스트로젠estrogen에 영향을 주며 발암물질로도 의심받는 화합물입니다.

2011년 미국 식품의약처(FDA)는 DEHP의 생수 함량 허용 범위를 0.006 mg/L, 6 ppb로 지정하여 인간을 보호하고자 노력하고 있습니다. 그러나 이외에도 내분비계 교란 물질은 많이 존재하고 인체에 미치는 영향을 자세히 연구하기 어렵습니다. 이러한 어려움에도 불구하고 잠재적 유해물질을 법으로 금지하고 있으며, 이는 예방 원칙precautionary principle의 한 예로 널리 알려져 있습니다.

산업이 발전하면서 더 많은 화학 물질이 사용되지만 이 물질에 대한 자세한 이해는 한계가 있는 것이 사실입니다. 그렇기 때문에 예방 원칙에 따른 조치를 강구할 때도 합의를 이끌어내기가 어렵고 허용 가능한 정도로 합의하는 경우가 많습니다. 그러나 화학에 대한 이해가 높아갈수록 해결의 실마리를 풀어낼 수 있을 것으로 기대합니다.

10장

식품 화학

서론

우리는 삶을 영유하는 데 필요한 에너지와 영양소를 얻기 위하여 음식과 음료를 먹거나 마십니다. 우리는 세기도 어려울 정도로 많은 종류의 음식과 음료를 다양한 방법과 기구로 조리하며, 이를 통해 각자의 선호하는 취향과 기호에 따라 다양한 향과 맛을 음미합니다. 음식은 어떻게 독특한 향과 맛을 갖게 될까요? 또 우리는 어떻게 이러한 향과 맛을 감지하는 걸까요?

식품의 화학은 단순히 맛과 향을 탐구하는 것을 넘어, 지속가능한 미래를 위한 중요한 연결고리이기도 합니다. 폭증하는 인구의 식량 안보 문제, 농업 과정에서 발생하는 환경 오염과 자원 고갈 문제 등은 모두 화학적 이해를 바탕으로 해결해야 할 지속가능성의 과제입니다.

이 장에서는 우리가 매일 접하는 식음료의 화학적 측면을 탐구하면서, 동시에 이러한 지식이 미래 식량 기술 및 지속가능한 식문화에 어떻게 기여하는지 살펴보고자 합니다.

1. 맛은 어떻게 감지하는가?

모든 음식과 음료는 처음으로 입을 통과하여 맛을 음미하면서 몸 안으로 들어가게 됩니다. 우리의 혀는 치아를 이용하여 음식을 씹는 것을 도와 음식물을 이리저리 옮겨주는 중요한 기관이며, 필수적인 다양한 감각, 특히 미각을 느끼는 신경 센터로 작동합니다. 많은 전문가에 따르면, 혀는 단맛, 짠맛, 쓴맛, 신맛, 감칠맛, 지방의 맛의 6가지 기본 맛을 감지하며, 우리는 이 기본 맛으로부터 무수한 맛 조합을 만들고 다양한 맛을 경험합니다. 입의 또 다른 감각들을 이용하여 음식의 쫄깃함, 기름기, 질감 및 점도도 결정합니다. 과거에는 특정한 맛을 감지하는 특정 영역이 있고, 이를 '혀 지도(그림 10.1(a))'와 같이 이해하고 있었지만, 최근 연구에 의하여 다양한 맛이 혀의 모든 부분에서 똑같이 감지되며 측면이 전체적으로 중간보다 더 민감하게 느끼고 있다고 합니다(그림 10.1(b)).

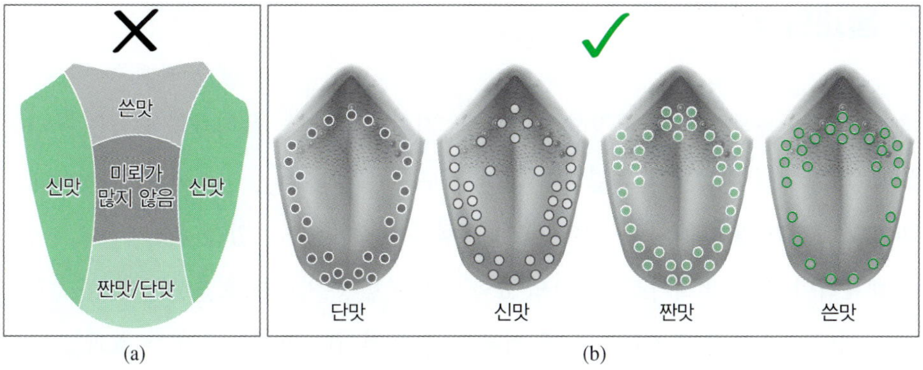

그림 10.1 (a) 혀의 미각 감지에 대한 전통적 도표 (b) 혀 전체가 다양한 미각을 느끼는 감각 분포

음식물 분자들은 혀의 표면에 존재하는 고분자인 미각 센서와 상호 작용을 하며, 여기에는 화학 수용체receptor와 이온 통로를 모두 가진 신경 세포가 있습니다. 우리가 맛을 알게 되는 것은 특정한 분자가 이 수용체와 결합하고, 그 결과 뇌에 특정한 신호를 유발하기 때문입니다. 또한 뇌 신호는 이온 통로를 통과하는 이온의 수의 변화를 통해서도 나타날 수 있습니다. 예를 들어, 음식물에 포함된 소금, 염화 소듐(NaCl)은 물(침)에 녹아 이온으로 분리됩니다. 혀의 소듐 이온(Na^+) 통로를 통하여 소듐 이온의 농도가 증가하는 것을 감지하고, 짠맛 탐지를 유발하는 신호를 뇌로 보냄으로써 짠맛을 느끼게 됩니다.

$$NaCl(s) \xrightarrow{H_2O(l)} Na^+(aq) + Cl^-(aq)$$

마찬가지로 양성자 이온 통로는 신맛, 산성도를 검출합니다.

$$\underset{\text{아세트산}}{CH_3COOH} \rightleftharpoons \underset{\text{아세트산 이온}}{CH_3COO^-} + \underset{\text{양성자}}{H^+}$$

음식에서 나온 화학 물질들은 우리의 기분과 건강에 영향을 미치는 몸의 여러 장소에서 추가로 상호작용합니다. 아직 이 모든 것을 이해하는 데는 더 많은 연구가 필요한 상황이며, 많은 과학자들이 이를 이해하기 위한 연구를 지속적으로 진행하고 있습니다.

2. 냄새와 맛

음식 냄새는 음식의 맛을 결정하는 데 많은 기여를 합니다. 음식물의 냄새는 우리의 코에 있는 냄새 수용체와 결합하여 뇌로 정보를 전달합니다. 이러한 정보는 음식과 관련된 긍정적 기억과 어울려 음식에 대한 좋은 인상을 줄 수 있습니다.

대표적인 예 중의 하나로, '사랑의 묘약'이라는 별칭을 가진 초콜릿은 표 10.1에 제시된 다양한 의학적 효과와 더불어 기분을 좋게 하거나 차분하게 하는 효과를 보여줍니다. 때문에 초콜릿을 보면 긍정적 기억과 연관되므로 '맛있는 음식'이라는 인상을 가지게 됩니다. 좀 더 화학적으로 분석하여 보면, 초콜릿은 신경 전달 물질인 세로토닌serotonin의 합성에 필요한 전구체 트립토판tryptophan(그림 10.2)을 함유하고 있는데, 세로토닌은 행복감을 느끼게 합니다. 이외에도 대마초의 활성 성분인 테트라하

표 10.1 다크초콜릿(카카오)의 의학적 효과

효과	내용
혈전억제 및 심장병 예장	• 美 메릴랜드 벨츠빌 영양학연구센터: "혈전(피딱지)의 생성을 저해한다." • 스위스 취리히 대학병원 심혈관센터: "폴리페놀 성분이 피의 흐름을 원활하게 하고 심장병을 예방하는 데 도움을 준다."
기침완화	• 英 성 바돌로매병원: "테오브로민 성분이 기침을 진정시킨다."
성욕증가	• 이탈리아 산라파엘 대학병원 비뇨기과: "여성이 초콜릿을 많이 먹으면 성욕이 증가되고, 만족도도 높아진다."
혈압강하	• 네덜란드 바겐닌겐 대학: "폴리페놀 성분이 산화질소를 증가시키고 혈관기능을 향상시킨다." • 캘리포니아 대학 영양학과 프레가 교수: "항산화물질이 혈관을 팽창시킨다." • 美 터프츠대학 블룸버그 박사: "플라보노이드 성분이 혈관기능을 향상시킨다."
헬리코박터균 제거	• 日 쿄린대학 의학부: "유리지방산이 헬리코박터 파일로리의 감염을 예방하고 살균한다."
콜레스테롤 저하	• 美 터프츠대학 블룸버그 박사: "카카오 섭취 시 혈중 악성콜레스테롤이 10% 정도 줄어드는 것 확인했다."
인슐린 분비 조절능력 증가	• 이탈리아 라퀼라 대학: "카카오 섭취 시 인슐린 분비를 조절하는 능력이 향상된다."
뇌기능 증진	• 英 노팅엄대학 생리학 랜맥도날드 교수: "코코아 음료 섭취 결과 혈액 흐름 개선돼 뇌기능이 활발해진다."
피부 건강	• 美 영양학 잡지: "핫 초콜릿은 피부를 자외선으로부터 잘 견디게하고 매끈하게 한다."
암 예방	• 美 하버드대학 노먼 홀렌버그 박사: "코코아 들이크를 매일 4~5잔 마시는 지역 인디언들의 암 사망률이 현저히 낮다."

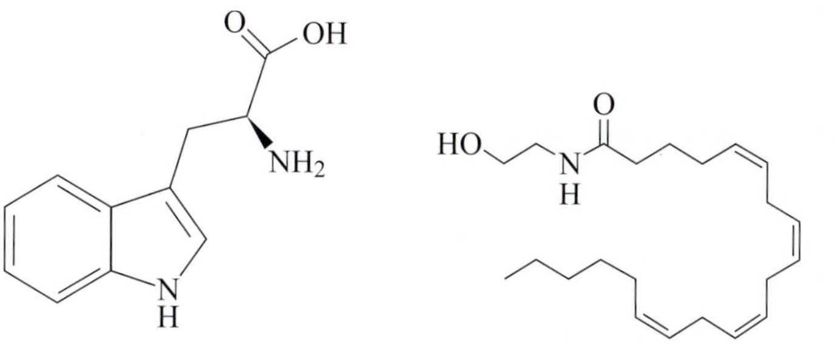

트립토판
(Tryptophan)

아난다마이드
(Anadamide)

아난다마이드(anandamide)

그림 10.2 초콜릿 함유 물질인 트립토판과 아난다마이드

이드로카나비놀tetrahydrocannabinol, THC과 비슷한 작용을 하는 또 다른 신경 전달 물질인 아난다마이드anandamide도 함유하고 있습니다. 이외에도 표 10.1에 초콜릿 관련으로 언급된 많은 물질이 건강에 유익한 것으로 판명되고 있습니다. 예를 들어 플라보놀 flavonol은 홍차, 레드와인, 과일에도 존재하며, 항산화 특성을 가져 건강한 심장에 도

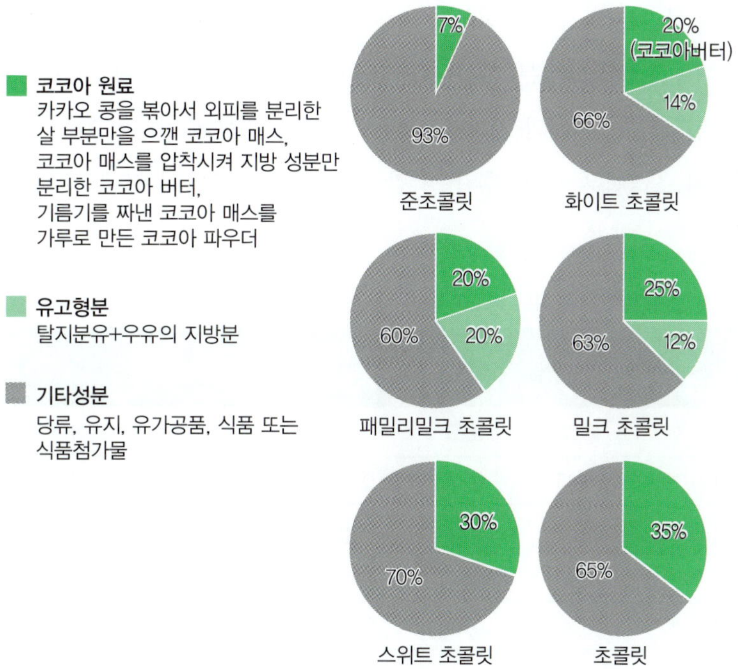

그림 10.3 초콜릿 종류별 성분과 성분 조성에 따른 명칭
(출처: 식품의약품안전처, 「식품의기준 및 규격 중개정안」(2006))

움을 주고 암 예방에 어느 정도 기여한다고 합니다.

초콜릿 제품은 조성에 따라 다양한 명칭으로 불립니다(그림 10.3). 밀크초콜릿이나 화이트초콜릿은 포화 지방과 설탕의 비율이 다소 높고, 카카오 함량이 낮아 건강에 아주 유익하다고 보기는 어렵습니다. 반면에 다크초콜릿은 카카오 성분이 높고 포화 지방이 적어, 밀크초콜릿이나 화이트초콜릿보다 건강에 좋습니다.

이외에도 좋은 향이 음식에 대한 선호도를 증가시키기도 하지만, 두리안과 같이 좋지 않은 향을 가진 과일도 의외의 반전의 맛을 내기도 합니다. 다음 절에서는 음식의 향과 모습, 질감을 변화시키는 물질과 조작에 대하여 알아보겠습니다.

3. 음식의 맛과 질감을 변화시키는 성분 및 처리 방법

음식을 조리하는 과정에는 자연에서 얻어진 식량 물질의 다양한 성분이 포함되며, 다양한 온도에서 처리하고, 여러 조작을 통하여 모습, 향, 질감 등이 변화됩니다. 이러한 조리의 목적은 먹기에 안전하게 만들거나, 향과 맛, 질감 등을 변화시켜 다양한 사람들의 취향을 만족시키는 것입니다. 조리 방법와 재료는 기록 또는 구전을 통하여 후대로 전달되고, 시대와 지역에 따라 달라지는 취향에 맞추어 발전, 변화했습니다. 조상들의 조리법은 시각, 후각, 촉감 등 감각에 의존하여 전해지는 경우가 많았

표 10.2 초콜릿 칩 쿠키의 재료 성분 변화에 따른 쿠키의 특성 변화

레시피	밀가루 양 (컵)	총 설탕 (컵)	버터 (컵)	베이킹소다 (티스푼)	간략한 평가
A	0.45	0.30	0.20	0.20	"질감의 완벽한 조화"
B	0.65	0.45	0.27	0.20	"놀랍게 결합된 질감"
C	0.50	0.27	0.20	0.15	"바닥은 바삭하고 윗면은 부드러움"
D	0.60	0.40	0.20	0.15	"바삭하고 아삭한"
E	0.45	0.30	0.20	0.10	"부드럽고 쫄깃한"
평균	0.53	0.34	0.21	0.16	
표준 편차	0.09	0.08	0.03	0.04	

기 때문에 얼핏 생각하기에 과거의 맛과 향이 그대로 보존되기 어려울 것 같지만, 실제로는 놀라운 일관성과 정확성으로 음식의 일관된 맛과 질감, 향을 보존하고 되살려냈습니다. 그리고 지금도 재료 조성을 조금씩 변화시켜가며 다양한 맛과 질감, 향을 새로이 창조해내고 있습니다. 어머니, 할머니는 부엌에서 전통을 유지하면서도 새로운 레시피의 실험실을 운영하고 있는 창조적 연구원이었고, 부엌에 들어가 음식을 만들기 시작한 여러분들도 잠재적 연구원입니다.

표 10.2에서 약간의 재료 차이가 쿠키의 질감과 맛에 어떻게 영향을 주는지를 확인할 수 있습니다. 비록 같은 사람이 구웠지만 완벽하게 동일한 쿠기가 만들어질 수는 없다는 사실도 알 수 있을 것입니다.

4. 레시피의 과학

앞 절에서 살펴보았듯이 재료의 양은 중요합니다. 화학자의 관점에서 보면 이는 화학양론stoichiometry의 또 다른 형태입니다. 한 재료의 양만 늘리면 음식의 맛이 이상해집니다. 다른 재료들의 양도 비례적으로 변해야 음식의 맛을 변함없이 보장할 수 있습니다. 레시피는 다양한 음식을 만드는 오랜 전통 비법이 녹아 있는 일종의 화학 반응서입니다. 과거 연금술사가 나름의 비법을 고수하기 위하여 암호와 같은 기호를 이용하여 연금술 비법을 기록하였듯이 음식의 레시피에도 남들이 흉내 낼 수 없는 오묘한 방법이 레시피에 녹아 있게 됩니다.

현재는 양을 측정하는 방법이 표준화되어 국제적으로 통용되고 있어, 이러한 비법이 유통되지는 않는다고 할 수 있습니다. 이제와서는 국가별로 사용하는 도량형을 환산하는 방법이 매우 중요해졌으며, 이를 무시하면 맛있는 레시피의 재현을 보장할 수 없을 것입니다. 비록 약간의 차이는 맛에 크게 영향을 주지는 않겠지만, 임의적 배합은 새로운 맛을 창조할 수는 있어도 기존의 맛을 재현할 수는 없을 것입니다.

또한 재료의 특성에 따라 같은 부피의 질량이 다르기 때문에 부피를 기준으로 하는 레시피와 질량을 기준으로 하는 레시피는 달라질 수 있습니다. 이에 따라 맛이 미묘하게 차이가 날 수도 있을 것입니다. 맛의 차이가 크게 중요하지 않는 가정식에서 이 차이는 크게 문제가 되지 않을 수 있지만, 평판에 목을 매는 식당의 경우는 성공과 실패를 가름할 수도 있어 보다 정밀한 양을 측정하는 방법으로 통일하는 것이 맛의 변함없음을 보장하는 중요한 요소가 될 것입니다.

5. 주방 조리 온도의 맛에 대한 영향

음식을 조리하는 것은 단순히 재료를 섞는 것에 그치는 것이 아닙니다. 재료가 담긴 물을 끓이거나 증기로 찌며, 팬이나 냄비를 이용하여 가열하여 볶거나 굽는 조작을 가해 음식의 풍미를 더하거나 질감을 변화시켜 맛을 증진시킵니다. 즉, 각 재료에 맞는 조작을 가하는 것입니다. 그 이유는 이런 조작에 따라 조리 온도가 결정되기 때문입니다. 결국, 적당한 조리 온도를 유지하는 것이 최적의 맛과 향을 보장하는 중요한 요소입니다.

음식을 조리할 때 가장 많이 사용하는 액체는 물입니다. 물은 생명을 유지하는 데 중요한 역할을 하기 때문에 그 자체로 체내에 공급되는 것이 중요하지만, 열원으로서도 중요한 역할을 담당합니다. 열은 온도가 높은 곳에서 낮은 곳으로 전달되기 때문에, 조리 시에는 뜨거운 물로부터 낮은 온도의 재료로 열이 전달됩니다. 물은 상변화가 일어날 때 열을 흡수하는 능력, 즉 잠열latent heat이 크기 때문에 요리하기 좋은 용매입니다. 잠열이 많은 이유는 물 분자들이 수소 결합을 통한 다소 강한 상호작용을 하고 있기 때문입니다. 따라서 물의 상변화(물 → 수증기)에는 이 상호작용을 극복할 상당한 에너지가 필요합니다. 결과적으로 끓는점에서 물은 상당한 에너지를 함유하고 있기 때문에 재료에 줄 수 있는 에너지가 충분하고 조리가 용이하게 됩니다.

그러나 끓는 물을 사용하여 음식을 조리할 때 조리 장소, 특히 고도에 따라 조리 시간이 달라질 수 있습니다. 이 현상을 이해하려면 끓는점boiling point, BP의 정의를 이해할 필요가 있습니다. 끓는점이란 액체 위의 증기압이 액체에 작용하는 주변 압력과 같아지는 온도로 정의됩니다. 따라서 고도가 높아질수록 대기압이 낮아지므로 낮은 끓는점을 가지게 됩니다(그림 10.4). 높은 고도에서 물을 이용해 조리할 때에는 음식에 충분한 열이 가해지지 않아 설익는 경향이 나타나는 것입니다. 조리 용기에 돌을

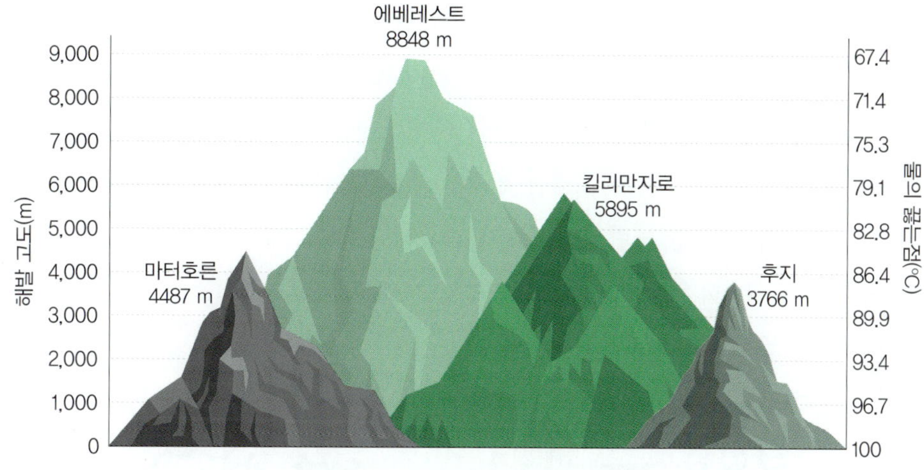

그림 10.4 고도 변화에 따른 물의 끓는점

올린다든지 압력 용기를 사용하여 이러한 현상을 회피할 수 있습니다.

또한 물을 포함한 물질들은 상변화를 할 때, 상변화가 끝날 때까지는 온도가 변하지 않습니다. 이는 상변화가 일어날 때 전달되는 에너지는 분자의 운동 에너지를 변화시키는 데 사용되는 것이 아니라 분자간 힘을 끊어내는 데만 사용되기 때문입니다. 따라서 물을 끓여서 조리하게 되면 물 분자가 모두 수증기로 변할 때까지 온도 변화는 나타나지 않고 끓는점을 유지합니다(그림 10.5). 따라서 음식 재료에 일정한 온도의 열을 전달할 수 있습니다.

요리에 사용되는 온도와 상관없이 열은 물리적으로나 화학적으로 음식의 재료를 변화시킵니다. 예를 들어, 계란을 요리하는 동안 나타나는 물리적, 화학적 변화를 살

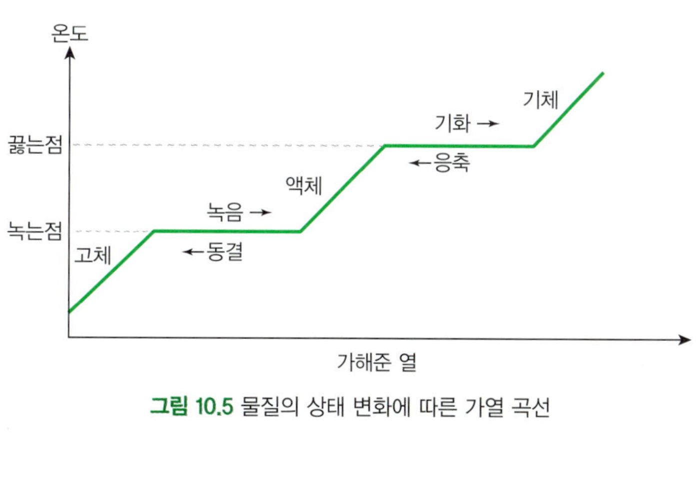

그림 10.5 물질의 상태 변화에 따른 가열 곡선

펴보면, 에너지는 창조되거나 소멸되지 않지만 다른 물체로 전달되거나 변형을 유도하는 데 사용될 수 있습니다. 열에너지가 오븐의 불꽃에서 팬을 통해 계란으로 전달되면 다음과 같은 화학적 변화가 나타납니다(그림 10.6).

이때 투명한 액체(흰자)는 불투명한 흰색 고체로 변화되며, 충분한 열이 가해지면 노란색 젤(노른자)은 연한 노란색 고체로 변화합니다. 이후 계속 열이 가해지면 흰자의 가장자리에서는 더 바삭한 갈색으로 변하는 Maillard 반응(그림 10.7)이 일어납니다.

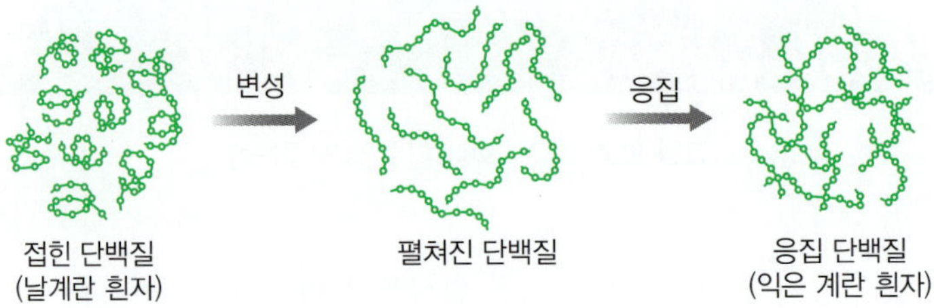

그림 10.6 열을 가한 계란의 화학적 변화

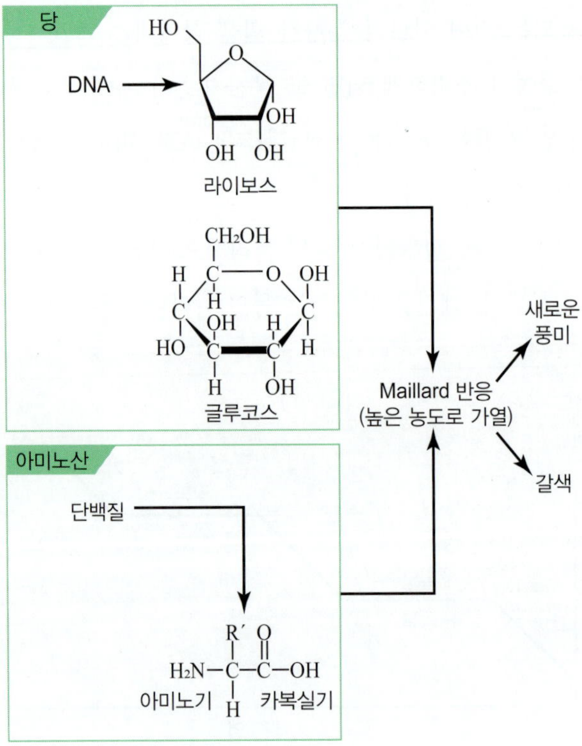

그림 10.7 Maillard 반응의 결과

이 반응은 고온에서 일어나며, 탄수화물의 당에 존재하는 작용기와 식품에 존재하는 아미노산 사이의 화학 반응입니다. 이 반응의 생성물은 익힌 계란, 고기, 빵, 케이크, 쿠키 등에서 형성되는 갈색 껍질로, 음식의 풍미에 맛있는 질감과 구운 단맛이 나게 합니다.

6. 진공에서의 요리와 분자 요리

수비드sous vide라는 조리법을 들어보았을까요? 이 조리법은 프랑스로부터 시작되었고 '진공 상태'를 활용합니다(그림 10.8). 이 조리법은 음식이 조리되는 온도를 제어하는데, 일반적으로 음식을 먹을 때와 같은 온도이고 물을 조리 매체로 사용합니다. 그러나 끓이거나 찌는 경우와는 달리 음식은 물에 닿지 않습니다. 실제로 이 방법을 사용할 때는 화학 실험실에서 사용되는 것처럼 온도 제어 수조를 사용합니다. 이 기기에서 순환하는 물은 일정한 온도로 유지된 상태로, 진공 밀봉된 비닐봉지에 담긴 적절히 양념을 가한 생선 또는 육류를 조리하게 됩니다.

그림 10.8 수비드 조리 장면 (출처: New Africa/Shutterstock)

수비드는 일반적 조리법보다 시간이 더 걸리지만, 일정한 온도로 인해 음식이 너무 익지 않게 하며, 갈변 또는 검게 되는 현상을 방지합니다. 진공으로 하는 이유는, 열전도가 좋지 않은 공기가 음식을 둘러싸고 있으면, 음식에 열이 고르게 전달되지 않기 때문입니다. 추가적으로 맛을 간직할 육즙이 음식 재료에 많이 남아 있어야 하기 때문에 진공으로 하여 물의 증발을 방지할 수도 있습니다. 결과적으로 식품의 온도와 질감의 일관성이 좋아져 맛을 증진하는 데 도움을 줍니다.

이처럼 전통적인 조리법과는 다른 새로운 기법을 사용하는 조리법은 분자 요리 molecualr gastronomy에서 유래되었습니다. 분자 요리는 1969년 영국 Oxford대 물리학자 Nicholas Kurti가 〈물리학자의 주방〉이라는 프로그램에서 자동차 배터리 사이에 소시지를 연결하여 굽는 등 새로운 형태의 조리법을 소개한 것을 시초로 합니다. 이후 1988년 화학자들이 요리의 물리, 화학적 측면에 대한 국제 워크숍 준비하면서 탄생하였고, 재료를 굽고, 끓이고 삶고 튀기는 과정에서 일어나는 분자의 물리, 화학적 반응을 연구하고 음식을 만드는 것입니다. "음식을 분자 단위까지 철저히 연구하고 분석한다"라고 하여 분자 요리로 명명하였다고 합니다. 다시 말하자면, 음식 재료의 질감이나 조직을 물리, 화학적 방법으로 분석하여 전혀 어울리지 않을 것 같은 재료들을 조합하여 새로운 맛을 창조하는 요리법으로, 반전의 맛이나 식감을 내는 매력이 핵심입니다.

다음은 분자 요리법으로 만든 실제 요리들(그림 10.9)로서 재료 이름만으로 생각할 수 있는 상식적 모습과 맛과는 다른 것을 실감할 수 있을 것입니다.

그림 10.9 여러 가지 분자 요리들

최근에는 분자 요리의 개념이 확장되어 오크통 숙성 대신 분자 기술로 21년산 위스키를 24시간 만에 재현하기도 하였습니다. 미국의 실리콘 밸리의 스타트업 Endless West는 오래 숙성된 위스키에서 확인된 성분을 미숙성 위스키 원액에 첨가하는 방식으로 오크통 숙성을 거치지 않는 분자 위스키를 만들었다고 발표했습니다. 이러한 방법으로 전 세계 위스키 중 상위 5% 품질의 위스키를 합리적인 가격으로 제공할 수 있게 되었다고 합니다. 비슷한 방법으로 '원두 없이 커피 맛을 내는 분자 커피'도 선을 보이고 있어 앞으로 어떠한 음식 또는 음료가 분자 요리 기법으로 만들어질지가 궁금해집니다.

7. 전자레인지 요리

현대인의 삶은 복잡하고 시간에 쫓기며, 과정이 복잡하여 오랜 시간이 걸리는 음식을 즐길 여유가 없어지고 있습니다. 이에 따라 다양한 간편식이 만들어지고 있습니다. 그렇기 때문에 몇 분만에 음식이 데워지는 전자레인지의 속도와 단순함이 돋보이고 있습니다. 전자렌지의 인기는 오히려 발명될 당시보다 높아지는 추세입니다. 그러나 이러한 장점이 모든 요리의 질을 보장할 수 있는 것은 아닙니다. 음식의 맛과 향을 잘 통제할 수 있는 오븐보다는 당연히 전자렌지로는 깊은 맛을 내기가 어렵습니다.

전자레인지는 마이크로파를 이용한 기기이며, 이것은 자외선(UV), 가시광선 또는 적외선(IR)보다 에너지가 낮고 파장이 길기 때문에 분자 내 화학 결합을 끊어내지 못합니다. 반면에 마이크로파는 식품의 물, 지방 및 설탕 등 극성 분자에 흡수되어 분자들을 회전시킵니다(그림 10.10). 분자는 초당 약 250만 번 회전하면서 서로 부딪치고 마찰을 일으켜 열을 발생합니다. 마이크로파는 약 2.5~3.8 cm 깊이까지 식품을 관통하기 때문에 두꺼운 음식의 경우는 효과적으로 조리되지 않습니다. 또한 전자레인지의 내부 공기는 실온이기 때문에 갈색으로 변하지 않고 바삭한 질감을 만들지도 않습니다.

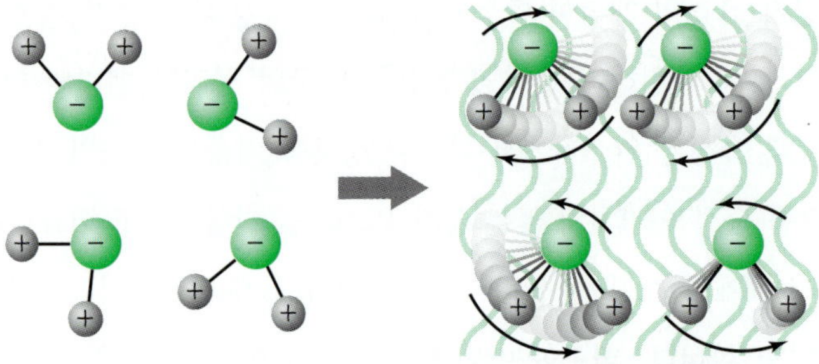

그림 10.10 외부 마이크로파 장에 의해 극성 분자의 회전 유도

금속은 마이크로파를 흡수하지 않고 파장을 반사합니다. 따라서 알루미늄 같은 금속을 전자레인지 측면에 사용하여 마이크로파가 빠져나가지 못하게 하면서 오븐 외부의 물체, 특히 사람에 마이크로파가 닿는 것을 방지하게 합니다. 그런데 이렇게 전자레인지 내부에 금속을 사용하면서, 왜 전자레인지에는 금속 접시나 알루미늄 호일을 조리하지 말라는 것일까요? 금속은 전기가 잘 통하는 전도체이기 때문에, 마이크로파가 표면에 가해지면 표면의 전자가 빠르게 옆으로 이동하여 식품에 열이 흡수되는 것을 방지합니다. 게다가 금속으로부터 복사선이 반사되면 금속과 전자레인지 금속 벽 사이에 아크(스파크)가 형성되어 화재의 위험이 있습니다. 또 마그네트론magnetron이라는, 마이크로파를 방출하는 장치의 고장을 유발하며 때로는 전자레인지의 내벽을 손상시킵니다. 따라서 전자레인지 내부에 금속이 포함된 조리도구를 넣고 조리하는 것은 반드시 피해야 합니다.

8. 식품 가공 조리법

식품을 가공하는 방법에서 가장 오래된 것 중 하나로 건조가 있습니다. 식품을 변질 또는 부패시키는 미생물 역시 생존에 물이 필요하기 때문에, 물을 제거(건조)하는 방법으로 식품을 보존하는 것은 조상 대대로 내려오는 비법입니다. 따라서 과일, 야채, 육류 및 어획물들을 오랫동안 건조시켜 식품에 존재하는 물을 제거함으로써 이들을 장기간 보존할 수 있었습니다.

알아보기

아질산염과 질산염에 대한 인체 유해성에 대한 논란이 있습니다. 알려진 바로는 염들 자체는 유해하지 않으며, 여러 채소에서도 그 존재가 확인됩니다. 그러나 이 염들이 고열 또는 산성 환경에 노출되면 단백질의 아민기와 반응하여 나이트로사민nitrosamine으로 변환됩니다. 이 물질은 라텍스 제품과 담배에서도 발견되는 발암물질로 확인되고 있습니다.

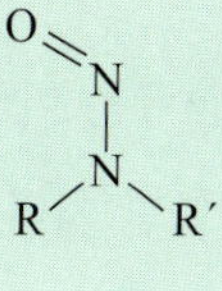

이것과는 별도로 소금 등으로 절이는 염장법salting 역시 삼투의 원리로 식품 내 물을 제거합니다. 염장 과정에서 아질산 이온(NO_2^-) 및 질산 이온(NO_3^-)이 포함되기도 하는데, 이들 이온의 항산화 특성으로 박테리아도 죽고, 풍미도 증진됩니다. 아질산염과 질산염은 고기 내에서 추가적으로 분해되어 산화질소(NO)가 되며, 이것은 헤모글로빈의 철과 결합하여 더 이상의 산화를 방지하기도 합니다.

식품 특히 고기를 보존하는 또 다른 방법에는 훈연smoking이 있습니다. 이는 연기에 노출시키는 방법입니다. 이 과정에서 연기는 동물의 결합 조직에서 발견되는 콜라젠 단백질과 상호작용하며, 콜라젠은 적절한 시간과 온도에서 젤라틴으로 전환됩니다(그림 10.11). 젤라틴은 콜라젠보다 수용성이 크고, 먹기 좋은 부드러운 질감의 조직입니다. 또한 연기에 포함된 이산화질소(NO_2)는 육류에 포함된 화합물과의 상호작용하여 산성 환경을 강화하며, 육류를 먹음직스러운 분홍색으로 변색시킵니다. 이러한 훈연은 감자, 옥수수, 가지, 애호박, 토마토, 견과류 등에도 적용할 수 있으며, 새로운 풍미를 만들어내기도 합니다.

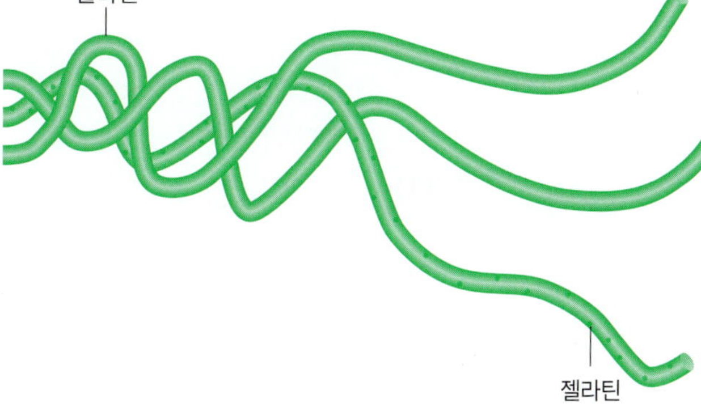

그림 10.11 콜라겐이 젤라틴으로 변하는 열적 변형

또 다른 음식을 처리하는 방법에는 산성 양념에 재우는 마리네이드marinade와 식초 등으로 절이는 피클링pickling이 있습니다. 이 두 가지 방법은 모두 산성 환경을 제공하여 해로운 미생물을 제거함으로써 식품의 장기 보관을 추구한다는 점에서 비슷합니다. 다만 처리 시간에서 차이가 있습니다. 일반적으로 피클링이 보다 오랜 시간을 요구합니다.

9. 발효, 증류, 추출

먼 옛날 인류는 자연에서 과일 등이 발효되는 것을 우연히 발견하였고, 이 과정을 통하여 새로운 맛과 향을 가진 음식이 생성됨을 알게 되었습니다. 인류는 이 사실을 빵과 술을 비롯한 다양한 식품을 만드는 데 활용하여 왔습니다.

발효란 포도당과 과당과 같은 당sugar이, 효모와 같은 미생물의 존재하에서 혐기성(산소 없는) 대사를 통하여 유기체에 에너지를 제공하는 분자로 전환되는 자연적 과정입니다(그림 10.12). 이 과정의 부산물은 에탄올(C_2H_5OH)과 이산화 탄소(CO_2)입니다.

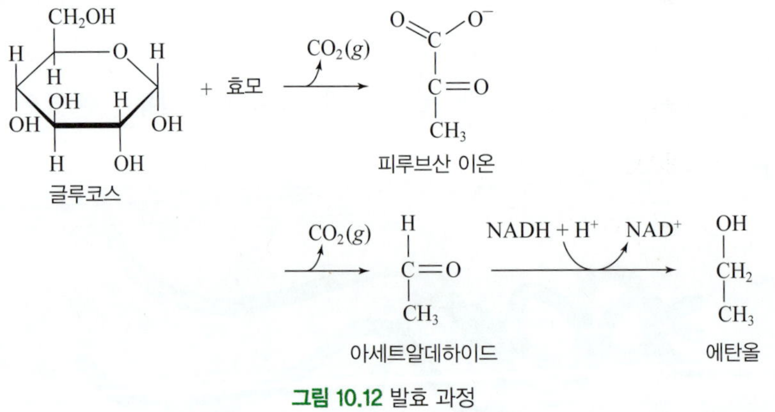

그림 10.12 발효 과정

빵을 만드는 데 사용되는 효모는 빵을 부드럽게 부풀어 오르게 하는 이산화 탄소를 제공합니다. 밀가루 반죽 내에서 효모는 발효를 통해 에탄올과 이산화 탄소를 생성하는데, 이산화 탄소는 기포를 형성하고 단백질 또는 다당류와 같은 긴 사슬 분자로 이루어진 반고체 매트릭스에 갇히게 됩니다. 에탄올은 빵을 만드는 과정에서 증발하여 빵에 구멍이 생기도록 하는데, 이를 통해 식감이 개선되며 통기성이 좋아지도록 돕습니다.

맥주나 와인, 증류주의 생산 과정은 에탄올이 빠져나가지 않는 것을 제외하고는 제빵 과정의 발효와 동일합니다. 알코올성 음료 생산에 사용되는 주요 성분은 과일(와인과 과일주), 곡물(맥주, 위스키, 보드카, 고량주 등), 쌀(막걸리) 또는 꿀, 사탕수수 및 당밀(벌꿀주 및 럼주) 등이 있습니다. 발효 과정에서 사용된 재료의 성분과 보관 용기(오크통 등)의 영향으로 독특한 풍미를 얻게 됩니다.

술에서 다양한 풍미가 얻어지는 것은 알코올의 특이한 용해 특성의 영향입니다. 알코올은 지용성이면서도 수용성인 특성을 가지는데, 이는 알코올 분자의 짧은 탄화수소 사슬과 –OH기 때문입니다. 이러한 특성은 에탄올이 인체의 거의 모든 곳으로 이동할 수 있게 합니다. 보통 마셔서 섭취한 양의 10~20%는 위장, 나머지는 작은창자에서 흡수됩니다. 알코올은 높은 용해도 때문에 인체의 세포막을 통과하여 거의 모든 장기에 퍼지게 되며, 이 결과 풀어진 감정, 행복감, 자신감, 불분명한 발음, 느린 반응속도, 방향 감각 상실, 의식 상실 등 다양한 효과가 나타나게 됩니다.

증류는 끓는점의 차이를 이용하여 액체상 혼합물을 분리, 정제하는 방법이며, 알코올성 음료 생산에 활용됩니다. 맥주, 와인 등 일부 음료는 증류를 하지 않지만, 위스키, 브랜디, 보드카와 같은 증류주에서는 증류를 이용하여 알코올 성분을 농축합니다. 자연 발효된 음료의 알코올 최대 농도는 약 15~16%이기 때문에 훨씬 농도가 높은 증류주는 농축하는 조작이 필수입니다.

발효가 완료된 술은 여러 성분이 혼합된 액체 혼합물이고, 각 성분의 끓는점이 다릅니다. 혼합물을 지속적으로 가열하면 끓는점이 가장 낮은 물질부터 차례로 증발합니다. 증발된 증기를 차가운 부분을 가진 응축기로 식혀서 응축시켜 액체로 회수하는 장치를 증류 장치라 합니다. 발효된 혼합물을 정제하는 이 과정은 알코올의 순도를 증가시키며, 술의 독특한 특성을 부여하게 됩니다.

술에서 알코올의 농도를 표시하는 방법은 부피 %(15℃에서 술 100 mL에 포함된 알코올의 mL)와 '도'가 있는데, 여기서 도수는 (100 × 술의 알코올 부피)/물의 부피로 계산됩니다. 최근에는 혼용되는 경향이 있습니다. 미국에서는 proof라는 단위가 사용되는데 이는 부피 %의 2배입니다.

알코올이 인체에 흡수되어 취하게 되는 과정을 간단히 소개하면 다음과 같습니다. 알코올이 인체에 흡수되어 혈류로 들어가면, 뇌의 뇌하수체가 바소프레신vasopressin 호르몬의 생성을 차단하고, 신장은 물을 체내에 재흡수하는 대신 방광으로 직접 보내게 됩니다. 연구 결과에 따르면 약 250 mL의 알코올 음료를 마시면 800~1,000 mL 물이 배출된다고 합니다. 이같이 과도한 물의 배출이 숙취 현상의 주요 원인이라고 합니다. 물의 배출은 세포, 신경, 근육 기능을 위해 필요한 소듐, 포타슘, 마그네슘 등 전해질의 손실을 동반히기 때문에 두통, 메스꺼움, 피로 등이 생기는 것입니다. 이러한 이뇨 효과는 혈류의 알코올 농도가 감소함에 따라 감소합니다.

인체 내의 신진대사를 통해 에탄올은 아세트알데하이드(CH_3CHO)를 생성하는데, 이는 매우 불안정하고, 체내에서 자유 라디칼을 쉽게 형성하는 화합물입니다. 독성 물질이므로 오래 노출되면 간과 신장 같은 장기가 손상됩니다. 또한 알코올 대사 과정에도 물이 필요하므로, 체내 물이 부족하게 되면서 뇌에서까지 물을 끌어와 두통의 원인이 되기도 합니다.

술에 소량 포함될 수 있는 메탄올(CH_3OH)은 건강에 해로운 영향을 주거나 사망에 이르게 할 수 있습니다. 메탄올은 에탄올과 화학적으로 매우 유사하지만 대사 방식은 상당히 다른 것으로 알려져 있습니다. 메탄올은 체내에서 분해되어 폼산($HCOOH$)이 되는데, 이는 시신경을 공격하여 실명을 유발할 수 있고 많은 양을 마시면 사망할 수도 있습니다.

현대에서는 많은 사람들이 커피와 차를 비롯한 다양한 기호 음료를 마십니다. 이러한 음료는 뜨거운 물을 이용하여 볶은 커피콩 또는 숙성된 찻잎에서 여러 가지 성분을 추출한 결과물입니다. 원두나 찻잎의 종류, 건조 및 굽는 조건, 조작 기술, 소량의 첨가물질에 따라 다양한 풍미가 생성되어 각기 독특한 음료가 됩니다.

커피의 콩과 찻잎은 많은 물질이 혼합된 고체 혼합물로, 뜨거운 물로 이들 성분을 녹여 내는 추출extraction이라는 과정을 거쳐 상품화됩니다. 이 과정은 표면적이 클수록 보다 용이해지므로 콩을 갈거나 찻잎을 얇게 썰은 다음 추출의 과정을 수행합니다. 이 과정에서 추출되는 화합물로는 각성 효과가 있는 카페인(그림 10.13) 및 항산화제가 있으며, 몇몇 바람직한 성분이 포함되기도 합니다. 다행히도 후자는 늦게 추출되

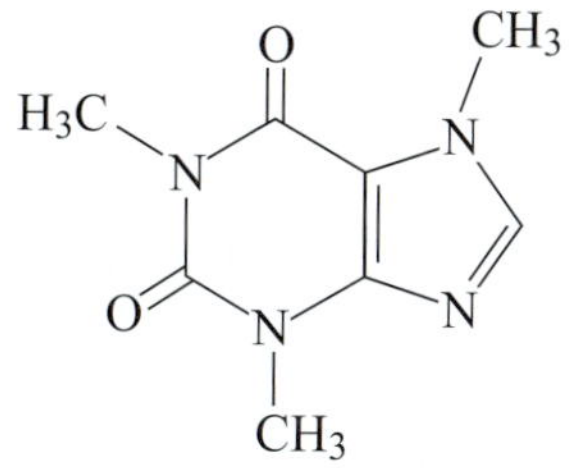

그림 10.13 카페인

는 경향이 있으므로 커피나 차를 너무 오래 우리지 않는 것이 권장됩니다.

10. 주방에서의 다양한 상태 활용

주방에서의 다양한 조작을 통하여 식품에 함유된 화학 물질을 조합하고 변형시켜 독특한 모양과 맛, 향을 가지게 합니다. 또한 다양한 식품은 다양한 상태를 활용하고 있습니다.

탄산을 포함한 음료는 많은 사람이 선호합니다. 특히 차게 하면 톡 쏘는 맛이 더욱 배가됩니다. 탄산은 이산화 탄소가 물에 용해되어 생성되는 것으로, 용해된 이산화 탄소를 이용한 음료로는 탄산음료 외에도 맥주, 샴페인 등이 있습니다. 이들 음료의 병마개 또는 코르크 마개를 제거하면 거품이 올라오는 것을 흔히 관찰할 수 있습니다. 이는 이산화 탄소 기체의 용해도를 높이기 위해 액체 위의 공기를 고압으로 압축하여 뚜껑이나 마개로 고정하기 때문입니다. 마개가 제거되어 압력이 낮아지면 기체 이산화 탄소의 용해도가 감소하며, 그 차이만큼 다시 기체로 변하여 액체를 빠져나오는데 이것이 기포의 정체입니다. 기체의 용해도(즉 농도)와 압력과의 관계를 설명하는 것은 Henry의 법칙이라고 합니다. 이 식은 간단히 다음과 같이 표현할 수 있습니다.

$$C = kP$$

(C: 액체 내 기체 농도, k: Henry 상수, P: 용액 위의 기체 압력)

Henry 상수는 기체의 종류별로 다릅니다.

액체나 고체에 기체를 포함해 부풀게 하여 부드러운 맛과 질감을 가지게 하는 방법 역시 다양한 음식에 활용됩니다. 휘핑크림, 바닐라 크림, 시나몬 크림 거품 등을 올린 애플파이 등이 이러한 예가 될 것입니다. 녹말, 젤라틴, 달걀 또는 한천으로 만든 진한 맛의 액체에 사이펀 장치로 아산화질소(N_2O) 등의 기체를 액체에 고압으로 주입하여 부드러운 맛을 더하기도 합니다.

물과 기름은 극성이 달라 서로 섞이지 않지만, 혼합물을 오래 흔들어 주는 등의 조작으로 미세하게 분포할 수 있게 됩니다. 이러한 현상을 유화emulsion라고 합니다. 유화를 이용한 대표적인 식품에는 마요네즈가 있습니다. 계란 노른자와 같은 유화제emulsifying agent을 첨가하면 마요네즈보다 영구적인 유화 상태를 만들 수 있습니다. 계란 노른자에는 레시틴lecithin이라는 양쪽성 인지질 분자가 있어 극성과 비극성 분자 모두와 잘 섞입니다. 기름과 물이 분리되어 있는 액체에 비누 또는 세제를 넣으면 잘 섞이는 것과 마찬가지 현상입니다.

주방에서의 독특한 기술 중 하나인 구형화spherification는 고무풍선에 기체를 불어 넣는 것처럼 젤과 같은 식용 막을 사용하여 독특한 향 또는 맛을 가진 액체를 포집하는 것입니다. 이러한 효과를 나타내기 위한 한 가지 방법은 수용성 탄수화물 화합물인 알긴산 소듐을 사용하는 것입니다. 이 화합물에서 긴 탄수화물 사슬 형태인 알긴산

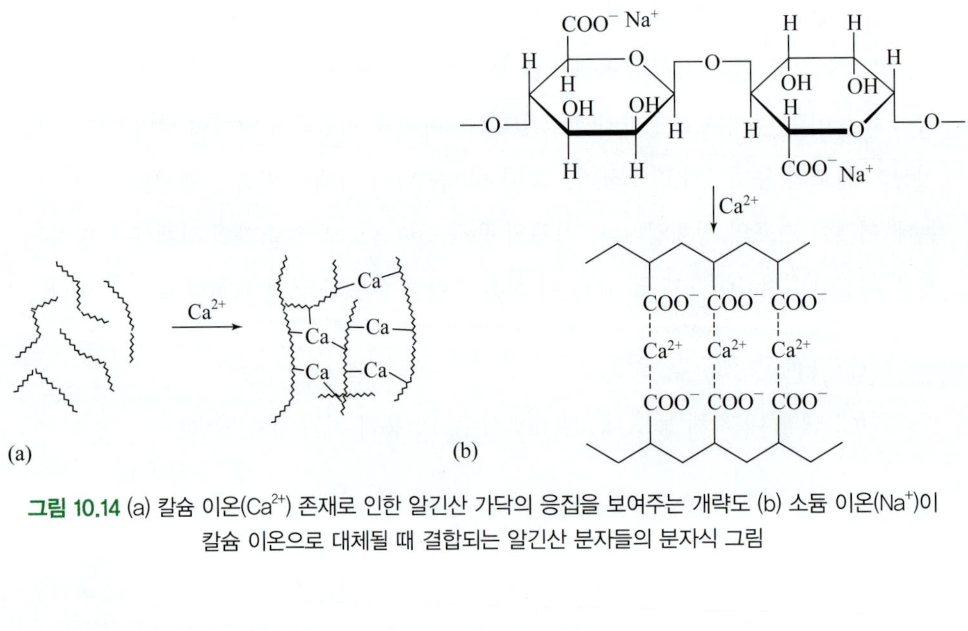

그림 10.14 (a) 칼슘 이온(Ca^{2+}) 존재로 인한 알긴산 가닥의 응집을 보여주는 개략도 (b) 소듐 이온(Na^+)이 칼슘 이온으로 대체될 때 결합되는 알긴산 분자들의 분자식 그림

이온은 개별적으로 존재하지만 칼슘 이온이 첨가되면 사슬이 연결되어 불침투성 젤 형태로 큰 분자 네트워크를 형성합니다(그림 10.14). 따라서 맛 또는 향을 가진 알긴산 소듐 용액을 칼슘 이온 수용액에 첨가하면 맛 또는 향을 가진 구의 형태가 만들어지게 됩니다. 앞서 그림 10.9 왼쪽에 나타난 사진이 실제 구형화된 음식의 예입니다. 여러분들은 맛과 향을 가진 공의 형태를 입안에서 터뜨리면서 음미하는 모습이 상상이 되십니까?

11. 식품 기술의 미래

식품 기술은 일상생활에 아주 밀접하고 익숙하여 특별한 기술이 존재하거나 혁신적인 기술의 개발이 있을 것으로 상상하기가 쉽지 않습니다. 그러나 이는 100억 명에 가까운 인간의 생명이 달린 중요한 분야이며, 시장 규모로 또한 엄청나기에 많은 개발 역량이 투입되고 있습니다. 2022년 발표된 미래 5대 트렌드 기술 중 하나로 지목되기도 하였습니다. 이에 따라 전통적인 식품 산업에 인공 지능, 사물 인터넷, 블록체인 등 최신 산업 기술이 접목되어 예전보다 발전된 형태의 산업과 부가가치를 창출하는 기술로 정의되고 있습니다.

특히 집중적으로 연구되고 있는 분야로는 로봇 셰프, 대체육/배양육과 스마트팜(그림 10.15) 등이 있습니다. 음식점의 주문에 키오스크를 사용하는 것은 이미 우리 주변에서 흔하게 볼 수 있으며, 음식을 고객 식탁으로 이송하는 로봇도 점차 흔해지고 있습니다. 아직 본격적으로 음식을 조리하는 수준은 아니지만, 웍질을 하거나 김밥

그림 10.15 로봇, 배양육, 스마트팜 등 식품 기술의 주요 분야
(출처: Bubbers BB/Shutterstock, AnnaStills/Shutterstock, 1st footage/Shutterstock)

을 마는 등의 간단한 조작에서 그 역할을 하고 있습니다. 조만간 본격적인 조리까지 가능할 것으로 전망되고 있습니다.

특히 대체육 분야는 식품 기술의 꽃이라고도 하며, 동물의 근육 줄기세포 배양 또는 식물성 단백질을 사용하여 고기의 식감을 표현하는 기술입니다. 기존의 육류 생산 과정은 불가피하게 동반되는 생태계 파괴 및 지구 온난화에 대한 비판에 직면하고 있으며, 이는 토지 및 수자원 등 농산물 생산에 과도한 자원을 사용하여 환경에 부담을 주고 있기 때문입니다. 이런 가치에 동참하는 채식주의도 점점 주목받으면서 대체육 시장이 급성장하고 있기도 합니다. 따라서 국내외 많은 기업이 미래의 거대 시장으로 성장할 것을 기대하며 기술 개발에 집중하고 있습니다.

스마트팜은 증가하는 인구의 식량 문제를 해결할 핵심 방법으로 주목되고 있습니다. 최근 기상이변, 코로나 사태, 우크라이나-러시아 전쟁 등으로 인한 세계적인 곡물 가격 폭등은 전 세계적 경제 및 안보 위기를 초래했습니다. 이에 따라 과거 사람의 경험과 노동에 의존하였던 농업 방식을 사물 인터넷(IOT) 기반의 빅데이터를 인공지능(AI)으로 분석·처리하는 기술로 전환하려는 움직임이 활발합니다. 이러한 기술을 통칭하여 애그테크Agtech라고 부르며, 이를 활용하여 농업의 데이터화 및 자동화를 통해 위기를 극복하고자 합니다.

애그테크는 Agriculture와 Techonology의 합성어로, 첨단 기술력과 데이터 분석을 바탕으로 최적의 생육 환경을 조성합니다. 이는 작물에 가장 적합한 하드웨어와 식물을 선정하고, 이에 최적화된 광량, 수분, 영양을 공급하는 소프트웨어가 결합된 농업 시설(스마트팜)을 통해 구현됩니다. 이러한 스마트팜은 다음과 같은 장점을 제공합니다.

- 외부 기온과 날씨에 무관하게 농작물을 경작할 수 있습니다.
- 빅데이터를 기반으로 생산량을 계획하고 수확할 수 있습니다.
- 최소한의 자원으로 농작물을 재배할 수 있습니다.

이는 특히 물 부족 문제를 겪는 지역에서 농업 용수 사용량을 획기적으로 줄여 수자원 보존에 기여하고, 비료와 농약 사용량을 정밀하게 제어함으로써 토양 및 수질 오염을 줄이는 지속가능성을 실현합니다. 스마트팜은 노지 재배보다 약 40배에서 최대 500배에 달하는 높은 생산성을 자랑하며, 병충해가 없어 무공해인 친환경 식품을 공급할 것으로 기대되고 있습니다.

현재 우리나라에서도 애그테크를 활용한 스마트팜 사업이 활발하게 시범 운영되고 있습니다. 상도역, 답십리역, 천왕역, 충정로역, 을지로3가역 등 일부 지하철 역사와 극한 환경인 남극 세종기지 등 다양한 환경에서 기술 적용이 시도되고 있습니다.

이러한 스마트팜 기술이 성공적으로 정착하기 위해서는 생산된 농작물을 소비자에게 전달하는 물류 시스템이 필수적입니다. 대량 생산을 뒷받침하기 위한 농작물의 신선도 유지 및 관리는 매우 중요하며, 소비자나 가공공장에 도달하는 속도와 과정의 효율성이 핵심입니다. 특히 우리나라는 세계적으로 뛰어난 물류 및 배송 능력을 보유하고 있어, 스마트팜을 통한 계획 생산의 실현에 최적의 환경을 제공할 것으로 전망됩니다.

스마트팜 기술의 핵심 요소 중 하나는 온실 조성 기술입니다. 지금까지는 독일의 하이델베르크 온실(1619년)이 세계 최초의 온실로 알려져 왔습니다. 하지만 최근 발굴된 기록에 따르면, 우리나라의 온실 기술 역사는 그보다 앞서 있습니다. 『성종실록』 13편(1471년)에는 이미 겨울에 연산홍을 재배했다는 기록이 있으며, 『산가요록』(1450년, 전순의 저술)에도 겨울철 식물 재배법과 온실 구축법이 구체적으로 기재되어 있습니다. 이는 우리나라가 이미 15세기 중반부터 온실 조성 분야의 기술을 선도하고 있었음을 입증합니다.

식품 화학은 단지 재료의 배합이나 조리 온도를 다루는 것이 아니라, 기후 변화, 자원 고갈, 식량 안보와 같은 전 지구적 문제와 직접적으로 연결되어 있습니다. 애그테크와 대체육 등의 혁신적인 기술은 앞의 장에서 다룬 화학 전반의 기술을 융합하여 지속가능한 식량 시스템을 구축하려는 노력의 결과입니다. 화학에 대한 이해는 우리가 어떤 음식을 선택하고 소비하는지, 그리고 미래 세대를 위해 어떤 식문화와 기술을 발전시켜야 할지에 대한 통찰력을 제공해 줄 것입니다. 지속가능한 미래는 우리의 식탁에서 시작됩니다.

찾아보기

ㅅ

ㅇ

ㅈ

ㅊ

ㅋ

저자 소개

이익모

서울대학교 공업화학과 학사

서울대학교 공업화학과 석사

미국 The Ohio State University 화학과 박사

전) 인하대학교 자연과학대학 화학과 교수

지속가능성을 위한 화학 이야기

저　　자 이익모

발 행 인 김지영

발 행 처 자유아카데미

주　　소 경기도 파주시 회동길 37-42
파주출판도시

전　　화 031-955-1321

팩　　스 031-955-1322

홈페이지 www.freeaca.com

전자우편 main@freeaca.com(대표)
editor@freeaca.com(편집)
crm@freeaca.com(영업)

등　　록 제406-2003-017호, 1980. 7. 12

제1판1쇄 2025년 11월 15일 발행

저자와의
협의하에
인지생략

ISBN 979-11-5808-776-0 93430